航天器发射技术

郝继光　谭大成　姜　毅◎编

LAUNCH TECHNOLOGY OF SPACE VEHICLES

北京理工大学出版社
BEIJING INSTITUTE OF TECHNOLOGY PRESS

图书在版编目（CIP）数据

航天器发射技术 / 郝继光，谭大成，姜毅编. —北京：北京理工大学出
版社，2020.4

ISBN 978 - 7 - 5682 - 8320 - 5

Ⅰ.①航…　Ⅱ.①郝…　②谭…　③姜…　Ⅲ.①航天器发射
Ⅳ.①V525

中国版本图书馆 CIP 数据核字（2020）第 051096 号

出版发行 / 北京理工大学出版社有限责任公司

社　　址 / 北京市海淀区中关村南大街 5 号

邮　　编 / 100081

电　　话 / （010）68914775（总编室）

　　　　　（010）82562903（教材售后服务热线）

　　　　　（010）68948351（其他图书服务热线）

网　　址 / http：//www.bitpress.com.cn

经　　销 / 全国各地新华书店

印　　刷 / 三河市华骏印务包装有限公司

开　　本 / 710 毫米×1000 毫米　1/16

印　　张 / 21.25　　　　　　　　　　　　　责任编辑 / 钟　博

字　　数 / 370 千字　　　　　　　　　　　　文案编辑 / 钟　博

版　　次 / 2020 年 4 月第 1 版　2020 年 4 月第 1 次印刷　　责任校对 / 周瑞红

定　　价 / 82.00 元　　　　　　　　　　　　责任印制 / 李志强

前　言

当前世界各国都在大力开发空间资源和加强国防建设，其重要方向之一是发展各种类型的航天器，而将这些航天器送入空间的运载器当前仍以火箭、导弹为主，作为火箭、导弹升空起点的发射技术自然也受到了广泛的重视。发射技术与火箭、导弹技术和作战指挥技术等有着极其密切的关系，它们互相联系、互相制约、互相影响、互相依赖。研究发射技术的主要目的是快速提高导弹武器系统的战术技术指标和运载火箭系统的技术经济指标，快速提高导弹武器系统的作战效能和运载火箭系统的市场竞争能力。同时，发射技术也反映了一个国家相关科学技术和基础工业的发展水平。

发射技术是航天技术的一个分支和重要组成部分，是一门综合性、系统性极强的学科，并具有一批自成体系的特色学科，例如：以一般力学和固体力学为基础的火箭、导弹发射动力学；以热力学与流体力学为基础的火箭、导弹弹射内弹道学和燃气射流动力学；以车辆工程为基础的特大型火箭、导弹运输和安装技术；以自动控制技术和测试技术为基础的火箭、导弹检测与监控技术；以深冷技术为基础的低温推进剂安全、快速、精确加注技术；以土木工程和机电工程为基础的发射场设计建造工程技术等。

系统地学习这些知识是非常花费时间的，目前尚未有一本书能将上述主要内容集合到一起，系统地为发射技术和相关专业的学生和工程技术人员提供发射技术的相关理论基础和专门知识，不利于发射技术专业知识的获取和传播。

本书的编写可以方便发射技术专业的学生了解本专业的主要知识点，建立全面认识，有的放矢地选择专门知识进行深入学习；方便与发射技术相关专业的学生系统地学习发射技术的相关基础知识。因此，本书适合作为高等院校相关专业师生的教材使用。此外，本书融入了国内外发射技术的最新进展，如 SpaceX 的运载火箭和整流罩回收技术、"长征十一号"运载火箭的海上发射技术等，对于从事航天器发射装置研究、设计、生产、试验和使用的工程技术人员具有参考价值。

本书主要介绍了发射技术的基础理论和专门知识，并在各章加入了发射技术的最新进展，结构上从基本背景知识出发，介绍相关的理论基础，最后分火箭、导弹和运载火箭两个方向介绍发射装置设计基础。全书共分五章，第 1 章介绍了发射技术的基本概念、发展历史和发展趋势；第 2 章介绍了发射技术面向的对象——火箭、导弹，重点介绍了其飞行原理、组成和发射；第 3 章介绍了发射技术的三个重要方向的理论基础，分别为发射动力学、气体射流动力学和弹射内弹道学；第 4 章介绍了火箭、导弹发射装置设计基础；第 5 章介绍了航天发射场设计基础。

谭大成副教授编写了本书的 3.3 节，姜毅教授编写了本书 3.2 节的部分内容，郝继光博士编写了本书的其余章节；研究生吴志鹄、鲁杰、李亚磊和徐龙在公式和图片的编辑方面提供了大量帮助。编者参考了大量文献，得到了北京理工大学宇航学院、北京理工大学出版社等单位的大力支持和帮助，得到了北京理工大学的资助，在此一并表示衷心的感谢。

由于编者水平有限，且时间仓促，书中难免存在不妥和错误之处，敬请广大读者批评指正。

编　者

目　录

第 1 章

概　　论

|1.1 引言|

航天技术是将航天理论用于火箭、导弹及航天器研究、设计、制造、试验、发射、飞行、返回、控制和管理等工程实践而形成的一门综合性工程技术，也是探索、开发和利用太空及地球外天体的综合性工程技术。

发射技术是一门研究火箭、导弹和航天器的发射原理，发射方式和发射设施的设计、制造、试验和使用的工程科学技术。它是航天技术的一个分支和重要组成部分，是一门综合性、系统性极强的学科。它集中应用了诸如力学、车辆学、材料学、热力学、光学、土力学、气象学、电子技术、自动控制技术、液压技术、真空技术、可靠性技术、计算机技术、系统工程理论、侦察技术、核爆炸理论和制造工艺学等工程技术的最新成果。上述学科和技术对发射技术的发展发挥了至关重要的作用，而发射技术的发展又促进了相关科学和技术的进步，并形成了一批自成体系的特色学科，例如：以一般力学和固体力学为基础的火箭、导弹发射动力学；以热力学与流体力学为基础的火箭、导弹弹射内弹道学和燃气射流动力学；以车辆工程为基础的特大型火箭、导弹运输和安装技术；以自动控制技术和测试技术为基础的火箭、导弹检测与监控技术；以深冷技术为基础的低温推进剂安全、快速、精确加注技术；以土木工程和机电工程为基础的发射场设计建造工程技术等。综上所述，发射技术是一门学科密集型技术。

发射技术与火箭、导弹技术和作战指挥技术等有着极其密切的关系，它们是互相联系、互相制约、互相影响、互相依赖的。研究发射技术的主要目的是快速提高导弹武器系统的战术技术指标和运载火箭系统的技术经济指标，快速提高导弹武器系统的作战效能和运载火箭系统的市场竞争力。发射技术领域的研究成果不仅丰富了航天技术，提高了地面设备系统和发射工程设施的使用性能，还对国民经济的众多部门和社会生活的很多方面产生了重大的影响。

在现代战争条件下，高技术的发展总是和武器性能的提高密切关联的。火箭导弹系统，特别是战略武器系统的作战生存能力已受到严重的威胁，在很大程度上要从火箭、导弹的发射系统入手才能根本上解决问题，这就突出了发射技术研究的紧迫性和战略意义。可以说，今后的火箭、导弹，如果没有机动、快速、隐蔽、抗核打击能力的发射系统相匹配，再先进的武器也会处于被动挨打和无能为力的地位。

另外，随着商业卫星和军事卫星需求的大量增加以及人类对太空开发的渴求，出现了各种超大型运载火箭，为发射技术的发展开辟了一个新的领域，发射技术不再单纯地为军事服务，而是具有更广泛的开放性、商业性和综合性。其表现的特点是规模越来越大、技术越来越复杂、综合性越来越强、自动化程度越来越高、国际合作越来越密切。为了追求更大的商业利益，要求：进一步提高发射系统的可靠性；改善火箭的操作环境，尽量简化发射区的设施，以便在出现事故的情况下能在很短的时间内重新组织发射；在不增加太多设施的情况下，尽可能地提高发射频率，缩短发射周期，降低发射成本。为了达到上述目的，必须实现箭 – 地一体化设计，不断简化运载火箭的操作程序，提高发射准备工作效率。

|1.2　火箭、导弹的发射方式|

火箭、导弹的发射方式是指由发射地点、发射动力和发射姿态所综合形成的发射方案及其在发射系统上的具体表现。若把发射方式的这种概念用框图表示出来则如图 1.1 所示。

1.2.1　发射方式的分类

火箭、导弹的发射方式对武器系统的生存能力和作战效能有重要的影响。由于各种火箭、导弹的用途、尺寸、形状、重量和制导方式等不同，其发射方

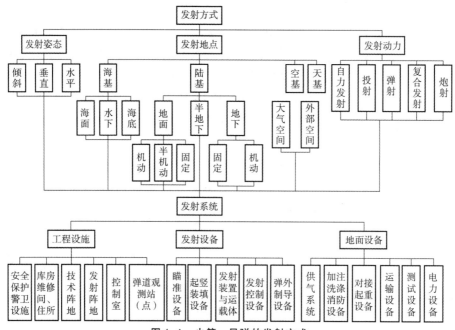

图 1.1 火箭、导弹的发射方式

式也各不相同。火箭、导弹的发射方式可从发射动力、发射姿态和发射地点等进行划分。

按照火箭、导弹的发射动力发射方式有自力发射、弹射、炮射、投射、复合发射之分。发射地点已遍及陆、海、空、天各个基点。陆基又有地面、地下、半地下以及它们各自的机动、半机动与固定之分；海基有海面、水下、海底之分；空基有各种飞机及直升机之分；天基有轨道卫星与空间站之分。发射姿态有水平、垂直、倾斜之分。发射装备设施从车载、机载、舰载、地下井、阴阳壕沟、地面场坪到各种结构型式的发射装置更是多种多样。因此，上述诸多方面可能的组合有多少，可能的发射方式也就有多少，从一般意义上来讲，火箭、导弹发射方式的研究与确定，是一个内容十分丰富，而其军事、技术、经济之间的制约因素又非常多的研究课题。迄今，火箭、导弹的发射方式一直在演变不止。如洲际弹道导弹的发射方式的演变过程为：最初的地面固定→地下井贮存地面发射→井下贮存井下发射→地下井加固→地下机动→地面机动，究其原因就在于敌我双方的对抗策略一直是在消灭敌人、保存自己的指导原则下，始终处于运筹变化之中。

1.2.2 发射动力

自力发射是指火箭、导弹起飞时依靠其自身的发动机或助推器的推力而离开发射系统的发射方式，也称为热发射。这种发射方式在实际中应用最早、最广泛，可以用来发射各种类型的火箭、导弹。自力倾斜发射时，为了获得较大的起飞加速度，常常采用助推器或单室双推力火箭发动机。一般起飞加速度值为 $10\sim40g$，其离轨速度一般可达 $20\sim70$ m/s。

弹射是指火箭、导弹在起飞时由发射系统提供一个推力，使它加速运动直至离开发射系统。当火箭、导弹被弹出发射筒且离开发射筒一定距离后，主发动机点火使火箭、导弹继续加速飞行。弹射发射时发动机的燃气不会对地面设备和人员造成伤害。弹射也称为冷发射，即不点燃火箭、导弹发动机的发射。弹射发射方式在发射系统上要配置弹射力发生器，因此其发射系统比自力发射要复杂。弹射的动力源有压缩空气、燃气、蒸汽、燃气蒸汽、液压和电磁力等多种。

炮射是指用火炮将火箭、导弹发射出去的发射方式。其火药气体压力很大，如美国 155 榴弹炮膛压达 240 MPa，其初速较大、初始精度较高，主要用来发射反坦克导弹。

投射是指火箭、导弹从飞机或空中发射平台的吊挂装置上无动力释放，然后点燃自身发动机继续飞行或被释放后一直作无动力滑翔飞行的发射方式。

复合发射是指由自力发射和弹射两种原理复合起来的发射方式。

弹射与自力发射是火箭、导弹最常采用的发射方式，表 1.1 给出了两种发射方式的对比。

表 1.1　自力发射和弹射的对比

发射动力	弹射	自力发射
工作方式	火箭、导弹由助推器推出，离开隔舱弹体翻转后火箭发动机点火	火箭导弹在发射筒里点火，燃气通过发射装置或储运发射箱的燃气通道排出
优点	不需要燃气排导装置，结构简单，成本低且安装容易，火箭、导弹动力航程远，发射后低速转弯控制方便，耗能少	易于实现模块化和通用化，空间利用率高，载弹量大
缺点	火箭导弹升空后不点火或意外点火将危及载体及发射人员自身的安全；在发射箱中增加了弹射装置	火箭、导弹发射时火箭发动机排出的燃气温度高、速度快、压力大，如不及时排出，对发射系统、弹体和载体危害大
使用国家	俄罗斯（苏联）	美国、欧盟

1.2.3 发射姿态

倾斜发射方式是应用广泛的一种发射方式，分为变射角和定射角两种。射前以定向器支承火箭、导弹，发射时弹体沿定向器导轨滑行一段距离后便脱离导轨，获得一定的速度。当要求滑离速度一定时，发动机推力越大，定向器长度相对越短。变射角倾斜发射方式在地－空导弹、舰－空导弹和火箭弹发射中应用最多。其高低射角一般为 0°~85°，方向射角一般为 0°~360°，以便跟踪和瞄准目标。定射角倾斜发射方式的特点是，发射系统起落部分的高低射角和方向射角是固定不变的。舰－舰导弹和空－空导弹多采用这种发射方式。定射角发射系统结构简单、尺寸小、重量轻。从设计和使用发射系统来看，这是很理想的。但对火箭、导弹来说，必须具有足够大的机动能力，以免失去战机或被拦截。

垂直发射方式有自力发射和弹射两种，可以用来发射各种地－地、潜射弹道导弹、各种舰载导弹及地面机动发射的各种导弹等。自力垂直发射的特点是，把火箭、导弹竖立在一个发射台上并使它成垂直状态，或者把火箭、导弹放置在呈垂直状态的发射筒内。发射时，在无牵制力作用下只要推力大于火箭、导弹的重量，火箭、导弹就能顺利起飞。垂直发射时的方向瞄准可由回转式发射台来完成，也可由火箭、导弹的自身制导系统来实现。垂直发射具有装弹量大、结构简单、可靠性高等优点，正在被更广泛地应用于各种新设计的导弹武器系统中。

水平发射方式应用较少，只在特殊条件下采用。水平发射要求火箭、导弹具有较大的滑离速度，以免火箭、导弹滑离时下沉量过大。另外，也可采用程序控制，以使火箭、导弹离开发射系统后能迅速爬升。如美国"捕鲸叉"潜舰导弹以水平发射管发射后，导弹能迅速飞出水面，攻击舰艇。

|1.3 火箭及发射技术的起源与发展|

1.3.1 火箭的起源

早在三国时期（公元 220—265 年），《三国志·魏明帝纪》"诸葛亮围陈仓"注引"魏略"："（亮）起云梯冲车以临城。（郝）昭于是以火箭逆射其云梯，梯燃，梯上人皆烧死。"

上文中"火箭"一词是史籍中最早的记载，古书对这种"火箭"所下的定义是"发射引火物燃烧以攻敌的战具"。该定义在当时是贴切的，也是科学的。姑且把这种"火箭"称为"火"箭，意即"带火的箭""纵火的箭"。

本书所说的中国古代火箭是指在普通箭支上捆绑有火药筒（筒体可用纸、竹或金属做成，内部填充黑火药），经引火线点燃后向后喷火（燃气）而产生有推进力的新型箭支。这种箭支在一段相当长的时期内仍然是由弓弩发射出去的，但它与前面讲的"火"箭在力学原理上有着本质的区别。后者在技术上是一项非常大的成果，是一项伟大的发明。这种火箭最早产生于中国的宋朝（公元 970 年），火药筒的燃气后喷产生反作用力推动箭支以增大射程，这已经从最本质的意义上描述了现代火箭的飞行原理，因此把它的诞生看作世界火箭技术史的开端是名正言顺的[1]。此后，我国古代还发展了图 1.2 所示的各种喷气推进的火箭，限于篇幅，本书不再一一介绍，请读者参考文献 [1]。

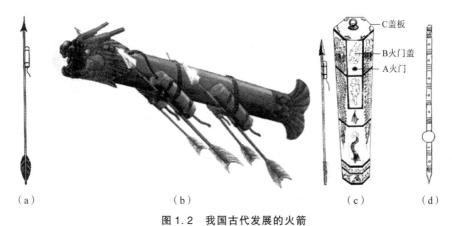

（a）　　　　　　　　（b）　　　　　　　　　　（c）　　　　（d）

图 1.2　我国古代发展的火箭

（a）火箭；（b）"火龙出水"；（c）"一窝蜂"；（d）火药鞭箭

我国古代火箭及其发射系统（架、桶、筒、匣、溜子等）的发展，其时间之早、技艺之高，在世界各国遥遥领先，它们完全标志了世界火箭史的开端。13 世纪之后，随着商船的往来和元军的西征，火药、火箭技术逐渐传入欧洲，并对后来西方的文明与进步产生了深远的影响。在 1640 年前，国外仅出现过图 1.3 所示的阿拉伯古代火箭。

1.3.2　火箭的发展

1. 近代

本部分介绍 1640—1918 年火箭的发展。

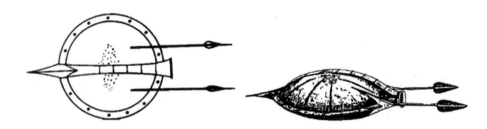

图 1.3　阿拉伯古代火箭

　　值得指出，在世界火箭发展史中，从 18 世纪末到 20 世纪初大约整整一个半世纪内，由于冶金和机械制造业的新成就，膛线火炮在射程和射击密集度方面都远胜于当时的火箭武器，导致火箭的生产和应用走入低谷，一时间火炮几乎取代了火箭。但在这种趋势下，火箭技术及军事应用并未完全终止，一些研究和试验仍在进行并有所进展。如 1668 年，德国炮兵上校基士勒试制了 25 ～ 55 kg 重的火箭。在俄国，1680 年设立了专门的"火箭机构"，1814—1817 年，卡尔持马佐夫和扎夏德科研制成 50.8 ～ 63.5 mm 和 101.6 mm 的爆破和燃烧火箭，射程达 1 500 ～ 3 000 m。

　　其中成就显赫者为俄国学者齐奥尔科夫斯基，他第一个提出运用液体火箭发动机的可能性，并给出了结构原理图，如图 1.4（a）所示；创立了著名的火箭理想速度公式及现代多级火箭的设计构思，现在仍是火箭导弹设计的基本原理，建立了火箭飞行动力学的基础并提出了星际航行的伟大理想，如图 1.4（b）所示[2]。此外，18 世纪末期，当印度军队在反侵略战争中使用火箭大胜英军时，英军团长康格莱夫上校顿时积极致力于火箭的研究和发展，发展出近代火箭史上著名的康格莱夫式火箭，如图 1.5 所示[3]。

2. 现代

　　本部分介绍 1918 年至今火箭的发展。

　　在现代火箭发展的初期，俄国的齐奥尔科夫斯基、法国的皮尔垂、美国的哥达德和德国的奥伯特 4 位先驱建立了很大功勋。

　　齐奥尔科夫斯基的功绩前已述及，不再赘述。

　　皮尔垂是著名飞机制造创始人。他曾精确地计算出航行太空的轨道，并对军用火箭的发展有过极大贡献。1931 年，他在凡尔赛附近组建试验室，发展以液氧－汽油、硝酸－过氧化苯和液氧－二硝基甲烷等为推进剂的液体火箭发动机。试验中发生意外，他失去了 4 个手指。

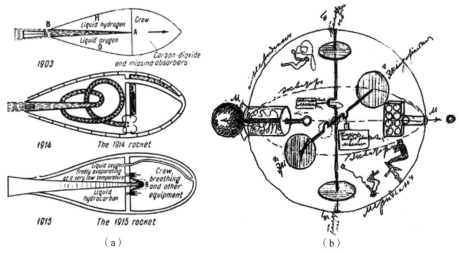

图 1.4　齐奥尔科夫斯基的液体火箭和宇宙飞船草图[2]

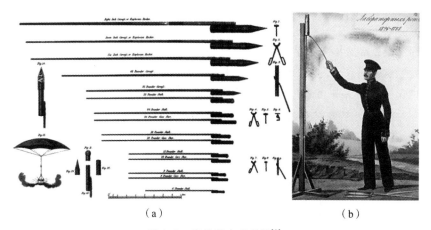

图 1.5　康格莱夫式火箭[3]

（a）康格莱夫的手稿；（b）发射示意图

　　美国麻省渥尔斯特·克拉克大学的物理学教授哥达德博士，早在 1911 年之前就研究液体火箭理论，并在第一次世界大战期间试制出两枚试验火箭，可谓现代军用火箭之渊源。哥达德在一篇题为《到达极大高度之方法》的论文中，列举了多级火箭原理，理论预言可达月球。1926 年 3 月 16 日，他将历史上第一枚液体火箭成功地射入空中，高度达 56 m，速度为 97 km/h。后经改进，他实现了超音速飞行，而且将陀螺操纵机件装入火箭，并在火箭发动机喷口内装设导流片，以控制和稳定飞行弹道。这些成就大大促进了导弹的形成和发展。

德国最伟大的火箭先驱赫曼·奥伯特自幼就投身于火箭的研究。早在1917年他就向德国陆军部建议发展威力惊人的液体火箭用作战争武器，但该建议未获军方接受。

下面分国家介绍1918—1945年的火箭发展。

1）德国

德国在1931年5月14日试射了欧洲首创的液体火箭。在1941—1942年，德国为使用军用毒剂研制了多管火箭炮，也被称为化学火箭炮。此外，德国还大量发展了发射普通弹药的多种多管火箭炮。第二次世界大战期间，德国曾试制过一种四级地对地远程火箭，名叫"莱茵之钮"，但其威力小，效果不佳。此外，德国还发展过空-空火箭，以及炮兵弹幕火箭和拦截火箭。

2）苏联

苏联在1921年组建了火药火箭研制试验室。1928年3月3日发射了苏联第一枚无烟火药火箭。1929—1933年，苏联共研制试验了9种称为火箭导弹的无控火药火箭。从1929年5月起，苏联开始制造液体火箭发动机和电火箭发动机。1933年9月苏联成立了喷气科学研究所，1937年年底，该所制成82 mm和132 mm火箭导弹，同时为陆军研制出曾在卫国战争中广泛使用的多联装发射装置，即举世闻名的"喀秋莎"火箭炮，如图1.6所示。它是一种战场步兵支援武器，射击效率高，齐射时声响独特，因此驰名前线，威震四方。在对德作战中，它作为压制武器一显神威，对战争起了很大的作用。"喀秋莎"火箭炮是一种车载8轨（每轨上、下面各装一发弹）16发联装火箭炮，发射速度极快。由它发射的火箭导弹采用双基药固体火箭发动机，弹长18 m，弹径为130 mm，全重43 kg，射程达5 km。此外，当时苏联还为陆、空军研制了大、小型的各类固体火箭。

    （a）   （b）   （c）

图1.6　苏联"喀秋莎"火箭炮

（a）全貌；（b）装填；（c）箭体

3）英国

第二次世界大战时英国发展了一种弹径为 50 mm 的弹幕火箭，随后于 1940 年夏季又发展成弹径为 75 mm 的防空火箭。该火箭的作战效率不高，其真正作用在于阻吓敌机以降低其投弹命中率。此外，这种火箭还曾被用来撒布系有长绳索的降落伞，由很多根伞绳形成索网以阻拦敌机进袭。此法用来对付螺旋桨飞机是有效的。在空 – 地火箭方面，英国起步甚慢，直至 1942 年 5 月英空军方装备上 76 mm 空 – 地火箭，但因反坦克的作战效率低，于 1943 年 4 月改装成空舰火箭，在作战中有所建树。英国在 1939—1940 年研制成重 27 kg、射程为 3 200 m 的专用地对地火箭。1943 年 1 月，英国正式生产了一种 125 mm 火箭，可单兵肩射和多联装支援武器，其可在 4 ~ 5 s 内齐射 800 ~ 1 000 发，在作战中曾发挥很大的功效。

第二次世界大战中英国官方一直未介入液体火箭发动机的研制，但有些公司却有所建树。

4）美国

美国火箭的发展得益于英国，珍珠港事件之后，是通过英、美科技界的互访进行的。

第二次世界大战中，美国曾推出数种火箭武器，其中最著名的是"巴楚卡"反坦克火箭（图 1.7）。该火箭于 1943 年进入实战应用，被称为"单人炮兵"，它起到了改变战场形势的重大作用。

图 1.7　美国"巴楚卡"反坦克火箭

第二次世界大战中，美国为陆、海、空军研制了一系列空 – 地、地 – 地、舰 – 地火箭，以及反潜炸弹和深水炸弹用火箭。美国火箭发展的另一项重大成就是飞机"助飞火箭"。作为美国自制的真正第一枚研究火箭是"女兵下士"火箭，它装有巡航火箭发动机和助飞火箭发动机，由塔式发射架发射。该火箭于 1945 年在白沙导弹试验场曾创下高度 7 km 的记录，曾为美国导弹的研制提供过一些很有价值的资料。

5）法国

法国火箭的发展远比德国和苏联落后。法国在 1934 年制成 80 mm 固体火箭，加装于炸弹上使之成为动力炸弹，同时试制了推力为 4.4 kN 的助飞火箭，装在重型轰炸机上，以缩短起飞滑行距离。法国政府在第二次世界大战前极力反对发展火箭，但迫于德国大力发展火箭之压力，直至 1934 年，才开始发展无烟火药火箭，并于 1936 年及 1937 年制成 50 mm 及 75 m 直径的装药，继而发展大型固体火箭。

6）日本

第二次世界大战中日本的火箭发展较为落后，用于战场的只有一些弹幕及近距离支援火箭。日本海军发展过防空火箭。闻名于世的日本自杀飞机亦为日本火箭发展计划之一，这种飞机于 1943 年开始计划，于次年生产，于 1945 年参战。机长 6 m，装有 3 台液体火箭发动机，时速达 960 km，发动机工作时间为 10 s。该机由母机携带至目标区上空释放，以时速 600 km 无动力滑翔约可飞行 80 km。当选定目标后，火箭发动机即可点火，自杀飞机加速奔向目标。

7）意大利

意大利的火箭发展始于 1927 年。初期研制黑色火药火箭，成果甚微。1929 年后，转而从事液体火箭的研究，于 1930 年制成以汽油与硝酸为推进剂的火箭发动机，推力达 618 N。

第二次世界大战后，虽然出现过核军备竞赛，并导致洲际核武器的大量出现，但待到核均势出现后，这些核武器都只不过是一种威慑手段而已，而在常规战争中极力得到发展的还是常规武器，此中就包括各类火箭武器，如反坦克火箭筒、火箭炮和战术战役火箭等。

在现代战争条件下，火箭武器技术发展的总趋势是：增大射程、提高威力、提升精度、提高反应能力和发射速度、提高机动性和生存能力、提高自动化程度、向人工智能化方向发展。

1.4 导弹的发展史

导弹是一种受制导系统的制导，在自身动力装置的推动下飞向目标的飞行武器。与火箭相比，真正具有现代意义的导弹是在第二次世界大战过程中出现的。

从导弹武器对科学技术和工业水平的依存关系，以及战争需要对导弹发展的刺激和支配作用来看，各类导弹的发展大致都可以分为 4 个既有联系又互有区别的共同发展时期，即早期发展时期、大规模发展时期、改进提高时期和全面更新时期。下面按 4 个时期并分别按不同国家介绍导弹的发展史。

1.4.1　导弹的早期发展时期（1930—1953 年）

第二次世界大战前及第二次世界大战中是导弹的早期发展初期，其时间为 20 世纪 30 年代—1945 年。第二次世界大战结束后，1945 年—20 世纪 50 年代初的朝鲜战争期间，是导弹的早期发展末期。

1. 第二次世界大战结束前导弹的发展

第二次世界大战结束前，虽然各国都在发展导弹武器，但仅有德国发展出了著名的"V–1"及"V–2"导弹，现代导弹武器大多是在此两型号基础上发展起来的。

20 世纪 30 年代初，德国军方已认识到火箭在战争中的重要性。德国在 1932 年开始并急速研制液体火箭武器，在 1936 年成立大型火箭研究发展试验中心，全力发展导弹武器。德国是在第二次世界大战期间发展导弹最为领先的国家，其著名的"V–1"及"V–2"导弹在当时威震全球。

1943 年间，德国曾研制 48 种不同用途的导弹，后来压缩为 12 种，其中全力以赴进行研制的是防空导弹，其次是地–地、空–地及反舰导弹，都获得了成功。战时德国导弹的发展分为两部分，一是有翼导弹，即今日巡航导弹的前身，其典型代表为"V–1"导弹，另一是弹道导弹其典型代表为"V–2"导弹。

"V–1"导弹（图 1.8）用弹射器发射，也可从运载机上发射，然后用制导系统导向预定弹道。该弹长 7.6 m，重 2.2 t，时速达 600 km，射程为 370 km，飞行高度为 2 000 m，战斗部重为 700 kg。1944—1945 年德国共向英国发射了 9 200 发"V–1"导弹，其中从 1944 年 6 月 13 日—8 月 1 日，发射了 5 300～6 700 发"V–1"导弹，1/3 击中了目标，6 000 多平民和军人被炸死，1.8 万人被炸伤，2.3 万所房屋被炸毁。

"V–2"导弹在当时无疑是世界上最先进，也是最大型的导弹（图 1.9）。该弹长 14 m，弹径为 1.65 m，重 12.48 t，弹头重 975.2 kg，最大射程为 352 km，飞行高度为 88 km，时速为 5 600 km，飞行时间为 5 min。

"V–2"导弹的初型称为"A–4"火箭，在 1938 年开始筹划，在 1939 年制成缩比试验型（即"A–5"），在 1940 年试射 25 发，获得初步成功。德国

图 1.8 "V-1"导弹武器系统

（a）剖视图；（b）导弹在发射装置上

在 1942 年制成第一枚 "V-2" 导弹。1942 年 6 月 13 日，"V-2" 导弹首射失败，直至同年 10 月 3 日发射第三枚导弹，才获得完全成功，发动机工作 1 min，射程达 193 km，高度为 80 km。"V-2" 导弹采用机动发射，整个装备由 30 余部车辆组成，发射时在发射台上用热发射方式发射。

"V-2" 导弹于 1944 年 9 月 6 日首射巴黎，但发射失败，于 9 月 8 日射击英国成功。此后，德国向英国和法国共发射 4 300 多枚 "V-2" 导弹，仅在伦敦就炸死近 3 000 人，炸伤 6 000 多人。

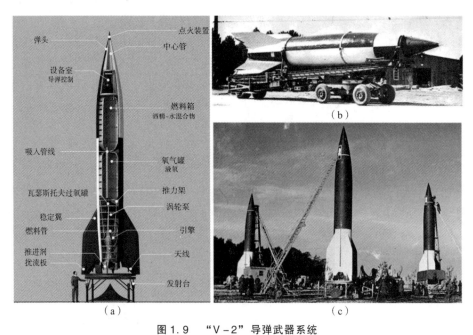

图 1.9 "V-2"导弹武器系统

（a）剖视图；（b）导弹在运输装置上；（c）导弹在发射装置上

这一时期的导弹发射已经分为弹射和热发射两种方式，当代导弹的发射仍未突破这两类发射方式。

2. 第二次世界大战后（至 1953 年）各国导弹的发展

第二次世界大战结束时，美国和苏联分别从德国获取大量的有关发展导弹的技术专家、资料和实物，所以这两个国家发展导弹的态势最为迅猛和强劲。

1）美国

20 世纪 50 年代初以前，美国的导弹由陆、海、空三军各自发展。空军发展过 JB（Jet Bomb）系列喷气推进炸弹、地 – 地巡航导弹"斗牛士"[图 1.10（a）]，以及美国第一枚洲际导弹"MX – 774"。陆军则全力以赴地发展弹道导弹，1953 年 8 月 20 日第一枚"红石"弹道导弹 [图 1.10（b）] 发射成功。海军则致力于发展艇面发射的巡航导弹，如"天狮星"导弹。此外，美国在这一时期还发展了地 – 空，空 – 空和空 – 地等各类导弹。

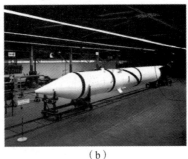

（a）　　　　　　　　　　　　　（b）

图 1.10　第二次世界大战后美国研制的两种导弹

（a）"斗牛士"地 – 地巡航导弹；（b）"红石"弹道导弹

2）苏联

第二次世界大战后，苏联组建了一个德籍导弹专家工作组，先在德国停留一年，重新制造并改进"V – 2"导弹。1946 年 10 月 2 日，该工作组被送往莫斯科近郊，建立了苏联导弹工业基地。1947 年 10 月 30 日，苏制"V – 2"导弹首射，射程达 32 km。1950 年，德籍人员均被遣返。自 1947 年起，苏联开始发展远程弹道导弹，不久就研制成胜利式弹道导弹，射程达 850 km。此后，苏联进入导弹高速发展的时期，苏联不仅在导弹动力方面领先于美国，而且在航天发展方面也远远超前美国。

英国、法国、瑞典等属于早期发展导弹的国家，主要发展小型防御导弹。

第二次世界大战前，世界上只有德国率先发展导弹，在战争中处于领先地位。美国只是在第二次世界大战中后期才逐渐开展导弹的研制。第二次世界大战后，美、苏两国对导弹的基础理论和关键技术开展了全面研究，并大力发展导弹，各有强弱之处。

第一代战略弹道导弹的发射方式主要是地面固定发射和井内贮存井口发射；第一代战术弹道导弹的发射方式主要是地面固定发射和公路机动发射；第一代防空导弹的发射方式主要有掩体垂直发射、掩体贮存地面倾斜发射、地面场坪多联装倾斜发射、车载多联装倾斜发射、舰载多联装倾斜发射、地面支撑式定角倾斜发射和半机动支撑式倾斜发射等；飞航导弹的发射方式主要有陆基发射、空基发射和海基发射。

由于篇幅有限，后面将只作简略介绍。

1.4.2　导弹的大规模发展时期（1954—1961 年）

在苏联原子弹、氢弹领先于美国的情况下，美国在 20 世纪 50 年代中期采取了三军分工发展、急起直追的做法。陆军发展近、中程导弹，海军发展海上导弹，空军发展巡航及洲际弹道导弹。海、陆军共同发展成美国第一种实战型中程弹道导弹"木星"，于 1958 年装备部队。1958 年，由陆军独自研制了固体地 - 地战术导弹"潘兴 I"。1957 年海军独自发展了潜射中程战略弹道导弹"北极星 A1"，于 1960 年装备部队。在 20 世纪 50 年代中期—1961 年，空军相继研制成"宇宙神""大力神"和"民兵"洲际导弹。

苏联导弹的发展与美国旗鼓相当，但有其独特之处。一是巡航导弹的发展超前美国，二是巨型运载火箭领先于美国，其他类型的导弹也多超前美国，发展成功。

与美、苏相比，英、法等国导弹的发展显得晚、少、慢，而且多偏重于轻小型导弹，如空 - 空、反坦克等导弹。

本时期内，研制的导弹型号总数达 180 多种[1,3]，战略导弹的有无问题已经解决，各种战术导弹已开始装备部队，但是限于当时的经济实力、科技工业水平及战争理论和作战思想，导弹的作战性能还比较差。同时，世界范围的导弹贸易市场已开始形成。

该时期战略弹道导弹的发射方式主要是地下井热发射和潜艇水下发射；该时期战术弹道导弹的发射方式主要是公路机动发射；该时期防空导弹的发射方式主要有车载多联装倾斜发射、舰载多联装倾斜和垂直发射等。

1.4.3　导弹的改进提高时期（1962—1969 年）

本时期内导弹性能改进的重点是提高制导系统的精度和抗干扰能力、提高发动机性能和安全性、减小体积和重量、提高系统可靠性和零部件加工质量、延长导弹使用寿命和存放期、降低制造成本。在这一时期，美国实现了战略导弹的固体化，而苏联仍采用可贮液体推进剂；美国和苏联都发展了反弹道导弹；按确保互相摧毁战略，美国和苏联都极力提高战略导弹的突防能力和生存能力。此外，反舰导弹得到了大力发展；针对飞机导弹的超低空入侵发展了低空防空导弹；地－空和空－空导弹进行了频繁改型；反坦克导弹不断改善破甲威力和制导精度。

总体来看，本时期内，一是各类导弹都进行了多次改进，性能有明显提高，二是一些国家根据战争需求，加强和补全了自己缺少的导弹类型。本时期内，导弹的基本结构原理并未被打破，因此性能提升的幅度也是有限的。

该时期战略弹道导弹的发射方式主要是地下井热发射和潜艇水下发射；该时期战术弹道导弹的发射方式主要是公路机动发射；该时期防空导弹的发射方式主要有车载多联装倾斜发射、舰载多联装倾斜和垂直发射等。

1.4.4　导弹的全面更新时期（1970 年至今）

国际形势的变化、战争的刺激、防御能力的增强、导弹需求量的增长都要求加速导弹的更新换代。

研制和生产导弹的国家在 20 世纪 80 年代已达 20 个，近 90 个国家装备了战术导弹，国际合作研制导弹已经兴起，战略弹道导弹从数量竞争转入质量竞争阶段，迅速提高了射击精度、生存能力和进攻能力，巡航导弹成为竞争的新手段，而具有更高命中精度和生存能力的陆地机动洲际弹道导弹已成为新一代洲际弹道导弹的发展重点。战术导弹出现了大范围的更新换代局面，更新面达65%，其中尤以攻击活动目标的导弹为多，占更新面的 80% 以上。新型号的共同技术特点是，在复杂的光电对抗和火力对抗条件下，仍能保持高机动性、生存能力和杀伤能力。新导弹武器的设计思想和研究方法都利用了系统工程、现代控制论和信息论、红外成像、激光和毫米波制导技术以及计算机技术等新科技成就。已经出现按模式化多用途思路发展的导弹，并广泛采用"预埋改进技术"。所有以上这些措施，都给设计、生产和使用导弹带来一系列好处。

经过这些年的研究和发展，进攻性洲际弹道核导弹已成为国际间实现威慑力量平衡、确保互有把握摧毁的有力工具。在这方面，美国和苏联都各自研究发展了五代导弹。此外，战术导弹已成为作战飞机、战舰乃至坦克的主要武备，因此，它与各种载体之间有着密切的战术技术上的相互制约和相互依存关系，这已成为现代作战装备发展的一个重要特点。另外，多用途导弹的出现使导弹的类属划分趋于模糊，如新型巡航导弹兼有战略战术双重作战功能；又如一种空基导弹既可用于空战，也可用于空－地、空－舰、空－潜作战；再如战术精导常规导弹有可能完成战略核导弹的作战任务等。总之，为满足未来空间化、信息化、智能化、电子化战场的需要，导弹正向智能化、隐形化、精导化和微电子化的更高层次发展。

当前战略弹道导弹的发射方式有公路机动热发射、铁路机动热发射、潜艇水下冷发射、地下井热发射和地下井冷发射；当前战术弹道导弹、防空导弹和飞航导弹的发射方式均包括各种机动发射方式。

|1.5 航天运载器的发展史|

至 20 世纪 80 年代，苏联、美国、法国、日本、英国、印度和欧洲空间局等已研制了数十种一次使用或可重复使用的运载火箭。最小的起飞质量仅为 10.2 t，其发动机推力为 125 kN，只能将 1.48 kg 重的人造卫星送入近地轨道。最大的起飞质量已逾 2 900 t，发动机推力为 33 350 kN，能将质量超过 120 t 的有效载荷送入近地轨道。

从苏联和美国等国家的航天运载器及其发射技术发展的过程可以看出，航天运载器及其发射技术产生与发展的基础仍然是德国在第二次世界大战期间发射的"A-4"火箭，它是世界上最早的液体运载火箭，包括苏联"能源号"运载火箭和美国航天飞机在内的各种航天运载器的基本原理、组成、功能及发射技术等均未脱离"A-4"火箭及其发射技术的基本框架。

由于篇幅有限，本节仅介绍俄罗斯（苏联）、美国和中国 3 个国家的航天运载器及其发射技术的发展历史。

1.5.1 俄罗斯（苏联）

20 世纪 50 年代中期以后，苏联陆续研制了多种一次使用或可多次重复使用的航天运载器。一次使用的航天运载器主要有"东方号"系列运载火箭、"宇宙号"运载火箭、"质子号"系列运载火箭、"旋风号"系列运载火箭、"天顶号"运载火箭和"能源号"运载火箭等。"暴风雪号"轨道飞行器是苏联研制的唯一可重复使用的航天运载器。

"东方号"系列运载火箭是世界上第一个运载火箭系列，包括"卫星号""月球号""东方号""上升号""联盟号""进步号"和"闪电号"运载火箭。"东方号"系列运载火箭为苏联创造了航天史上的多个世界第一，如 1957 年 10 月 4 日发射第一颗人造地球卫星"人造地球卫星 1 号"，1959 年 1 月 2

日发射第一个星际探测器"月球 1 号"，1961 年 4 月 12 日发射"东方 1 号"宇宙飞船等。

"质子号"系列运载火箭是苏联的第一种非导弹衍生且专为航天任务研制的大型系列运载火箭，它包括二级型、三级型和四级型"质子号"运载火箭。

在"悬崖"洲际弹道导弹的基础上，苏联研制了二级"旋风号"运载火箭，在此基础上，苏联又研制了三级"旋风号"运载火箭。三级"旋风号"运载火箭是世界上第一个采用全自动准备与发射技术的运载火箭。运载火箭在发射场总装厂房完成总装与测试后，此后的发射准备工作均按规定程序自动进行，沿铁路将运载火箭运往发射台，由控制室监控将运载火箭起竖到垂直位置，自动进行射前总检查，自动加注液体推进剂，自动进行射前增压与发射。

"天顶号"运载火箭是苏联研制的第二个采用全自动地面设备系统的运载火箭，运载火箭的测试、转运、起竖、电路连接、气路连接、总检查、加注液体推进剂和点火等均按规定程序自动进行，发射前全部准备工作仅需一人监控。

1976 年，苏联开始研制"能源号"运载火箭，它是通用型运载火箭，主要用于发射轨道飞行器、大型近地空间飞行器、大型月球有效载荷、大型火星有效载荷和深空有效载荷等。

1978 年，苏联开始研制"暴风雪号"轨道飞行器，它可重复使用 100 次，主要用于操作、维护及维修卫星，为空间站运送人员与货物等，后因苏联解体而未投入使用。

苏联研制的航天运载器的发射方式主要是专用发射场地面固定场坪发射，其运载火箭及其发射技术的主要特点是：充分利用已有运载火箭及其发射技术的研究成果，提高预研与在研型号的继承性、使用可靠性和技术经济性能；增加发射场或发射工位的数量，满足不同有效载荷和发射频度的需要；在满足技术指标和使用要求的条件下，提高运载器基础级、地面设备系统和发射工程设施的通用性；重视总体优化技术，提高运载火箭系统的综合性能；将退役导弹改装成运载火箭，并最大限度地利用退役导弹的地面设备系统与发射工程设施；为总体设计部门设置生产厂与试验基地；运载火箭与导弹的总体设计部门分工不分家；采用边研制、边生产、边使用和边修改的研制方法。

1.5.2　美国

20 世纪 50 年代中期以后，美国也研制了多种一次使用或部分可重复使用的航天运载器。一次使用的航天运载器主要有"先锋号"运载火箭、"丘诺"系列运载火箭、"雷神"系列运载火箭、"宇宙神"系列运载火箭、"德尔它"

系列运载火箭、"侦察兵"系列运载火箭、"水星－红石"运载火箭、"土星"系列运载火箭、"大力神"系列运载火箭、"大篷车"系列运载火箭、"飞马座"运载火箭、"金牛座"运载火箭、"猎鹰"系列运载火箭和通用上面级等。可部分重复使用的航天运载器主要包括"X－15"研究机、航天飞机、空天飞机和"德尔它快帆"等。

1955年，美国研制了第一种不以导弹为基础的"先锋号"三级液固体运载火箭；1957年，美国研制了"丘诺"系列运载火箭；1958年，"雷神"系列运载火箭投入使用。

20世纪50年代末期，美国研制了"宇宙神"系列运载火箭，其基础级有16种，共有20个型号。同期，美国还研制了"德尔它"系列运载火箭，它是美国发射次数最多的运载火箭系列，也是世界上型号最多、改型最快的运载火箭系列。1958年，美国开始研制"侦察兵"系列运载火箭，它是研制周期短、性价比高、使用可靠的小型四级固体运载火箭系列。1959年，美国研制了"水星－红石"运载火箭，它是美国"水星"计划中使用的第一种载人亚轨道航天运载器。1959年，为了实现"阿波罗"飞船登月计划，美国研制"土星"系列（大型液体）运载火箭，最终研制成功"土星V"运载火箭，它已多次将"阿波罗"载人飞船送上月球。1962年，美国研制了"大力神"系列运载火箭，可实现各种载荷的发射。

为了发射中小型卫星，填补由航天飞机、"德尔它"系列运载火箭和"阿里安"运载火箭等留下的世界商业卫星发射市场的空白，1982年，美国私人企业投资研制了"大篷车"系列（商用）运载火箭。

1987年，美国私人企业投资研制了"飞马座"（小型商用）运载火箭，它是美国第一个从空中发射的一次性使用的航天运载器。"飞马座"运载火箭及其发射技术不受地理条件的限制，运载火箭的载机可以从不同的机场起飞，并可以在地球上空的任何地点发射。这大大提高了运载能力，增加了发射窗口时间，扩大了有效载荷的轨道倾角范围。

1989年，美国研制了"金牛座"（商用）运载火箭，它是用移动平台发射的小型标准固体四级运载火箭。"金牛座"运载火箭及其地面设备在发射场的总装时间不超过5天，发射准备时间不超过72 h，完成一枚运载火箭的发射全过程最多需要25人。

"猎鹰九号"运载火箭是SpaceX设计制造的中型两级运载火箭系列，以星球大战系列中的"千年隼"（Millennium Falcon）和第一级拥有的9个发动机而得名，如图1.11（a）所示。"猎鹰九号"运载火箭在人类航天史上有着极为重要的历史地位：它是第一枚完全于21世纪开发和设计的火箭、第一枚实现可控陆地和海上垂直着陆回收的火箭，以及第一枚实现第一级多次重复使用的火箭，此外这是美国首度由私人企业承包国家探索太空的发射工作，其低成本、多发并联、多次使用、垂直回收的设计思路深刻地影响了商业航天时代的火箭的设计，其极为低廉的发射价格也彻底改变了国际商业航天市场的格局。

"猎鹰重型"运载火箭，先前称为"猎鹰九号重型"运载火箭，是 SpaceX 研发和制造的一款可重复使用超重型运载火箭，如图 1.11（b）和（c）所示。"猎鹰重型"运载火箭是"猎鹰九号"运载火箭的一个衍生构型，由一个经过强化的"猎鹰九号"中央芯级和两个额外的"猎鹰九号"第一级组成。这能让"猎鹰重型"运载火箭的 LEO 运载能力达到 63.8 t，而"猎鹰九号"运载火箭全推力版 LEO 运载能力仅有 22.8 t。"猎鹰重型"运载火箭一开始就按照载人标准设计，并具有向月球或火星发射载人任务的潜力。另外它也可以发射小行星采矿所需的重型挖掘机具。由于"猎鹰重型"运载火箭的蓝本（"猎鹰九号"运载火箭）设计上的不断演进以及处理长期积压订单的压力，它的首次发射日期在过去几年中屡次推迟。2018 年 2 月 6 日，"猎鹰重型"运载火箭首飞成功，首次发射中携带的有效载荷为该公司首席执行官伊隆·马斯克（Elon Musk）的特斯拉 Roadster 跑车。这枚火箭是"土星五号"于 20 世纪 70 年代退役之后，当前世界上推力最大的运载火箭。

  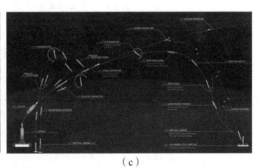

（a）　　　　　　　（b）　　　　　　　　　　（c）

图 1.11　"猎鹰"系列运载火箭

（a）"猎鹰九号"运载火箭；（b）"猎鹰重型"运载火箭；（c）"猎鹰重型"运载火箭回收示意

20 世纪 50 年代末期以后，美国陆续研制了多种通用上面级 – 航天运载器的末级火箭。通用上面级主要包括"阿金纳"系列、"半人马座"系列、惯性上面级系列、有效载荷辅助舱系列和轨道转移分系统等。其中，"阿金纳"系列通用上面级是世界上第一个具有三轴稳定与多次启动能力并可实现轨道机动的通用上面级，是美国第一个使用常规液体推进剂的通用上面级，是美国发射次数最多、使用时间最长的通用上面级。

1954 年，为了发展载人航天技术，研究与高超声速飞行有关的气动、控制、稳定和生理等问题，美国开始研究空中发射、可重复使用的"X－15"原型机。通过研制"X－15"，美国获得了大量高超声速载人飞行的试验数据，其中65%的数据被后来的载人航天计划所利用，空中发射的"飞马座"运载火箭也充分利用了"X－15"的成果。

1971年，美国开始研制航天飞机，航天飞机是世界上第一种往返于地面与宇宙空间的可部分重复使用的航天运载器，其主要由轨道飞行器、外贮箱和固体助推器等组成。轨道飞行器能重复使用100次，可载3～7人，在轨道上逗留7～30天，完成会合、对接、停靠、人员运送、货物运输、空间试验，以及卫星发射、检修和回收等任务。美国共生产了6架航天飞机，为"企业号""哥伦比亚号""挑战者号""发现者号""阿特兰蒂斯号"和"奋进号"。

1985年，美国开始研制"国家空天飞机"缩比验证机，它是一种能在大气层内、外飞行，可在普通跑道上水平起降并可完全重复使用的航天运载器，主要由载机和轨道器组成。

为了满足大多数有效载荷的发射需要、给在轨飞行器提供服务、回收卫星和减少近地轨道有效载荷的发射费用，1990年，美国开始研制"德尔它快帆"，它是世界上第一种单机入轨、垂直起降和可完全重复使用的航天运载器，已完成了缩比验证机与工作机的研制任务。

美国一次使用航天运载器的发射方式、地面设备系统和发射工程设施等与苏联大同小异。在航天运载器及其发射技术的发展过程中，诸如"雷神""宇宙神"和"大力神"等系列运载火箭已经派生出了近百个型号，发挥了承上启下的作用。美国的航天运载器及其发射技术的主要特点是：重视采用成熟的技术、材料和元器件，以缩短研制周期，提高运载火箭系统的使用可靠性与性价比；设计通用积木式上面级，通过与基础级的不同组合，可发射多种不同的有效载荷；通过通用上面级与基础级的改进和标准化，进一步提高运载火箭系统的使用可靠性与性价比；将通用上面级发展成为多用途的星箭共同体，使之与有效载荷一起进入轨道并提供动力，进而演变为独立的宇宙飞行器；增加发射场或发射工位的数量，以满足不断增加的有效载荷的种类与发射频度的要求；将退役导弹改装成运载火箭，充分利用已有的导弹地面设备系统与发射工程设施；采用简化设计、设计竞争、全面论证和全面鉴定的研制方法。

1.5.3　中国

中国的运载火箭及其发射技术的初期发展情况与苏联和美国基本相同，也是在弹道导弹及其发射技术的基础上，规划与研制初期的运载火箭及其地面设备与发射工程设施。

自 20 世纪 60 年代中期开始，中国陆续研制了"长征一号""长征二号""长征三号甲""长征四号""长征五号"等系列和"长征十一号"运载火箭及其地面设备系统。

1965 年，中国开始独立研制"长征一号"系列运载火箭及其地面设备系统。"长征一号"系列运载火箭包括"长征一号"和"长征一号 D"两个型号，它们均由中远程液体弹道导弹的第一、二级和第三级固体火箭组成，主要用于发射近地轨道小型有效载荷。1970 年，"长征一号"运载火箭成功地将中国第一颗人造地球卫星——"东方红一号"送入太空。20 世纪 90 年代，"长征一号 D"运载火箭投入商业发射。

1970 年，中国开始独立研制"长征二号"系列运载火箭及其地面设备系统。"长征二号"系列运载火箭包括"长征二号""长征二号 C""长征二号 D""长征二号 E"和"长征二号 F"等型号，它们的基础级均为洲际液体弹道导弹的第一、二级。"长征二号"运载火箭是中国航天运载器的基本型号，在其基础上又研制了"长征二号"系列、"长征三号"系列和"长征四号"系列航天运载器。1975 年，"长征二号"运载火箭成功地将中国第一颗返回式卫星送入预定轨道。1999 年，"长征二号 F"运载火箭成功地将中国第一艘无人试验飞船"神舟一号"送入预定轨道，实现了中华民族的飞天梦。

1978 年，中国开始独立研制"长征三号"系列运载火箭及其地面设备系统。随后研制了"长征三号甲"系列运载火箭，包括"长征三号 A""长征三号 B"和"长征三号 C"等型号，它们的基础级均为"长征二号"运载火箭。"长征三号"运载火箭及其地面设备系统的研制成功表明中国的运载火箭及其发射技术已经跨入世界先进行列。

1969 年，中国开始独立研制"长征四号"系列运载火箭及其地面设备系统。"长征四号"系列运载火箭包括"风暴一号""长征四号""长征四号 A"和"长征四号 B"等型号。

"长征五号"运载火箭［图 1.12（a）］最早于 1986 年在"863 计划"的支持下开展前期论证和攻关，2001 年 5 月，国防科工委开展预先研究。在 20 年的可行性研究之后，在 2006 年 10 月立项批准了火箭的开发。2016 年 11 月 3 日，"长征五号"运载火箭于海南文昌航天发射场首次发射成功。[6]

"长征七号"运载火箭［图 1.12（b）］于 2008 年 11 月开始组建团队，于 2010 年 6 月定名为"长征七号"。2011 年 1 月，正式立项，7 月，转入初样研制阶段。2015 年 5 月，开始试样研制。2015 年年底，"长征七号"运载火箭完成火箭总装。2016 年 6 月 25 日，"长征七号"运载火箭在海南文昌航天发射场点火升空，完成首次发射。

"长征十一号"运载火箭［图1.12（c）］是中国航天科技集团研制的小型全固体燃料运载火箭，可以提高快速进入空间、应急发射的能力。"长征十一号"运载火箭的发射周期不超过72 h，最短发射时间在24 h以内。该系统由固体运载火箭、发射支持系统组成，起飞推力为120 t。"长征十一号"运载火箭无须固定发射塔，采用轮式发射车机动发射。2019年6月5日，"长征十一号"运载火箭在黄海海域发射成功。这是中国首次在海上实施运载火箭发射。

（a）　　　（b）　　　　　　　　　（c）

图1.12　中国最新的3型运载火箭

（a）"长征五号"运载火箭；（b）"长征七号"运载火箭；

（c）"长征十一号"运载火箭

目前，中国正在研制新型运载火箭及其地面设备系统与发射工程设施。近期，中国将通过新型运载火箭系统的研制和科研生产体制的改革逐步提高运载火箭及其发射技术的整体水平，提高运载火箭系统在国际商业卫星发射市场上的竞争力。远期，中国将建立完善高效的航天运输系统，开展新概念航天运载器及其发射技术的研究，建立能发射各类有效载荷并具有多种跟踪测量手段的航天器发射场与测控网。

|1.6　发射技术发展趋势|

火箭、导弹及其发射技术的发展，不仅使一些国家获得了保卫主权与安全的武器，获得了参与国际事务的发言权，迎来了多元化的国际新秩序，而且也使人类实现了飞向太空、探索宇宙的美好愿望，迎来了标志着人类社会文明高度发展的航天新时代。

随着世界新技术革命与新军事变革的到来，新技术、新思想和新方法的应用将使火箭、导弹及其发射技术的发展实现前所未有的飞跃，将不断孕育新型的火箭或导弹，不断地催生新的发射方式、地面设备系统与发射工程设施，不断地刷新导弹武器系统的战术技术指标或运载火箭系统的技术经济指标。

航天发射技术的发展历史表明，火箭、导弹及其发射技术的发展过程不仅与基础科学、技术科学和工业水平直接相关，而且与国际形势、国家体制、经济发展水平、军事思想和安全战略等也有密切的关系。因此，火箭、导弹及其发射技术的发展趋势同样也受上述因素的影响，有关国家对于火箭、导弹及其发射技术的研制与部署投入将会持续增加，火箭、导弹及其发射技术的发展将会进一步加剧国际商业卫星发射市场的竞争。

目前，世界上拥有战略导弹武器系统的国家正在增多，能够研制战略弹道导弹武器系统的国家也在增多，这使国际形势发生了深刻的变化，也使国际社会产生了新的热点。对于已经拥有并且能够独立研制战略弹道导弹武器系统的国家，它们的战略导弹及其发射技术将进一步向实战化方向发展，将向提高命中精度、战斗部威力、快速反应能力、机动能力和生存能力的方向发展，将向一种导弹有多种发射方式和一套地面设备系统与发射工程设施能发射多种导弹的方向发展，并不断地改进与增加战略弹道导弹武器系统的部署模式。

由于战术导弹具有精度高、使用灵活、部署方便和在短时间内可实施集群发射等特点，故目前拥有或独立研制战术导弹武器系统的国家或地区正在不断增多。根据战术导弹及其发射技术的发展历史和目前国际形势的发展趋势可以预计，在今后相当长的时间内，有关国家将继续发展与本国幅员、自然条件和可能的打击目标相适应且射程按一定档次变化的战术导弹武器系统，将继续采用先进的发射技术进一步提高战术导弹武器系统的快速反应能力、机动能力、使用可靠性和生存能力。

为了适应大规模开发与利用近地空间和外层空间的新形势，有关国家都制订了短期或长期的航天发展计划，拟着力发展自己的航天运载器及其发射技术。例如，2010 年美国国家航空航天局（NASA）公布的空间技术发展路线中，列举地面发射系统（Ground and Launch System Processing，CLSP）为第 13 个领域，并在分析中指出，各种地面操作（不仅指测试与发射控制）成本占项目总成本的 40%，因此需要进一步简化操作、提高效率、降低成本，实现"运输即发射"（Ship and Shoot）的目标。在今后相当长的时间内，航天运载器将与发射技术互相牵引，互相促进，共同发展，人们将采用先进的发射技术，使航天运载器的地面设备系统与发射工程设施逐步向标准化、模块化、通用化、系列化和市场化方向发展；采用先进的发射技术，进一步缩短发射准备时间，增加发射窗口时间，提高发射频度，减少发射污染，降低发射成本，提高发射的可靠性和安全性；采用先进的发射技术，研制更适用于战时使用的小型机动通用发射平台。

变化的军事需求、日益扩大的航天市场、多变的国际形势和经济全球化的趋势给火箭导弹及其发射技术的发展带来更多的机遇和挑战，抓住机遇、迎接挑战、加速提高导弹武器系统的实战化水平和运载火箭系统的市场化水平将是一个国家发展航天技术的重要目标。

参 考 文 献

[1] 赵承庆，姜毅. 火箭导弹武器系统概论 [M]. 北京：北京理工大学出版社，1996.

[2] 金永德，崔乃刚，关英姿. 导弹与航天技术概论 [M]. 哈尔滨：哈尔滨工业大学出版社，2002.

[4] 赵瑞兴. 航天发射总体技术 [M]. 北京：北京理工大学出版社，2015.

[5] 于存贵，王惠方，任杰. 火箭导弹发射技术进展 [M]. 北京：北京航空航天大学出版社，2015.

[6] 宋征宇. 运载火箭地面测试与发射控制技术 [M]. 北京：国防工业出版社，2016.

第 2 章

火箭、导弹

火箭是依靠自身动力装置——火箭发动机推进的飞行器。这种飞行器根据不同的用途装有不同的载荷，当装有战斗部系统时，称为火箭武器，否则称为探空火箭、运载火箭等。火箭有两类：一类是无控火箭，其飞行轨迹不可导引、控制；另一类是可控火箭，其飞行轨迹由制导系统导引、控制。

导弹是载有战斗部系统，依靠自身动力装置推进，由制导系统导引、控制其飞行轨迹，并导向目标的飞行器。显然，载有战斗部系统的可控火箭是导弹，但导弹不一定都依靠火箭发动机推进，它也可依靠空气喷气发动机或组合型发动机推进。在俄语中，导弹统称火箭[1]。

火箭、导弹是火箭武器系统和导弹武器系统的核心组成部分，也是发射技术面向的对象，因此在讲述发射技术之前，有必要对火箭、导弹作一个概要介绍。鉴于火箭与导弹相比，除制导系统之外，在各个方面都可谓大同小异，而本章仅对火箭、导弹的飞行原理、结构组成以及发射3个方面进行简要介绍，因此本章并未显式地区分火箭和导弹。

一般的飞行概念都与"翼"相伴而生，但火箭与导弹的飞行，有的有翼，有的无翼。它们的"飞行"概念，实质上是一种离开地面，在空中快速运动（犹如"飞"）的概念，故统称为"飞行"。不少人建立有"飞沙走石""飞刀""飞枪"的概念，它们都是无"翼"、无"腿"的，但照样"飞"，其道理与火箭导弹的飞行是相似的[2]。

|2.1　导弹和导弹武器系统|

2.1.1　导弹

1. 导弹的组成

　　导弹本身主要由动力装置、制导系统、战斗部、电气系统、弹体 5 个部分组成，无控火箭不含制导系统。由于导弹本身是复杂的系统，通常把上述 5 个部分组成的导弹称为导弹系统。图 2.1 所示为美国"红石"导弹的结构组成和结构爆炸图。

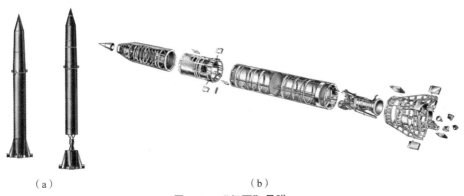

　　　　（a）　　　　　　　　　　　　　　（b）

图 2.1　"红石"导弹

（a）结构组成；（b）结构爆炸图

　　1）动力装置

　　动力装置也称推进系统，是为导弹发射和飞行提供推动力的系统，是导运动的动力源。

导弹上的动力装置种类很多，但都是直接产生推力的喷气推进动力装置。目前常用的有火箭发动机、空气喷气发动机及其组合式发动机。

2）制导系统

导弹的制导系统是控制和导引导弹飞向目标的仪器、装置和设备的总称，包括导引系统和控制系统。为了能够将导弹导向目标并保证高的命中精度，一方面要不断地测量导弹和目标运动参数（如导弹运动方位、导弹和目标的相对距离、目标的运动参数等），以便向导弹发出控制指令；另一方面要保证导弹稳定地飞行，并操纵导弹改变飞行姿态，控制导弹按要求的方向和弹道飞向目标。前一任务由导引系统完成，后一任务则由控制系统完成。制导系统就是导弹导引系统和控制系统的综合，是导弹的"大脑"。

3）战斗部

战斗部是导弹的有效载荷，也是导弹和其他飞行器的主要区别之一，用来摧毁目标、完成战斗任务。由于战斗部一般安装在导弹的头部，所以通常又称为弹头。

战斗部内含引信，因此战斗部也称为引信战斗部。引信的功能是保证战斗部在最恰当的时间和地点爆炸，要求引信有高度的可靠性和准确性。战斗部是导弹的关键火工品部件。它通常由起爆器、导爆管、助爆器和主装药构成典型的爆炸链，靠主装药爆炸产生爆炸威力，对目标造成毁伤。为了使战斗部具有最好的战斗效果，对于不同的目标，相应地出现了各种类型的战斗部，如爆破战斗部、破片杀伤战斗部、聚能破甲战斗部、生化战剂战斗部以及核战斗部等。

4）电气系统

弹上电气系统是导弹的重要组成部分，它是供给弹上各分系统工作用电的能源装置，是导弹的"血管"。弹上的制导设备、发动机、助推器、战斗部的引信等各种设备，在启动过程和工作过程中都离不开电气系统。其功用是将弹上各用电设备连成一个整体，保证在地面测试和导弹飞行中适时可靠地向各设备供电；把弹上各设备与地面检测、发射设备联系起来，实现弹上设备的检测和导弹发射。电气系统由电源（电池组）、配电和变电装置、接触器、继电器、开关、传送电路等组成。

5）弹体

弹体是由导弹各舱段、空气动力面、弹上特殊机构和一些零部件连接而成的。弹体是外力的主要承受者，它的功能是使导弹的各部分组合成一个整体，并使导弹形成良好的气动外形。空气动力面包括产生空气动力的弹翼、产生操纵力的舵面及保证稳定飞行的安定面（尾翼）等。由于弹道导弹的弹道大部分在大气层外，主动段只需按程序转向飞行，因此没有弹翼或根本没有空气动力面。

各舱段连接成的主体称为弹身。它的功用是安装战斗部、制导设备、动力装置及电气设备等，并将弹翼、舵面等部件连成一个整体。当采用固体火箭发动机、受力式整体推进剂贮箱时燃料贮箱本身就是弹身的一部分。弹身是导弹最主要的受力和承力部件。对超音速导弹，弹身也起着产生空气动力的作用。

弹上特殊机构依据不同的导弹类型，包括操纵机构、分离机构、折叠机构等。

2. 导弹的分类

当今世界上导弹的种类达几百种之多，而且新研制的导弹不断地出现，为了分析研究和使用的方便，需要对数百种导弹进行分类。分类方法很多，称谓也不尽相同，但一般按照导弹的不同特征分类。常用的导弹分类如图 2.2 所示。

1）按照作战使命分类

（1）战略导弹。用以攻击敌方战略目标，完成战略打击的远程面 – 面导弹、空 – 面导弹。这些战略目标包括政治经济中心、战略导弹发射和核武器基地、军用机场、港口、防空反导基地、重要的电站、军需仓库、工业基地、交通和通信枢纽等。一些用以保卫重要城市和战略要地设施的远程面 – 空导弹有时也称为战略导弹。

（2）战术导弹。用以完成战役和战斗任务，用于攻击地面、海域或空中目标的导弹，其类型很多。

2）按照发射基点和目标所处的位置分类

（1）面 – 面导弹。第一个 "面" 字表示发射基点，第二个 "面" 字表示目标的位置。此处的 "面" 是指地面、水面或水下、地下的某一深度。如地 – 地导弹、舰 – 舰导弹、舰 – 潜导弹等。

（2）面 – 空导弹。包括地 – 空、舰 – 空、潜 – 空等导弹。

（3）空 – 面导弹。发射平台包括飞机、直升机、无人机和空间飞行器等，按目标位置分为空 – 地、空 – 舰、空 – 潜等导弹。空中发射的反辐射导弹（攻击地面、舰 – 面雷达站等）也属于这一类。

（4）空 – 空导弹。由空中发射平台发射攻击和拦截空中目标的导弹。

3）按照结构与弹道特征分类

（1）有翼式导弹。它包括巡航（飞航式）导弹和其他有翼式导弹。

（2）弹道导弹。其主要飞行轨迹为椭圆形弹道，需要克服地球引力。

4）按照所攻击的目标分类

（1）攻击固定目标的导弹。这类导弹多为弹道导弹，有翼式导弹也能完成攻击固定目标的任务。

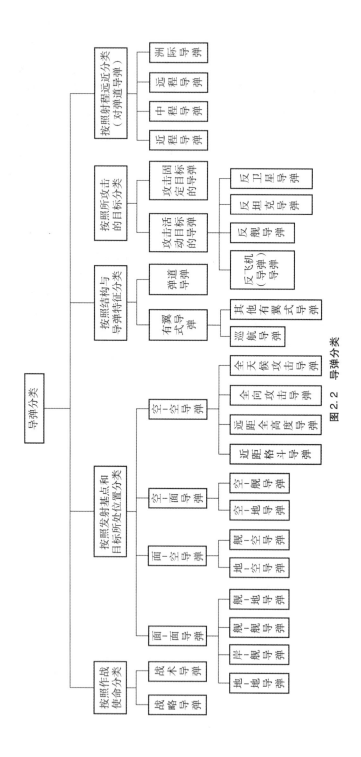

图 2.2 导弹分类

（2）攻击活动目标的导弹。这类导弹包括防空导弹、反导导弹、反舰（潜）导弹、反坦克导弹、反卫星导弹等。

5）按照射程远近分类

这种分类方法主要适用于弹道导弹，对其他类导弹，如防空导弹，其近程、中程、远程的概念是不同的。

（1）近程导弹。导弹的射程小于 100 km。

（2）中程导弹。导弹的射程范围为 1 000 ~ 4 000 km。

（3）远程导弹。导弹的射程范围为 4 000 ~ 8 000 km。

（4）洲际导弹。导弹的射程大于 8 000 km，这类导弹也称为远程洲际导弹。

2.1.2　导弹武器系统的组成和分类

导弹是导弹武器系统的一个重要组成部分，但单独的导弹不能完成作战任务，必须有其他系统与其配合，并通过一定的协同工作方式，构成一个完整的整体，才能完成赋予导弹武器的作战使命，这个整体就是导弹武器系统。由此可见，导弹武器系统是由导弹和其他配套装备和设施组成的，能够独立执行作战任务的系统。

不同的导弹武器系统的组成不尽相同，导弹武器系统通常由导弹系统、发射系统、武控系统和支援保障系统四大部分组成。

发射系统是对导弹进行支撑、发射准备、随动跟踪、发射控制及发射的专用设备的总称，主要由发射装置和发射控制设备组成。发射装置有固定式、半机动式、机动式等类型，发射方式有倾斜发射、垂直发射和水平发射等类型。发射控制设备是制导系统在发射装置上的接口设备，用于按规定的程序进行导弹发射前的准备和初始数据装定，并按指令发射导弹。

武控系统完成对目标信息的获取和显示、数据处理、发射平台参数测量和处理、目标分配和辅助决策、计算装定射击单元、战术决策和实施导弹发射任务。该系统主要由目标探测和显示系统、数据处理计算系统、发射平台参数测量处理系统等构成。

支援保障系统用于完成导弹起吊、装填、运输、贮存、维护、检测等技术准备和供电、定位、通信等技术支持，以保证导弹处于完好的技术状态和战斗待发状态。支援保障系统主要有测试设备、吊车、运输车、装填车、技术阵地及仓库拖车、电源车、燃料加注车、清洗车、气源车、通信指挥车和其他配套工具。支援保障系统随导弹种类的不同而不尽一致。

各国对导弹武器系统分类的方法和标准不尽相同，但总的规律和原则相近，一般按使命任务、机动性等特征分类。常用的导弹武器系统的分类如图 2.3 所示。

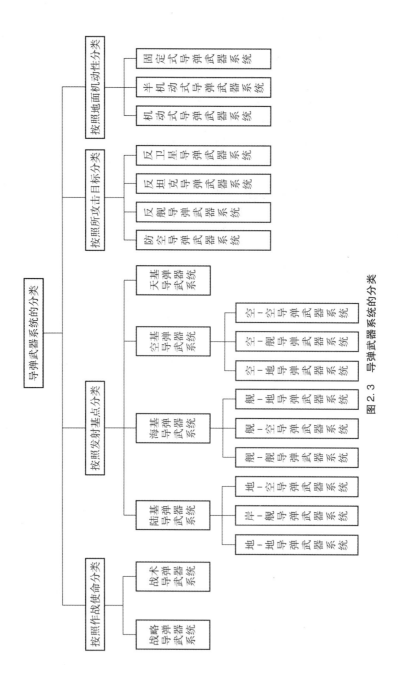

图 2.3　导弹武器系统的分类

|2.2　火箭、导弹飞行原理|

2.2.1　飞行环境

在大气层内可以飞行，在大气层外空间也可以飞行。在大气层内飞行，就时刻离不开地球引力和空气对飞行器的作用，在大气层外空间飞行，又离不开星体间引力的相互作用。迄今，绝大部分的火箭与导弹都飞行于地球引力场中，地球引力场时刻都在制约着它们的飞行。

1. 地球引力场

绝大部分的火箭与导弹都飞行于地球引力场中，地球引力场时刻都在制约着它们的飞行，因此有必要首先了解一下地球及其引力场。

地球是太阳系的九大行星之一①，其在太阳系中的位置如图 2.4 所示。论体积它排第五，论质量它排第六。它极似圆球，但稍有扁平，又可称为椭球。赤道半径约为 6 378 km，两极半径为 6 357 km。地球的表面积为 5.1 亿 km²，体积约为 10 830 亿 km³，质量为 60 万亿亿 t。

水星　地球　木星　天王星　冥王星
金星　火星　土星　海王星

图 2.4　太阳系

---

① "九大行星"为旧称。2006 年 8 月 24 日，在第 26 届国际天文联会通过第 5 号决议，将冥王星划矮行星，自行星之列中除名，故今标准提法为"八大行星"，本书为说明问题方便，仍沿用旧称。

根据牛顿万有引力定律，地球表面上任一物体与地球间的吸引力为

$$F = GM \frac{m}{R^2} \qquad (2.2.1)$$

式中，F 为地球对物体的吸引力；m 为物体的质量；R 为地球半径；G 为万有引力常数；GM 为地球引力常数，$GM = 398\ 600.5 \times 10^9\ \mathrm{m^3/s^2}$。

火箭、导弹在地球引力场内飞行时，同样始终受到地球的吸引力，其量值随着离地面高度的增加而减小，而且只要离地球不是无限远，它们就总要受到地球引力的作用。由于地球有自转，相对地球静止的物体会产生离心惯性力。通常所说物体所受的重力就是地球引力与离心惯性力的合力，在地球外任一物体的重力加速度即地球引力加速度和离心加速度之和。由于地球并非一个均质圆球，地球内部各部位的密度也不相同，因此，同一物体在不同地区所受的重力也不相同。

火箭、导弹及航天器要飞行，首先遇到的障碍就是地球引力。人类几千年来，很早就想飞上天，即使在自己的身上绑上了很大的翅膀，也飞不了多远就落下地来。这主要就是地球引力在作祟。从一个方面讲，当人们还没能创造出很高的速度时，地球引力就极大地制约了物体的飞行。当人们创造出了高速度之后，地球引力仍一直是飞行体为了保持飞行而必须克服或战胜的制约因素之一。为了解脱这种制约，就必须付出一定的代价。例如，飞机为了持续飞行，必须产生升力以抵消重力。但有升力就伴生阻力，为克服阻力就要耗费功率，这就是飞行要付出的代价。火箭、导弹在大气层中的飞行，道理相同。人造地球卫星虽然仍在地球引力场中飞行，但它靠自己获得的第一宇宙速度（8 km/s）可以不落地地环绕地球飞行不止，这时它的离心力正好抵消重力，而且在大气高层，几乎没有空气阻力的作用。再进一步讲，当卫星要逃离地球引力场时，它必须再提高自己的飞行速度，达到第二宇宙速度（12 km/s）就可以了。要想逃离太阳系，速度则要达到 16.7 km/s。

火箭与导弹的发射点和目标点一般都在地球表面上，而且其最大飞行高度一般也都在地球引力场中和地球大气层内。但是运载火箭及航天器却飞行于外大气层甚至外部空间，而其目标点有的则为太阳系中的其他行星，有的甚至是银河系中的其他恒星。这就应当了解一下地球在宇宙中的位置。

地球是人类的摇篮，但人类不能永远生活在摇篮里。他们要去行星际旅行和安家，要去恒星际旅行和探索，还要去星系际旅行……宇宙是无限的！只要设想一下，在银河系周围 5 亿光年（一光年约等于 9.5 万亿 km）的范围内，大约有 1 亿个河外星系，而每一个河外星系又都包含几亿到 1 000 亿个大大小小的"太阳"，就可知道银河系在宇宙中是多么渺小。而太阳只不过是银河系

中约 1 000 亿颗恒星之一。银河系的最大直径约为 84 000 光年，最大厚度约为 10 000 光年。太阳系的边界无定论。据美国"旅行者"号航天器新近的探测分析，"日歇"（太阳系边缘）距太阳 134 亿 ~ 180 亿 km。地球这个直径才万余 km 的小星球，就是这样处在宇宙之中的，如同沧海之一粟，但正是地球所养育的人类，已开始了对宇宙深度的探索。

宇宙是无限的，人类的认识也是无限的，用无限的认识能力去揭示无限的宇宙并开发利用它们，这是人类伟大而神圣的使命。地球能养活的人数是有限的，但天疆育人则是无限的，从这个意义上讲，人类开辟通天路，架设星际桥，开发天疆以育人，正是人类繁衍生息、世代相继的必由之路。人类生存的空域是广阔的，随着时间的推移，人类的美好理想定能实现！回首现实，人类现在所能做到的还只是万里长征刚刚起步，尚处在极其初级的阶段。征服宇宙，踏上河外星系，来往于恒星际之间，那还是未来之事。人类首先能做到的是银河系中太阳系内的行星际探测、开发、定居和旅游。从图 2.4 来看，今后几十年内，以地球为基地，也可以以月球为基地，或以人造太空港为基地，实现太阳系内行星际探幽是完全可能的。目前来看，月球、火星和金星是要首先探测、开发和利用的。

2. 地球大气环境

地球外面所包围着的那层大气，通常叫作大气层，其总厚度达 3 000 km 以上，整个大气层的大部分质量都集中在地球表面附近 10 ~ 12 km 的高度范围以内。在不同的高度段上，大气的特性是不同的。据此，可把大气层分为：对流层、平流层、中间层、热层（高温层）和外大气层（散逸层）。图 2.5 所示为地球大气环境的分层界面，给出了气体密度、压强、声速和温度随海拔高度的变化，同时给出了不同物体运行的高度区间。

1）大气结构

（1）对流层（Troposphere）。

它是最贴近地球表面的一层，厚度为 10 ~ 15 km。该层在两极最薄，赤道处最厚。对流层内大气的密度最大，该层的大气质量占全部大气的 3/4。风、雨、霜、雪、冰雹、雷电等气象变化都发生在对流层内。该层内的大气压强、温度、密度以及声速等随高度的变化如图 2.5 所示。

（2）平流层（Stratosphere）。

对流层以上直到离地球表面约 32 km 的高度段称为平流层。在该层，25 km 高度以下直至 11 km 的高度范围内，大气温度不随高度变化，其平均值为 −56.5 ℃，故又称为同温层。该层以上至 32 km 高的一段内，大气温度随高度的增加而上升。平流层内大气质量约占全部大气质量的1/4。该层内没有水蒸气，也没有雨、雪、雷电等气象变化，而且没有大气的上下对流，只有水平方向的流动，故得名平流层。

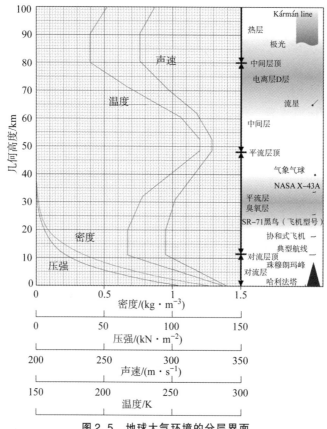

图2.5 地球大气环境的分层界面

（3）中间层（Mesosphere）。

平流层以上直至离地球表面80 km高的一段称为中间层。该层内的大气质量只占大气总质量的1/3 000。该层内的大气参数随高度的变化如图2.5所示。

（4）热层（Thermosphere）。

中间层以上直到离地球表面400 km高的一段称为热层。该层内气温随高度的增加而上升，层顶温度高达摄氏千度以上，所以又称高温层，也称为暖层。出现高温是由于该层的气体非常稀薄，太阳的辐射作用非常强烈。这种辐射使大气分解成离子态，形成几个集中的电离层。最底层为"D"电离层，厚度约为20 km；第二层为"E"电离层，它在离地面100～120 km的高度范围内；第三层为"F_1"电离层，离地表的高度为180～220 km；最上层为"F_2"

电离层。因此，又常称热层为电离层。

（5）外大气层（Exoatmosphere）。

热层以上，离地表约 3 000 km 以下，均属外大气层。该层内气体极为稀薄，气体分子少到每立方厘米只有 10^5 个以下，大约小于地面附近的 270 万亿分之一。该层离地面较远，地球引力较小，所以常有气体分子向星际空间逃逸，故该层又称为散逸层。该层内的大气质量只占整个大气质量的 10^{-11}。自然可以设想，该层内大气已经以气体分子的游离状态而存在了。其实，在离地表 100 km 高的地方，其大气密度已经是地面大气密度的百万分之一了，飞行器在这里飞行，它所承受的空气动力已经可以忽略不计了，在更高的空间里自不必说。

2）标准大气

地球大气状态参数（气压、温度、密度等）总的来看不是一种恒定状态，它们随高度的变化规律是受季节、昼夜和地理位置的影响而变化的。但人们在计算和评价飞机、火箭和导弹的飞行性能时应有一个标准，不能各行其是。这是就需要制订一套各地区、各国乃至国际的标准，于是就出现了"标准大气"。目前我国采用的是国际标准大气。这种标准大气通常参照某一地区（例如北纬 35°~60°）的大气参数的平均值加以修订而成。形成标准大气时，遵守以下规定：

（1）空气被视为完全气体，其变化规律服从完全气体的状态方程。

（2）以海平面为零高度。在海平面上，空气的标准状态为：气温 $T = 15 ℃$；气压 $P = 101 324$ Pa；

（3）对流层的高度定为 11 km。在对流层内，高度每上升 1 km，温度下降 6.5 ℃，在平流层内，海拔高于 25 km 后，气温随高度的增加而逐渐上升。

（4）为使用方便，通常将各高度的标准大气状态参数列成表格，叫作标准大气表，见附录。

2.2.2　火箭、导弹的运动原理

火箭、导弹（此后简称为火箭）在运动过程中，不断有发动机的燃烧产物（燃气）向后喷射，这一方面使火箭得到了向前的推力，另一方面火箭本身的质量不断在减小。这样一种运动过程不同于一般定质量物体受外力作用的运动过程，一般被称为变质量物体运动方程。本小节以火箭运动为例，推导变质量物体运动方程。该方程的推导方法不一，本书引进一种直观、易懂、简明的方法。

如图 2.6 所示，火箭在作直线运动。在 t 时刻，火箭的质量为 m；在 $t + dt$

时刻，喷出燃气 Δm，将火箭加燃气设为时刻 $t + \mathrm{d}t$ 感兴趣的系统如图2.6（b）所示，这时，系统的总质量仍为 m。这样，对系统的运动而言，仍可视为定质量系统的运动，所以可以将动量定理运用于该系统，导出火箭的变质量运动方程。

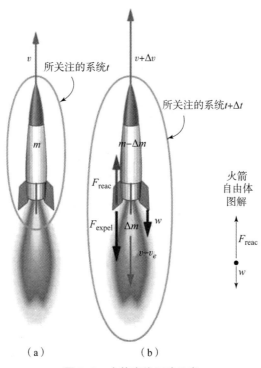

图2.6　火箭直线运动示意

根据动量定理，在任一时刻，系统的动量变化等于该时刻外力作用在系统上的冲量。

设在任一时刻 t，系统的质量为 m，速度为 v。在 $t + \mathrm{d}t$ 时刻，系统的质量分为两部分，火箭为 $(m - \dot{m}\mathrm{d}t)$，燃气为 $\dot{m}\mathrm{d}t$，但其总合仍为 t 时刻的系统质量 m。其中 $\dot{m}$ 为单位时间的燃气质量流量 $\dot{m} = -\mathrm{d}m/\mathrm{d}t$，负号表示质量在减小。

与上述两部分质量相对应的速度为

火箭：$\left(v + \dfrac{\mathrm{d}v}{\mathrm{d}t}\mathrm{d}t \right)$

燃气：$\left(v + \dfrac{\mathrm{d}v}{\mathrm{d}t}\mathrm{d}t - v_e \right)$

式中，v_e 为喷气速度，方向与 v 相反。

$\mathrm{d}t$ 时间内系统的动量定理关系式为

$$(m - \dot{m}\mathrm{d}t)\left(v + \frac{\mathrm{d}v}{\mathrm{d}t}\mathrm{d}t \right) + \dot{m}\mathrm{d}t\left(v + \frac{\mathrm{d}v}{\mathrm{d}t}\mathrm{d}t - v_e \right) - mv = \sum F_i\mathrm{d}t \quad (2.2.2)$$

式中，F_i 为作用于系统的元力。

变换式（2.2.2）可得

$$m\frac{\mathrm{d}v}{\mathrm{d}t} = \dot{m}v_e + \sum F_i = -\frac{\mathrm{d}m}{\mathrm{d}t}v_e + \sum F_i \qquad (2.2.3)$$

式（2.2.3）即火箭（变质量物体）的运动方程。它与定质量物体运动方程相比，多了（$-\mathrm{d}m \cdot v_e/\mathrm{d}t$）一项，其物理意义即燃气的动量变化率，即动量除以时间，实际上即喷气的反作用力——火箭推动力。

若 $\mathrm{d}m/\mathrm{d}t = 0$，则式（2.2.3）可化为定质量物体运动方程，即牛顿第二定律。

2.2.3　喷气推进原理

1. 推力的产生

火箭发动机喷气推进的原理与放开口的充气气球运动的原理是相同的，如图 2.7（a）和（b）所示。如果将一个气球充气并扎上口，气球内的压强仅比环境压强略高，因为气球内压强在所有方向上相等，所以气球在任意方向上合力均为零，处于平衡状态，如图 2.7（c）左上图所示。如果打开气球的开口，此时开口就像一个洞，在此处没有可供内部压强作用的表面积，所以气球上合力不再为零，即产生了推力，气球在推力的作用下向前飞行，如图 2.7（c）右上图所示。火箭和气球产生推力的原理是非常相似的，唯一显著的区别是高压气体的产生方式，在火箭中，气体是通过燃烧固体或液体推进剂产生的，如图 2.7（c）下图所示。

考虑图 2.8（a）所示的火箭发动机，当推进剂在燃烧室里燃烧时，由于剧烈的化学反应，产生大量的燃气，它们受燃烧室壁的限制，扩展不出去，向后又受喷管的限制，流通不畅，因此只好增压来收容大量气体，这就是燃烧室壁上作用有很高压力的原因。这些压力作用到室前壁上自然会形成一个推动火箭前进的力，此力使火箭以速度 v 前进。但这是有条件的，即当火箭发动机装有尾喷管的时候才能高效地完成。假若燃烧室是密闭的，燃气憋在里面，压力再高也无用，因为在各个方向上都平衡掉了，就像图 2.7（c）左上图所示的气球一样，而且压力太高了可能炸裂燃烧室壁。但当向后有开口时，例如只开一个一般的圆孔，情况就会改观，经过圆孔就能喷出气体，而且火箭也能得到

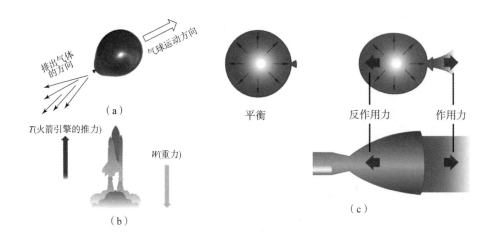

图 2.7　喷气推进原理示意

（a）气球；（b）火箭；（c）喷气推进原理

一定的推力，但这样做，其推进效率不高。如果紧接燃烧室向后装上一个如图 2.8 所示的尾喷管（先收缩，后扩张，即拉瓦尔喷管），情况就大不一样了。燃烧室内的燃气压强增高后，燃烧室壁就压迫着燃气向喷管方向流动，把大量的燃气经喉部、扩张段和喷口，以超声速乃至几倍声速的高速度 v_e 喷射出去。在这种情况下，高喷气速度换来大推力，这时的推进效率是高的。

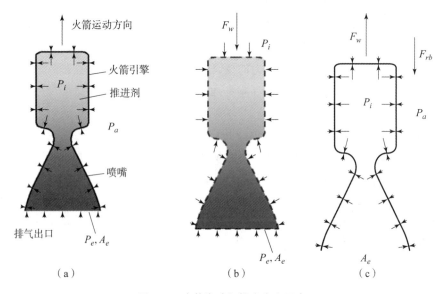

图 2.8　火箭发动机推力产生示意

在上述过程中，燃烧室壁对燃气的压力就形成了燃气向喷口方向的流动并从喷口喷射出去，这时也可以说燃气从燃烧室的压强那里获得了一部分动能，但反过来说，燃气对燃烧室壁的反作用压力的合力就形成了推动火箭发动机前进的动力，即推力。假若把燃烧室壁对燃气的压迫称为作用力，那么燃气对燃烧室壁的反抗就称为反作用力。这就是利用反作用原理产生推力的道理，实际上也就是"喷气"产生推力，或者说"喷气"就能"推进"的道理。

2. 推力的计算

下面推导火箭发动机在非理想工作状态下的推力计算公式，推导过程将基于图 2.8 进行。

图 2.8（a）中 P_i 为燃烧室内的压强，在实际应用中其在燃烧室的不同位置可能是不同的，这里假设其在燃烧室内处处相等；P_a 为环境压强，这里认为其是常数；P_e 为喷管出口平面上的压强，取出口平面的平均压强；A_e 为喷管出口的面积。

图 2.8（a）中顶部和侧面的箭头表示作用在火箭发动机内部和外部的气体压强，底部的箭头表示在出口平面上作用于排出燃气的压强。本小节的分析将忽略重力和空气阻力的影响。

接下来，仅考虑火箭发动机内的推进剂（含燃气，此后提及推进剂均含燃气），这样可以充分考虑火箭发动机壁和推进剂之间的作用力，这种作用力与火箭的推力有关。图 2.8（b）显示了推进剂，沿顶部和侧面的虚线表示火箭发动机内壁和推进剂之间的接触界面，沿底部的虚线表示燃气的出口平面，压强 P_e 作用在该平面上。图中，F_w 是由于与火箭发动机内壁接触而施加在推进剂上的向下合力（用沿顶部和侧面的虚线表示）。该力的计算方法是：（1）将内壁某点的局部压强 P_i 乘以壁面上的微分面积；（2）使用微积分法，对整个内壁面进行积分以求得合力；（3）确定该力的垂直分量（F_w）。此处不显示此计算的详细信息。需要注意的是，由于火箭发动机的几何对称性，合力仅作用在垂直方向，而没有侧向分量。

这里，定义向上的力为正，向下的力为负，将作用在推进剂上的力相加，并应用牛顿第二定律可得

$$-F_w + P_e A_e = m_p a - u \frac{\mathrm{d}m_p}{\mathrm{d}t} \tag{2.2.4}$$

式中，m_p 为发动机内的推进剂的质量；a 为发动机的加速度；u 为燃气相对于火箭的速度，近似为常数；$\mathrm{d}m_p/\mathrm{d}t$ 为推进剂燃烧速度。

接下来来分析图 2.8（c）所示的火箭发动机的受力，图中 F_{rb} 为火箭箭体

作用在火箭发动机上的力。将作用在火箭发动机上的所有力相加，并应用牛顿第二定律可得

$$F_w - F_{rb} - P_a A_e = m_{re} a \qquad (2.2.5)$$

式中，m_{re} 为火箭发动机的质量；$P_a A_e$ 为环境压强作用在发动机出口的力。

根据牛顿第三定律，作用在火箭箭体的力 F_{rb} 是指向上（为正）的，根据牛顿第二定律可得

$$F_{rb} = m_{rb} a \qquad (2.2.6)$$

式中，m_{rb} 为火箭箭体的质量，不含火箭发动机及其内的推进剂。

结合式（2.2.5）和式（2.2.6）可得

$$F_w - P_a A_e = (m_{re} + m_{rb}) a \qquad (2.2.7)$$

结合式（2.2.4）和式（2.2.7）可得

$$u \frac{dm_p}{dt} + A_e(P_e - P_a) = (m_p + m_{re} + m_{rb}) a \qquad (2.2.8)$$

式中，$(m_p + m_{re} + m_{rb})$ 为任意时刻火箭的总质量，根据牛顿第二定律，式（2.2.8）的左侧即作用在火箭上的推力，可表示为

$$T = u \frac{dm_p}{dt} + A_e(P_e - P_a) \qquad (2.2.9)$$

式（2.2.9）就是计算推力的一般方程，式（2.2.9）右侧第一项为动量推力项，第二项是由喷管出口压强和环境压强之间的差异所产生的压强推力项。当火箭发动机处于理想工作状态，即喷管出口压强 P_e 等于环境压强 P_a 时，压强推力项变为零，式（2.2.9）变为

$$T = u \frac{dm_p}{dt} \qquad (2.2.10)$$

此时，燃气射流流出喷口后既不膨胀也不压缩，喷管推力达到最大值。相对于动量推力项，压强推力项总是小量，因此在精度要求不高的分析场景中可以忽略。

本小节中的分析基本上是力和动量分析，要作一个完整的推力分析，必须使用热力学和流体力学知识研究燃气在喷管中的膨胀过程，这样的分析（此处未给出）能够优化发动机设计和喷管几何结构，以使发动机在工作期间实现或尽可能接近最佳膨胀。这部分知识将在第三章"气体射流动力学"部分给出。

2.2.4 空气动力学基本知识

火箭、导弹在大气层内飞行总是受到空气动力的作用，本小节简要给出部

分空气动力学的基本知识。

1. 声速与马赫数

当物体在大气中发生振动时，就会对周围大气产生扰动，使大气压强和密度发生微小变化并以一定的速度向周围传播。这一传播速度称为声速，用 a 表示。声速与气体的温度 T 存在式（2.2.11）所示的关系：

$$a = \sqrt{kRT} \tag{2.2.11}$$

式中，k 为气体的比热比，对于空气 $k = 1.4$；R 为气体常数，对于空气 $R = 287.1\ \text{J}/(\text{kg} \cdot \text{K})$；$T$ 为气体的热力学温度（单位为 K）。

对于空气，式（2.2.11）可表示为

$$a = 20.05\sqrt{T} \tag{2.2.12}$$

在气温为 15 ℃ 的海平面上，声速 $a = 340.3\ \text{m/s}$。

马赫数（Mach number）是指气体流动速度 v（或飞行器的飞行速度）与当地声速 a 的比值，通常用 Ma 表示，

$$Ma = v/a \tag{2.2.13}$$

在同一个流场中，各个位置上的运动速度 v 可能不同，这样各点处的压强 P、密度 ρ、温度 T 也就不同，显然各处的声速 a 就不相同，自然马赫数也不相同。当气体流动的速度 v 为超声速（$Ma > 1$）和亚声速（$Ma < 1$）时，气体流动的特性有着本质上的不同。根据气体流动马赫数，把气体的流动分为下面几种状态：低速气流，此时 $Ma \leqslant 0.4$；亚声速气流，此时 $0.4 < Ma \leqslant 0.75$；跨声速气流，此时 $0.75 < Ma \leqslant 1.2$；超声速气流，此时 $1.2 < Ma < 5$；高超声速气流，此时 $Ma \geqslant 5$。

2. 附面层与气动加热

附面层就是附着在表面上的一层流体，其形成原因就在于流体有黏性。水泼到一块平板上，板面被沾上了一层水，就是因为水有黏性，贴近壁面的一层被滞止下来而流不动了，层外的水则继续向前流去。气体流经物体表面与水流相似，也有一层贴附在表面上不动，这是因为气体也有黏性。当然，气体的黏性一般比液体小得多。

图 2.9 所示为气流流经机翼翼面所产生的附面层。在机翼的前半部分上、下表面上均产生层流附面层，其中的流速剖面如上左圆圈中所示；在机翼的后半部分上、下表面上均产生紊流附面层，其中的流速剖面如上右圆圈中所示。

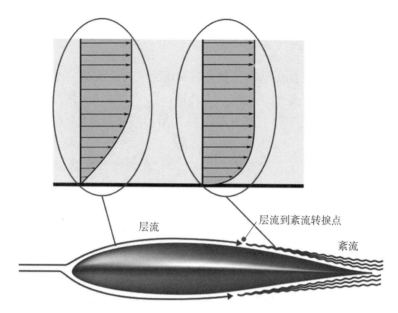

层流

层流到紊流转捩点

紊流

图 2.9　层流附面层和紊流附面层

附面层的流态与气流的黏性系数 μ、密度 ρ、速度 v 以及被流经物体的特征长度 L 有关。雷诺（Reynolds）把这几个影响因素归结为雷诺数 $Re = \rho v L / \mu$。由层流转变为紊流的雷诺数称为临界雷诺数 Re_t，所以当 Re 小于 Re_t 时，附面层的流态为层流，大于 Re_t 时，则流态变为紊流。由试验得知，空气沿平板流动的 Re_t 大约为 10^5。

在层流附面层内，气体的流动呈分层流动状，各层间互不混淆，层内沿壁面法线方向的速度分布近似抛物线形状，在壁面处速度为零，在附面层边界处速度达到外部位流的速度；在紊流附面层内，各层气体微团除了向前运动外，还相互乱窜，因此称其为紊流（也称湍流），层内各点的速度随时间脉动，层内速度沿壁面法线的方向分布。在紊流附面层的底部，当不考虑存在层流底层时，其速度为零；当存在层流底层时，其速度应为底层界面上的速度。在紊流附面层的边界上，速度达到外部位流的速度。

下面介绍附面层理论的工程应用。第一个问题是附面层在气动计算上的应用。

附面层理论本身内容很多，也很复杂。但在飞行器作高速飞行的情况下，附面层实际上只是贴近壁面的一个极薄层，而且在它的边界上速度达到了外部位流的速度。这样一来，当 Re 很大时，黏性影响区很薄，相对于无黏流的绕流而言，速度因黏性而发生的变化都集中在这个很薄的影响区内，这时区内的法向速度梯度很大，但在这个区以外，法向速度梯度几乎为零，黏性作用可以忽略不计，即当作理想（无黏）流体看待。于是，气体黏性所起的作用可以认为只局限在附面层以内，一旦附面层边界求出，可以此为假想壁面来求解它的无黏流绕流问题。这当然使飞行器的气动计算问题得以大大简化，在工程上具有很大的实际意义。

第二个问题是飞行器的气动加热问题。所谓气动加热，实质上是指气流滞止或变慢时由气流能量的全部或部分转变为热能。高速气流的总能量由两部分组成，即动能和热焓。最常见的气动加热有两种，一种是气流被物体阻挡，流动的气体被完全滞止在物体的某前沿部位，这时气流的全部动能都被转化为热能而加在气流滞止的物体部位处。该部位所达到的温度可由高速气流的能量方程来求解，即

$$\frac{v^2}{2} + \frac{k}{k-1} \cdot \frac{p}{\rho} = 常数 \qquad (2.2.14)$$

既然动能与热焓之和恒为常数，动能降低，热焓就增加，亦即温度增加。当流速降为零时，热焓值最大，此时所达到的温度最高，称为总温，也称为滞止温度，一般以 T_0 表示：

$$T_0 = T_\infty \left(1 + \frac{k-1}{2k} \cdot \frac{v_\infty^2}{RT_\infty}\right) = T_\infty \left(1 + \frac{k-1}{2} Ma_\infty^2\right) \qquad (2.2.15)$$

式中，T_∞、v_∞、Ma_∞ 分别为来流的气温、速度和马赫数。实际上，T_∞、v_∞、Ma_∞ 即飞行参数，脚注 "∞" 可以去掉，得

$$T_0 = T\left(1 + \frac{k-1}{2} Ma^2\right) \qquad (2.2.16)$$

式（2.2.16）就是常用的滞止温度（总温）计算公式。空气的 $k = 1.4$，代入上式即得

$$T_0 = T(1 + 0.2 Ma^2) \qquad (2.2.17)$$

假如导弹在 5 km 的高度上（该高度上的气温 $T = 255.65\text{K}$）以 $Ma = 5$ 的速度飞行，则在其某些前端部位的中心点上出现的总温值可达到 $T_0 = 1\,261\,℃$。这时，为飞行器的结构着想，就要关注气动加热问题。

以上是气动加热的一种情况，下面介绍附面层的存在所引起的气动加热问题。

附面层的存在是由于气体的黏性，黏性导致气体与壁面之间的摩擦，而且由于存在速度梯度，在流层之间也存在摩擦，不管在层流附面层还是紊流附面层中，摩擦都一样存在。有摩擦就会生热，这种热实质上还是由动能的降低转换过来的，这为分析提供了方便。在第一种情况中，速度完全被滞止时的温

升，已给出了计算公式（2.2.16）。对附面层的情况除紧贴壁面、速度滞止为零外，稍远，速度虽降低但不为零，而且在附面层边界上速度恢复为外部位流的速度，于是，相应于速度剖面出现了一个温度剖面，一般称它为温度附面层。温度附面层的最底层速度滞止为零，但底层以上速度不为零，而且一般速度梯度较大。这时就不能处于滞止状态，因此也不能完全用式（2.2.16）计算其温度，但对于底层附近的极薄层内，因其极近于滞止状态，故仍用式（2.2.16）加一项修正系数计算其温度，通常称该温度为恢复温度，其表达式为

$$T_r = T\left(1 + r \cdot \frac{k-1}{2}Ma^2\right) \tag{2.2.18}$$

式中，T_r 为恢复温度，即紧贴壁面的气体温度；r 为温度恢复系数，其值与普朗特数 P_r 有关。

当 $P_r = 1$ 时，$r = 1$，这时恢复温度等于滞止温度。对于层流附面层可取 $r = 0.845$，对于紊流附面层可取 $r = 0.88$。

T_r 值对一定的附面层是个定值，但实际附面层底层的温度却与壁面的热状态有关。如果壁面是绝热的，T_r 就是壁面温度；如果壁面是冷的，则壁面温度要小于 T_r；如果壁面是热的，则壁面温度要大于 T_r。

在存在附面层的情况下，所谓壁面的气动加热是附面层的恢复温度高于壁面温度，从而要向壁面内部传热所致。当达到热平衡状态时，壁面的温度即气动加热的温度，这时可用式（2.2.18）计算。

由于气动加热的存在，在设计火箭、导弹，尤其是返回式卫星和再入弹头时，必须考虑壁面的受热问题。

3. 气动力和气动力矩

1）常用坐标系

选用按右手定则确定的笛卡儿坐标系。

（1）弹体坐标系 $Ox_1y_1z_1$。

该坐标系的原点 O 选在导弹的质心上，Ox_1 轴取在导弹的纵轴上，指向导弹的头部为正；Oy_1 轴取在导弹的纵向对称面内，指向上方为正；Oz_1 轴的位置和正指向按右手定则确定，如图 2.10（a）所示。

（2）速度坐标系 $Ox_2y_2z_2$。

速度坐标系 $Ox_2y_2z_2$ 的原点 O 取在导弹的质心上；Ox_2 轴与导弹质心运动矢量重合，Oy_2 轴在导弹纵向对称面内，垂直于 Ox_2 轴；Oz_2 轴按右手定则确定，如图 2.10（b）所示。

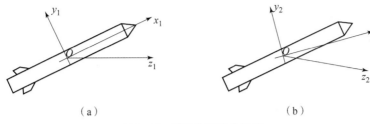

（a）　　　　　　　　　　　　（b）

图 2.10　弹体和速度坐标系

（a）弹体坐标系；（b）速度坐标系

（3）攻角 α 和侧滑角 β 的定义。

攻角 α 为导弹质心运动的速度矢量 v 在导弹纵向对称平面的投影 v' 与导弹弹体坐标系中 Ox_1 轴之间的夹角。正的攻角沿 Oy_1 轴产生正的升力。

侧滑角 β 为速度矢量 v 与导弹纵轴对称平面之间的夹角，正的侧滑角产生负的侧向力（此时的侧向力与 Oz_1 轴的正方向相反）。

攻角和侧滑角示意如图 2.11 所示。

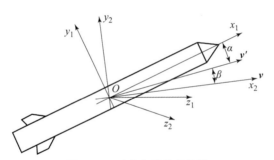

图 2.11　攻角和侧滑角示意

2）气动力

当导弹以一定的速度在大气中运动时，导弹各部分（如翼面、舵面等）都会受到气动力的作用，这些气动力的总和，就是导弹的总气动力 F。可将 F 向任意方向进行分解，F 在导弹的对称平面内并垂直于速度矢量 v 的分量就是升力 F_L，而 F 在顺气流速度矢量 v 方向的分量就是阻力 F_D，如图 2.12（a）所示。气动力产生的原理大致可以分为压力差和摩擦两大类。下面根据压力差和摩擦两方面的原因讨论升力和阻力产生的原因。

（1）升力。

这里以低速理想流为例来解释翼面由压力差产生升力的物理原因。图2.12（b）为气流以一定攻角流过对称翼型的流线图。

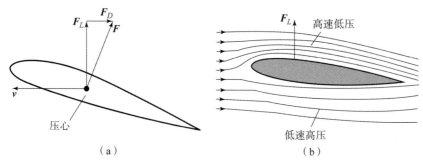

图 2.12　气动力及升力示意

（a）气动力示意；（b）升力示意

　　流线是指空气微团流动的路线，流线之间的气体微团不会串流。因此流线好似无形的管壁，两条流线之间的气流像在管道中流动一样，称为流管。把对称翼型以一定角度放在气流中，气流经翼面的前缘，分成上、下两股沿着翼面的上、下表面流动，而在翼面的后缘处重新汇合向后流去。这样在上、下翼面附近的流管就变得不一样了，上表面的流管比下表面的流管细。由质量方程和伯努利方程可知，上表面的流速比下表面的流速快，上表面的压强比下表面的压强小，于是翼面上、下表面的压强不相等，自然就产生升力 F_L。

　　在舵面等部件上产生升力的原因，与翼面产生升力的原因类似。

　　（2）阻力。

　　阻力按其产生的原因可分为摩擦阻力、压差阻力、诱导阻力。

　　①摩擦阻力。摩擦阻力是由大气的黏性产生的。因为有黏性的大气流过导弹表面时，紧贴导弹表面的一层气体速度为零，从导弹表面向外，气流速度才一层比一层加大。气流速度之所以越贴近导弹表面越慢，是由于空气流动受到导弹表面摩擦作用的结果。根据作用和反作用定律，被减慢的空气必然给予导弹表面与飞行方向相反的作用力，这就是摩擦阻力。摩擦阻力不论在低速飞行和超声速飞行时都是存在的。

　　②压差阻力。空气流过翼面时，在翼面前缘部分受翼面阻挡，流速减慢，压强增大；在翼面后缘，由于气流分离形成涡流区，压强减小。这样翼面前、后便产生压强差，形成阻力。这种由前、后压强差形成的阻力叫作压差阻力。舵面、机身等部件也会产生压差阻力。如果导弹以超声速飞行，还会产生激波阻力，激波阻力实际上是压差阻力的一种。

　　③诱导阻力。诱导阻力是伴随升力而产生的，如果没有升力，诱导阻力也就等于零。这个由升力"诱导"而产生的阻力，称为诱导阻力。

　　导弹的诱导阻力主要来自翼面。当翼面有升力时，下表面的压强比上表面的大，下表面的气团力图绕过翼尖流向上表面。这样翼尖部分的气体就发生扭转而形成翼尖涡流。翼尖涡流使流过翼面的大气产生下洗速度，使速度向下倾斜形成下洗流。由下洗流所产生的升力 R 垂直于下洗流流动方向。R 可以分解为垂直于导弹运动方向的分力 Y 和平行于导弹运动方向的分力 X。Y 依然起着升力的作用，但是 X 则起着阻力的作用。这个附加阻力就是诱导阻力，诱导阻力随攻角的增大而增大。

　　3）气动力矩

　　作用于导弹上的气动力作用点如不通过导弹的质心，就会产生绕质心的力矩，如图 2.13 所示。这一力矩可以分解为绕弹体坐标系的 3 个轴的力矩。绕 Oz_1 轴的力矩称为俯仰力矩 M_z，也称为纵向力矩。绕 Oy_1 轴的力矩称为航向力矩，也称为偏航力矩 M_y。绕 Ox_1 轴的力矩称为滚动力矩 M_x，也称为倾斜力矩。力矩的方向与对应轴的正方向一致时则为正力矩。

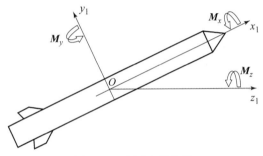

图 2.13　气动力矩示意

　　关于气动力矩，建议读者参考相关空气动力学教材，限于篇幅，此处不再详述。

2.2.5　飞行力学基本知识

1. 研究对象、内容和方法

　　飞行力学一般是指"大气层飞行动力学"，简称"飞行力学"。它是研究飞行器运动规律的学科，是力学的分支学科。其研究对象，从广义上讲，包括各种飞行器。但由于不同种类飞行器的飞行规律不相同，因此从狭义上讲，飞行力学又有其分支学科，如飞机飞行力学，直升机飞行力学和火箭、导弹飞行力学等。

　　飞行力学的研究内容可概括为两大方面，一是飞行器的飞行性能，二是飞行器的动态特性。飞行器的飞行性能是指与飞行器质心运动有关的各项参数，如飞行速度、飞行高度、航程或射程、航迹或弹道,以及起飞或发射、着陆或命中、机动飞行等。对于这类问题,可将飞行器作为一个可控质点来处理。飞行器的动态特性是指飞行器保持和改变飞行状态的能力,即飞行器的稳定性和操纵性。对于这类问题,必须研究飞行器绕质心的旋转运动,这时应将飞行器视为质点系(刚体或弹性体)来处理。

飞行力学的研究方法有理论研究和试验研究两大方面。理论研究包括数学模型的建立,即列出飞行器的运动方程组(包括质心运动方程、绕质心转动的运动方程、质量变化方程、运动学关系式、位置和角度的关系式以及控制约束方程)及其求解。大多数方程组需用数值方法求解。在少数情况下,可以简化求解(见后)。试验研究方法一般有风洞试验、自由飞模型试验、飞行试验和飞行仿真试验等。

2. 飞行器的稳定性

火箭、导弹在作定态直线飞行时,被称作飞行的纵向平衡状态。此时,相对于重心的俯仰力矩 M_z 必为零。平衡状态有 3 种,即稳定平衡、不稳定平衡和中立平衡(也称随遇平衡),并由此可引出火箭、导弹飞行的稳定性与不稳定性概念。

飞行器的稳定性是指它抵制扰动影响的一种能力。常遇到的扰动因素有阵风、大气湍流、风切变和飞行器某些系统的运作(如分离系统的分离)等。处于平衡飞行状态的飞行器,当受到扰动后一般会偏离其平衡状态,致使飞行器质心的运动状态和飞行器的空间姿态有所改变。但当扰动消失后,若飞行器具有恢复到原始平衡飞行状态的能力,称飞行器具有飞行的稳定性,否则称为不稳定。

飞行器飞行稳定性的获得方法有:飞行器的气动造型、安定面的配置与质心的相应安排,以及在自动控制系统中采用稳定装置等。

图 2.14 所示为一种尾翼导弹具有纵向静稳定性的机理示意。图 2.14(a)和(b)所示为攻角不为零的情况下,气动力矩对导弹姿态的影响。图 2.14(a)中空气力矩使导弹攻角增大,导弹处于静不稳定状态,而图 2.14(b)中空气力矩使导弹攻角减小,导弹处于静稳定状态。图 2.14(c)~(e)给出了压心与质心相对关系对导弹静稳定性的影响。图 2.14(c)中压心位于质心后,形成的气动力矩有减小攻角的趋势,因此导弹处于静稳定状态;而图 2.14(d)中压心与质心重合,有攻角时不产生气动力矩,因此导弹处于中立状态;图 2.14(e)中压心位于质心前,形成的气动力矩有增大攻角的趋势,因此导弹处于静不稳定状态。无尾翼式火箭弹并非必定是静不稳定的,关键的

一点是压心、质心的相互位置。凡是压心在质心之后的，它就具有静稳定性，反之，它就是静不稳定的。

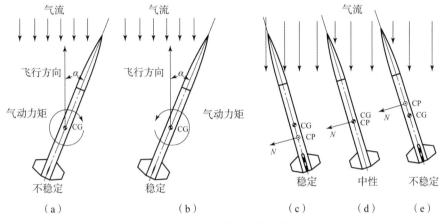

图 2.14　导弹稳定性示意

3. 飞行器的操纵性

操纵性亦称可控性，是指操纵机构的运作（用以产生力和力矩）能够比较及时地得到飞行器的响应，并按期望值改变其原来的飞行状态（如攻角 α、侧滑角 β、滚动角 γ、弹道倾角 θ 等）的能力。

欲使飞行器按预定的航迹或弹道飞行，操纵机构需适时地进行操纵。通过操纵力和力矩对飞行器进行的飞行操纵可分为质心运动的操纵（改变速度矢量的大小和方向）和相对于质心的旋转运动的操纵。产生所需操纵力和力矩的方法及其相应装置（如翼、安定面、舵、发动机等）的相互配置都取决于飞行器的总体方案，并根据其具体用途和作用原理在设计时加以选择。飞行器的操纵性分为纵向、航向和横向 3 种。

4. 飞行器的机动性和过载

1）飞行器的机动性

飞行器能迅速改变其飞行状态的能力称为机动性，亦称机动能力。不管是一般飞行，还是作战飞行，特别是后者，机动性都是飞行器的一项重要性能，通常用飞行过程中飞行器所能产生的切向加速度和法向加速度来表征它。二者相比，法向加速度尤为重要，因为它直接涉及法向机动性，而法向机动性又直接表征飞行器的转弯性能。转弯灵活与否自然是机动性的突出表现。

法向机动性的好坏直接取决于法向控制力的大小。该力大，法向加速度就

大。而法向力的产生既可来自翼面的气动力，也可来自发动机的推力，通常是两种力的合力

在实际飞行中，法向加速度是飞行器的气动力特性、质量、外形、质心位置及飞行条件（如飞行速度、飞行高度等）等的函数，所有这些因素都会影响法向机动性的好坏。

飞行器的机动性和操纵性是紧密联系的，但二者又有区别。其联系之处在于，法向操纵力的产生过程基本上就是相应操纵机构的操纵过程，无疑，操纵性好，法向操纵力就产生得快，机动性就好。其区别之处在于，二者的内涵不完全相同。操纵性讲的是操纵机构的运作是不是引发飞行器的响应，从而显现有改变飞行器飞行状态的能力；而机动性讲的是改变飞行状态的快慢问题。二者虽然都可以说是始自操纵机构的运作，并落实于飞行状态的改变，但操纵性主要着眼于有无能力，而机动性主要着眼于快慢。能力之中包含快慢的因素，快慢的实现自然都基于能力，二者的强调点不同。

2）过载

所谓过载（亦称过载系数）是指作用在飞行器上的外力合力（不包含重力）与飞行器的重量之比。由于力是一个矢量，所以过载也是一个矢量。一般用 n 表示过载，用 N 表示作用在飞行器上的外力合力，用 G 表示飞行器的重量，则

$$n = \frac{N}{G} \tag{2.2.19}$$

过载 n 是一个无因次量，但是一个矢量，其方向与 N 的方向一致。因为 n 是一个矢量，故可将它在任意坐标系中进行分解。

飞行器在平衡状态下作直线飞行时，是没有过载的，亦即 $n = 1$，但当它加速度飞行时，就有过载产生，而且过载和加速度有着一一对应的关系。所以过载也可用来表征机动性的好坏。由于操纵机构有其操纵极限，而且飞行器的结构强度也是有限的，所以过载也有使用限度，称其为可用过载。一般要求飞行器的实际许用过载要小于可用过载。此外，过载的概念对于飞行器结构强度的设计以及制导系统的设计也是很有用处的，它决定着飞行器上各结构部件或仪表所承受作用力的大小。

2.2.6 运载火箭的理想速度、宇宙速度与多级火箭

1. 运载火箭的理想速度

运载火箭的理想速度公式是由俄国伟大的科学家齐奥尔科夫斯基所创立

的。他基于运载火箭大都飞行在外大气层及其以上较高的高度，而认为对这种火箭的飞行可以忽略重力和气动力对火箭的作用。这样，运载火箭的飞行就完全是在火箭发动机推力的推动下完成的。在这种情况下，运载火箭所能达到的飞行速度称为理想速度。当然，它是大于实际速度的。

1）单级火箭的理想速度

火箭忽略重力和气动力的运动方程为

$$m \frac{\mathrm{d}v}{\mathrm{d}t} = P = -\frac{\mathrm{d}m}{\mathrm{d}t} u_e \qquad (2.2.20)$$

式中，P 为推力，略去了推力成分中的压差推力部分；u_e 为火箭发动机的喷气速度。

将式（2.2.20）式变换为

$$\mathrm{d}v = -u_e \cdot \mathrm{d}m/m$$

积分上式得

$$v_{\mathrm{I}} - v_0 = -u_e \cdot \ln \frac{m_k}{m_0} \qquad (2.2.21)$$

式中，v_{I} 为理想速度；v_0 为起飞速度，从地面起飞时，$v_0 = 0$；m_0 为起飞质量；m_k 为发动机停火或推进剂燃烧结束时的火箭质量，有时也表示推进剂燃尽时的火箭净质量。

对于式（2.2.21），若令 $v_0 = 0$，则变为

$$v_{\mathrm{I}} = -u_e \cdot \ln \frac{m_k}{m_0} \qquad (2.2.22)$$

式（2.2.22）即著名的运载火箭理想速度公式。式中的 m_k/m_0 一般称作火箭的质量比，也可称为火箭的结构系数，因为它反映了火箭结构与所盛推进剂质量之间的关系。火箭的质量比一般用 μ_k 来表示，即 $\mu_k = m_k/m_0$，显然，$\mu_k < 1$。

将 μ_k 代入式（2.2.22），则得理想速度的另一种表达形式：

$$v_{\mathrm{I}} = -u_e \cdot \ln\mu_k = u_e \cdot \ln \frac{1}{\mu_k} \qquad (2.2.23)$$

由于 $u_e \approx -I_{\mathrm{SPV}}$，此处 I_{SPV} 是火箭发动机的真空比冲，可得理想速度的又一种表达形式：

$$v_{\mathrm{I}} = -I_{\mathrm{SPV}} \ln\mu_k \qquad (2.2.24)$$

由式（2.2.22）～式（2.2.24）可看出，u_e 或 I_{SPV} 越大，μ_k 越小，则 v_{I} 越大。

上述的理想速度公式主要适用于运载火箭，因为在大气层中，特别是在 30 km 高度以下飞行的飞行器，它的气动力和重力都是不可忽略的。若一定要

忽略，则计得的理想速度误差会很大，实际参考价值也就不大了。

顺便提及，当火箭的运动速度接近光速时，计算理想速度则需利用相对论的原理，相应的公式是

$$\frac{m_0}{m_k} = \left(\frac{1 + \dfrac{v_1}{C}}{1 - \dfrac{v_1}{C}} \right)^{\frac{C}{2u_e}}\qquad(2.2.25)$$

式中，C 为光速，$C = 299\ 792.46\ \text{km/s}$；其余符号同前。

式（2.2.25）称为阿克莱公式，又称为广义齐奥尔科夫斯基公式，在恒星际航行中才会用到它。

2）多级火箭的理想速度

既然单级火箭的理想速度找到了计算公式，很容易设想，对于两级以上的火箭，可以套用单级火箭理想速度公式。如果先对第一级而言，公式中的 u_e 就用第一级的，而 m_0 用所有各级（含有效载荷）在一起时的起飞质量，m_k 则为起飞质量减去第一级已经烧掉的推进剂质量，这样求得的理想速度是第一级做出的贡献。当第一级的作用完成后将其扔掉。接着第二级点火，于是余下的级则在第一级已获速度（称 v_1）的基础上，仍按上述思路由第二级做出贡献获得它应有的理想速度（称 v_2），这时整个火箭的理想速度已达到 $v_1 + v_2$。当然，第二级的作用完成后也将其扔掉。图 2.15 所示为三级火箭逐级加速逐级脱落示意。依此类推，直到末级做出贡献，就找到了多级火箭的理想速度，它是各级各自所获速度的总和。其表达式可以很容易地写出来：

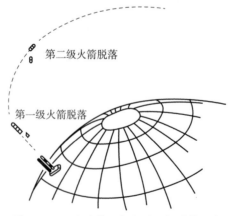

第二级火箭脱落

第一级火箭脱落

图 2.15　三级火箭逐级加速逐级脱落示意

$$v_1 = -\sum_{i=1}^{n} u_{ei}\ln\mu_{ki} \tag{2.2.26}$$

或

$$v_1 = -\sum_{i=1}^{n} I_{SPVi}\ln\mu_{ki} \tag{2.2.27}$$

式中，v_1 为多级火箭的理想速度；u_{ei} 为第 i 级的喷气速度；μ_{ki} 为第 i 级的质量比，即 $\mu_{ki}=\dfrac{m_{ki}}{m_{0i}}$，此处 m_{0i} 是第 i 级（其前的各级已脱落）的起飞质量（含 i 级以上各级和有效载荷），m_{ki} 是 m_{0i} 减去第 i 级的已燃推进剂质量；I_{SPVi} 为第 i 级的真空比冲。

如果所有各级的 μ_e 和 μ_k 都相同，则式（2.2.26）和式（2.2.27）可写为

$$v_1 = -u_e\ln\mu_k^n = -nu_e\ln\mu_k \tag{2.2.28}$$

或

$$v_1 = -I_{SPV}\ln\mu_k^n = -nI_{SPV}\ln\mu_k \tag{2.2.29}$$

式中，n 为火箭级数。

2. 宇宙速度与多级火箭

1）宇宙速度

从地球表面发射航天器，其环绕地球、脱离地球和飞出太阳系所需的最小速度，分别称为第一、第二和第三宇宙速度。这些速度的大小分别取决于航天器的轨道形状，即环绕地球的圆周轨道、脱离地球的抛物线轨道和飞出太阳系的双曲线轨道。因此，宇宙速度也被定义为，在引力场中，航天器进入上述几种轨道的临界速度值，并分别称为第一、第二和第三宇宙速度值。

（1）第一宇宙速度（V_1）。

人造地球卫星环绕地球表面作圆周运动，忽略大气作用，根据卫星所受的地球引力等于其离心力的条件即可求得第一宇宙速度，由

$$mg_0 = m\frac{V_1^2}{R} \tag{2.2.30}$$

式中，m 为卫星的质量；g_0 为地球表面的重力加速度；V_1 为第一宇宙速度；R 为地球的平均半径。

可得

$$V_1 = \sqrt{g_0 R} \tag{2.2.31}$$

将 $g_0 = 0.009\ 81\ \text{km/s}^2$ 和 $R = 6\ 371\ \text{km}$ 代入式 (2.2.31), 得

$$V_1 = 7.9\ \text{km/s}$$

通常称第一宇宙速度为 8 km/s, 就是这样计算出来的。不过地球表面的空气密度很大, 卫星是不能在这样的低空条件下环绕地球旋转的。一般都在几十或百千米以上的高空运行。离地球表面越远, 环绕半径自然越大, 但地球引力却小了, 二者综合作用的结果是使环绕速度越来越小。图 2.16 所示为环绕速度随地球表面以上高度的变化。月球对地球的环绕速度只有 1 km/s 多一点, 就是因为月球距地球 38 万 km, 而其所受到的地球引力却只有地球表面物体所受引力的 1/3 600。表 2.1 所示为围绕地球最小运行速度与高度的关系。

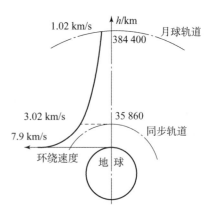

图 2.16　环绕速度随地球表面以上高度的变化

要使卫星真正围绕地球作圆周运动是有条件的, 一是 $V_1 = 8\ \text{km/s}$, 二是 V_1 的方向在入轨点恰好与地心线垂直, 三是无摄动。只要有一个条件不满足, 其运行轨迹都不会是真正的圆。前面的两个条件若在标准值附近摆动, 所走出来的轨迹都将变成椭圆。

表 2.1　围绕地球最小运行速度与高度的关系

h/km	0	200	400	600	800	1 000	2 000	4 000	35 786
$V/(\text{km} \cdot \text{s}^{-1})$	7.91	7.79	7.67	7.56	7.46	7.35	6.90	6.20	3.075

(2) 第二宇宙速度 (V_2)。

所谓脱离地球意即脱离地球引力场之意。但对于第二宇宙速度来说, 其第二层含义还有环绕太阳运行的意思。第二宇宙速度的计算涉及抛物线轨道的求解, 此处直接给出计算结果, 即 $V_2 = \sqrt{2}\,V_1 = 11.2\ \text{km/s}$。第二宇宙速度因能使航天器沿抛物线轨道脱离地球, 故也称为脱离速度、逃逸速度或抛物线速度。第二宇宙速度也随入轨的高度而变化, 也是越高速度越小。例如, 在地球表面附近, $V_2 = 11.2\ \text{km/s}$, 在 200 km 高空, $V_2 = 11.01\ \text{km/s}$。假若除地球引力外, 再没有其他力, 具有 V_2 速度的航天器将相对地球沿抛物线轨道运行, 且离开地球多远都可以。但实际上, 脱离地球引力场后, 不能脱离太阳引力场。所以, 沿抛物线轨道运行的航天器一般总要进入相对太阳的椭圆轨道, 环绕太阳

运行。

（3）第三宇宙速度（V_3）。

航天器从地面附近发射能飞出太阳系的最小初始速度称为第三宇宙速度。它是这样确定的，当航天器达到地球引力作用范围边界（距地球约为 93 万 km）时，应具有对应于太阳的第二宇宙速度，即太阳的脱离速度。但航天器毕竟是从地球上发射的，当从地球表面上发射航天器时，即使在充分利用地球公转速度（约 30 km/s）的情况下，也得再获得相对于地球而言的16.6 km/s 的速度，并沿双曲线轨道运行才能飞离太阳系并进入银河系。

航天器要飞离太阳，先要在地球上以 V_3 的速度沿相对地球的双曲线轨道运行，飞离地球，所以，第三宇宙速度有时也称为双曲线速度。当航天器脱离了地球进入太阳引力场运行时，则沿着相对于太阳的抛物线轨道运行，最后再脱离太阳引力场而飞离太阳系。

宇宙速度的概念也适用于分析处在任何行星或其天然卫星以及太阳引力场中的航天器的运行。例如，在月球表面，第一宇宙速度为 1.680 km/s，第二宇宙速度为 2.375 km/s。而在金星和火星上，第二宇宙速度分别为 10.4 km/s 和 5.0 km/s。

2）多级火箭

为了达到宇宙速度，按现阶段的火箭发动机技术水平和弹体结构设计水平来看，单级火箭都是无法实现的。考虑到当代较为先进的技术水平，若取火箭发动机喷气速度 $u_e = 3\,000$ m/s，火箭质量比 $\mu_k = 0.15$，则单级火箭的理想速度为

$$v_1 = -u_e \ln\mu_k = 5\,691 \text{ m/s}$$

连理想速度都达不到第一宇宙速度，何况实际速度呢？假若还取上述参数值，但设计成二级火箭，则其理想速度为

$$v_1 = -2u_e \ln\mu_k = 11\,383 \text{ m/s}$$

该速度看似已达到了第二宇宙速度，考虑到实际飞行中由于重力损失和气动力损失导致的速度损失为 2\,000 ～ 3\,000 m/s，上述理想速度只可说是已经实际达到了第一宇宙速度。若采用三级火箭，则

$$v_1 = -3u_e \ln\mu_k = 17\,074 \text{ m/s}$$

该速度看似已达到第三宇宙速度，实际上也只能说达到第二宇宙速度是绰绰有余罢了。总之要想达到第二、第三宇宙速度，必须用多级火箭才能实现。

上述论证说明了多级火箭出现的必然性。其实还不限于此，某些洲际弹道导弹所需的速度远不及宇宙速度大，按说单级火箭是可以实现的，但考虑到总体技术的合理性，采用多级火箭为佳，这也促进了多级火箭的出现和发展。

多级火箭的总体组成方式有三大类——串联式、并联式、混联式，如图 2.17 所示。"土星 V"多级火箭的分级、各级名称及结构组成示意如图 2.18 所示。

图 2.17 多级火箭的总体组成示意

（a）串联式；（b）并联式；（c）混联式

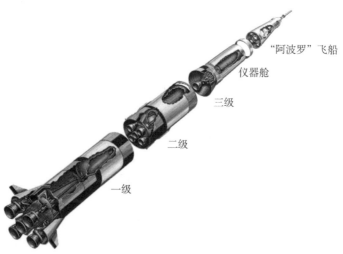

图 2.18 "土星 V"多级火箭的分级、各级名称及结构组成示意

串联式、并联式和混联式多级火箭的优、缺点比较见表 2.2。

表 2.2　串联式、并联式和混联式多级火箭的优、缺点比较

连接形式	优点	缺点
串联式	1. 对接结构紧凑、起飞质量小； 2. 易于分离； 3. 气动阻力小； 4. 装配、运输、发射设备简单	1. 各级要单独设计，研制周期长； 2. 高空点火复杂，可靠性降低； 3. 长细比大； 4. 长度大，高空作业困难
并联式	1. 长度小； 2. 发射时所有发动机可同时点火，可靠性高； 3. 可利用已有火箭组合，研制周期短； 4. 各部分可拆开运输	1. 径向尺寸大，发射设备复杂； 2. 连接、分离机构复杂，起飞质量较大； 3. 推力偏心干扰大； 4. 级间分离干扰大； 5. 气动阻力大
混联式	同时具有以上两种的优点	同时具有以上两种的缺点

基于以上优、缺点的分析，弹道导弹一般采用串联式，这主要是便于运输、发射准备时间短、生存能力高等优点所决定的。运载火箭则多采用并联式或混联式，这是因为在非战条件下，它们的优点犹存，而某些缺点变得可以接受。

|2.3　火箭、导弹的组成|

如 2.1 节所述，火箭、导弹本身主要由动力装置、制导系统、战斗部、电气系统、弹体 5 个部分组成，其中电气系统也可以放在弹体中，本节即按动力装置、制导系统、战斗部和弹体分别介绍火箭、导弹的组成。

2.3.1　动力装置

火箭、导弹要运动，一般又不能用高膛压的大炮把它们打出去，只好自身装上发动机，自力腾飞，扑向目标。尤其要想飞得远些，没有续航发动机或主动段的终点速度不够大，是实现不了的。

人们常见的发动机有两大类，一类是靠电能运作的，统称为电动机，一类是靠热能运作的，统称为热机。热能主要来自化学能，核能已经在利用并在继续发展之中，作为热源的太阳能也已有所利用，并正处于发展之中。

从能量转换的角度来说，任何发动机都有两个基本组成部分，即能源和能量转换机构。如汽车发动机的能源是汽油和空气，它们在汽缸（燃烧室）中燃烧，形成高温高压气体，靠这种工作介质推动活塞，接下去就是连杆、曲轴等一步步把能量转换为驱动车轮转动的机械能。所有化学能火箭发动机和空气喷气发动机，乃至利用核热能的发动机，都属于热机类。但火箭发动机和空气喷气发动机，与上述汽车发动机的结构组成是截然不同的。它们是一代新型的称作直接反作用式的发动机。由于它们具有独特的优点，所以在现代航空和航天、火箭与导弹技术中得到了广泛的和大量的使用。

所谓直接反作用式，即这种发动机不需要中间的传动装置就可以对外做功，或者说这种发动机的能源与其转换机构有机地结合为一体了。实质上是作为推进剂或燃料燃烧所形成的燃气直接给发动机内表面一个作用力，此力的作用方向与燃气流喷射方向相反，因此又称它们为喷气式发动机。直接反作用式（或喷气式发动机）按其工质来源的不同又分为两大类，一类是火箭发动机（燃烧剂和氧化剂全部带在自身内），另一类是空气喷气发动机（飞行器只携带燃烧剂或称燃料，氧化剂取自空气）。这两类发动机的工作原理示意如图2.19所示。由它们还可以组合成复合发动机，在能源方面也可以采用核、电和太阳能等。

火箭发动机堪称一种能源和转换机构结合得非常紧凑的，或许还可以说绝妙的动力装置。如图2.19（a）和（b）所示，推进剂在燃烧室燃烧后形成高温高压燃气，它以膨胀做功的形式将能量输出来，即燃气在膨胀流动并完成高速定向喷射的过程中，以压力位能的形式作用到发动机壁上形成推力，推动火箭、导弹运动。反过来，燃烧室壁给燃气以同样分布的压力逼迫燃气以高速喷射方式离开喷管。火箭发动机的结构原理就这样简单：燃烧室加喷管。特别是它的工作过程完全自主，不依靠外部环境的任何支援。它的这一优势，使之成为现阶段唯一可用于宇宙空间推进的动力装置。

空气喷气发动机的工作原理如图2.19（c）、（d）和（e）所示，与火箭发动机类似，只是它利用了一部分空气中的氧气作氧化剂。涡轮喷气发动机的涡轮是为带动前端进气口处的压缩机而设的，而压缩机的作用是将进入进气道的空气不断地压缩增压（压缩比可达5~20），以便进入燃烧室后，在较高压力条件下，与较多的燃料进行混合燃烧，目的是获得较大的推力。当然，在这一过程中，燃气对涡轮所做的那部分功是消耗功，但这是必须要付出的代价。

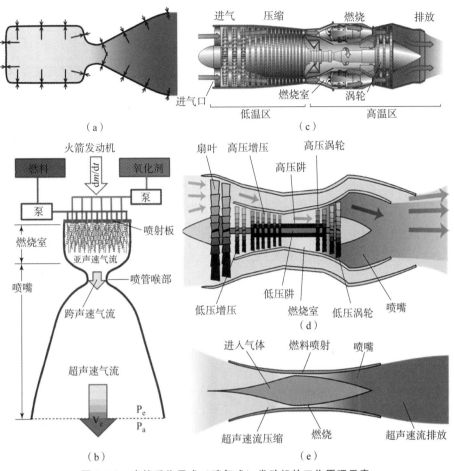

图 2.19　直接反作用式（喷气式）发动机的工作原理示意

（a）固体火箭发动机；（b）液体火箭发动机；（c）涡轮喷气发动机；
（d）涡轮风扇喷气发动机；（e）冲压喷气发动机

1. 分类与结构

表 2.3 给出了火箭、导弹、航天器动力装置的分类、结构和应用范围。

2. 特性参数

1）推力

推力是发动机最重要的参数，在 2.2.3 节已经详细介绍了推力的产生原理和计算方法，这里不再赘述。

表 2.3　火箭、导弹、航天器动力装置的分类、结构和应用范围

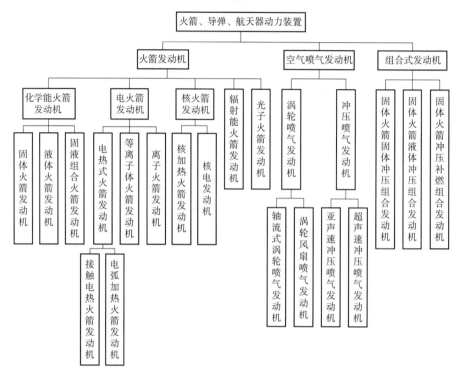

发动机类型	简要说明	应用范围
固体火箭发动机	结构简单，使用方便，但比推力较低，工作可控性差，工作时间较短	应用非常广泛，采用率约占火箭、导弹发动机的90%
液体火箭发动机	工作可控性强，能多次起动，推力可调，比推力较高，但构造复杂	适用于火箭、导弹与航天器，是发展航天技术的重要基础
固液组合火箭发动机	兼备固、液二者的优点，弥补了缺点	适用于靶机、导弹等，仍在研究发展之中，很有前途
接触电热火箭发动机	工质与加热器表面接触，受热膨胀，经喷管加热喷出	推力很小，但比推力很大，可达到 10 ~ 100 kN·s/kg，工质可用气体（氢、氮、氩、氦等）和碱性金属蒸汽（铯、锂、铷等），适用于航天器的定向、稳定、校正系统中的传动装置以及用作巡航发动机
电弧加热火箭发动机	工质通过电弧被加温汽化，膨胀加速，喷气速度可达 1 万 ~ 2 万 m/s。	
等离子体火箭发动机	工质在两极放电汇总形成热电离等离子体（电导体），由磁力加速喷出	
离子火箭发动机	工质在离化器内离子化，然后在电极作用下加速喷射	

续表

发动机类型	简要说明	应用范围
核加热火箭发动机	利用核反应堆的热能加速工质，喷气速度可达 1 万 m/s 左右	同上
核电发动机	由核能发电，而后由电场加速离子态工质，类同等离子体火箭发动机	
辐射能火箭发动机	将阳光聚集，加热工质，再由喷管喷出	
光子火箭发动机	靠光子定向流产生推力，喷气速度可达光速，理论上具有最高比推力	
轴流式涡轮喷气发动机	飞行器自身只携带燃烧剂，靠空气中的氧进行燃烧，经济性好，工作时间长	适用于飞机、直升机和空-地导弹等
涡轮风扇喷气发动机	速度和高度的使用范围广，经济性很好，第二路压缩空气直接进入喷管喷出	适用于飞机、巡航导弹等，它是巡航导弹现代化的重要基础
亚声速冲压喷气发动机	结构简单，但无静推力，独自不能起飞；亚声速飞行，经济性差	适用于靶机、直升机（装于旋翼端）
超声速冲压喷气发动机	结构简单，但无静推力，在高速下使用，经济性很好	适用于飞机（作助推器用），地-空、空-空、空-面及巡航导弹等
固体火箭固体冲压组合发动机	结构简单紧凑，工作可靠，综合了火箭和冲压二者的优点，而且弥补了它们的缺点，比推力比火箭发动机高 5~6 倍	适用于各类导弹、靶机等，很有发展前途
固体火箭液体冲压组合发动机		
固体火箭固体冲压补燃组合发动机		

2）比推力

发动机的推力与推进剂的每秒消耗量之比称为比推力，即每秒消耗 1 kg 推进剂所产生的推力。对液体火箭发动机习惯用这一术语。它是火箭发动机的一项重要性能指标

比推力的表达式为

$$P_s = \frac{P}{\dot{m}} \qquad (2.3.1)$$

式中，P_s 为比推力；P 为推力；$\dot{m}$ 为推进剂每秒消耗量。

3）总冲与比冲

火箭发动机的总冲，即指发动机在全部工作时间内的推力对时间的积分，

如图 2.20 所示。图中给出了 3 种不同工作过程的曲线，t_k 分别表示它们的总工作时间。总冲的表达式为

$$I = \int_0^{t_k} P \mathrm{d}t \qquad (2.3.2)$$

当推力 P 为常值时，总冲 I 就是推力与总工作时间的乘积，即

$$I = Pt_k \qquad (2.3.3)$$

总冲是火箭发动机的重要性能参

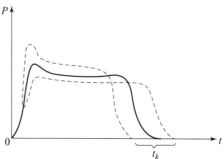

图 2.20　火箭发动机的推力与时间曲线

数。它表示发动机工作能力的大小，决定了火箭、导弹的射程。细言之，同值的总冲，既可以用大推力短时间获得，也可以用小推力长时间获得。这要根据火箭、导弹的具体功能和技术要求进行具体选择。

火箭发动机的比冲是指总冲与推进剂消耗总量之比，或者说，消耗 1 kg 推进剂所产生的冲量，用符号 I_s 表示。

依据定义，比冲的表达式为

$$I_s = \frac{I}{M_P} \qquad (2.3.4)$$

式中，$M_P = \int_0^{t_k} \dot{m} \mathrm{d}t$。

当 $\dot{m}$ 为常值时，

$$M_P = \dot{m} t_k \qquad (2.3.5)$$

而

$$I_s = \frac{I}{\dot{m} t_k} \qquad (2.3.6)$$

比冲是火箭发动机的重要参数，对固体火箭发动机习惯用此术语。

因为

$$P = \dot{m} u_{ef}$$

式中，u_{ef} 为有效喷气速度。

故

$$I = \int_0^{t_k} \dot{m} u_{ef} \mathrm{d}t 。$$

当 $\dot{m}$、u_{ef} 皆为常值时，

$$I = \dot{m} u_{ef} t_k \qquad (2.3.7)$$

将上式的 I 代入式（2.3.4），得

$$I_s = u_{ef} \qquad (2.3.8)$$

这说明，比冲与有效喷气速度的含义不同，但实质上是等量齐观的。

若将式（2.3.5）的 M_P 和式（2.3.3）的 I 代入式（2.3.4），则得

$$I_s = P_s \qquad (2.3.9)$$

这又说明，比冲与比推力虽然从不同概念引出，但实质上又是可以等量齐观的参数。

联系式（2.3.8）和式（2.3.9），可以得出

$$I_s = u_{ef} = P_s \qquad (2.3.10)$$

以上这几个参数不仅分别是发动机的重要参数，而且三位一体的概念也是很重要的。

联系 2.2.6 节的理想速度公式

$$V_I = -u_{ef}\ln\mu_k = -I_s\ln\mu_k$$

就是因为 $I_s = u_{ef}$ 可以等同引用。同时也说明 V_I 与 u_{ef}、I_s、P_s 成正比，这几个参数很重要。

对液体火箭发动机习惯用比推力是因为液体火箭发动机的推力和推进剂每秒消耗量易于在试验中测得，而固体火箭发动机习惯用比冲，是因为固体火箭发动机的总冲量易于在试验中测得。

4）发动机的推重比、重量比和单位迎面推力

还有一些比较重要的特性参数，下面简单介绍一下。

（1）推重比。

发动机的推力与动力装置的结构净重（不含推进剂和其他注入物）之比称为发动机的推重比。注意，火箭、导弹有一个"推重比"，那是指推力与火箭、导弹的起飞重量之比。发动机的推重比的含义就是 1 kg 动力装置的结构净重所产生的推力。因此，它反映了动力装置的重量特性。

（2）重量比。

固体火箭发动机的推力随环境温度的变化较大，这使推重比的变化也较大，故改用重量比代替推重比更为恰当。所谓重量比是指推进剂重量与动力装置总重量（含装药重量）之比，即装药重量占动力装置总重量的百分比，它反映了发动机结构设计的重量特性。固体火箭发动机的重量比目前已达 0.85

以上。对于任何固体推进剂来说，其装药重量正好反映了总冲的大小，故重量比实际上反映了总冲量与动力装置总重量的比值。若以此比值计，目前已达 1 000 N·s/kg，先进者可达1 750 N·s/kg。

（3）单位迎面推力。

单位迎面推力是指发动机的推力与其最大横截面积之比，即每单位迎面面积所产生的推力。它从一个侧面（主要是空气动力特性方面）反映了发动机设计的好坏。在一定推力下迎面面积小，有可能减小火箭、导弹的空气阻力。

3. 推进剂

1）液体推进剂

液体推进剂由燃烧剂和氧化剂组成，是液体火箭发动机的能源和工质。按其组元分，有单组元（燃烧剂与氧化剂混合或化合在一起）、双组元（二者分开）和三组元（尚处在研究阶段）推进剂。双组元推进剂又分为自燃（二组元相遇即自发燃烧）和非自燃、高沸点和低沸点剂。常用的燃烧剂有液氢、乙醇、煤油和肼及其衍生物。常用的氧化剂有液氧、液氟、过氧化氢、硝酸和四氧化二氮等。

2）固体推进剂

固体推进剂通常又称为火药，是固体火箭发动机的能源和工质，其燃烧剂和氧化剂都是固体，并结合成一体。依据二者的组合情况，火药可分为：均质火药，它又分为单质药、双基药（即胶体药，以硝化纤维与硝化甘油为基本成分）；改性双基药（添加过氯酸铵、铝粉成分）；异质火药，又分为黑火药和复合药。

2.3.2 制导系统

导弹得名的由来，就是因为它装有制导系统。制导系统的宏观结构，一是导引分系统，二是控制分系统，这也是制导系统得名的由来。制导系统的功能是导引和控制飞行器按预定的弹道或预定的导引规律飞行，直至命中目标为止。制导系统的一般组成框和工作过程如图2.21所示。图中程序装置用虚线箭头输入，表示有的制导系统有此环节，有的则没有。

虽然导弹是为了从根本上解决无控火箭射击精度低的问题应运而生的，但并不是装有制导系统的导弹就是百发百中的。任何机器、装置都有设计、加工的好坏和精度问题，精度不高照样打不准目标。导弹经过半个多世纪的发展，制导精度一直在提高，至今仍未终结。

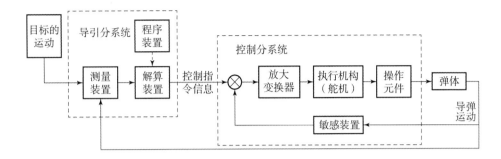

图 2.21 制导系统的一般组成及其工作过程

为了实现制导系统的功能，在导弹飞行中，要不断测量它的实际运动与理想运动之间的偏差。不管是对固定目标还是活动目标，在设计和研制中，都有它的所谓理想弹道，只要测出导弹的实际弹道（通过各项运动参数来表征），就知道它对理想弹道有无偏差。若有偏差，即产生误差信号，据此形成控制指令传输给控制分系统，控制分系统的操纵机构使产生控制力和力矩的执行器件运作，驱使导弹改变运动状态，消除偏差。该过程往复循环，始终处在动不平衡与动平衡之间，直至导弹命中目标，制导系统才算完成其使命。

某些导弹，其机动飞行性能要求不高，或者说它有较多的稳定飞行弹道，这种导弹的控制分系统实际上还起着稳定系统的作用，巡航导弹的自动驾驶仪就是如此。

为了提高导弹的命中精度，要求制导系统在技术上要具有工作稳定性，高的静态精度、动态精度，良好的过渡过程品质，强抗干扰能力等。

1. 分类

制导系统的分类如图 2.22 所示。

图中所示自主式制导系统系指该系统所有产生控制信号的装置（如加速度计、陀螺仪、高度表、六分仪等）都被装在火箭、导弹的本体上，在飞行过程中不需要从目标点或己方的指控站接收信息，一切均按发射前给它安排好的程序导向目标。

遥控式制导系统，其导引分系统的全部或一部分控制信号由飞行器以外的指控点处的设备（地面的、机载的、舰载的等）产生并传输给飞行器。其中包括飞行器对指控站的应答信号。如此这般的传输不断地往复循环，直至命中目标。

自动寻的式制导系统系利用目标的辐射能（热、光、声等）或反射能（光、电等），由飞行器接收装置接收后随即产生控制信号并自动跟踪目标。

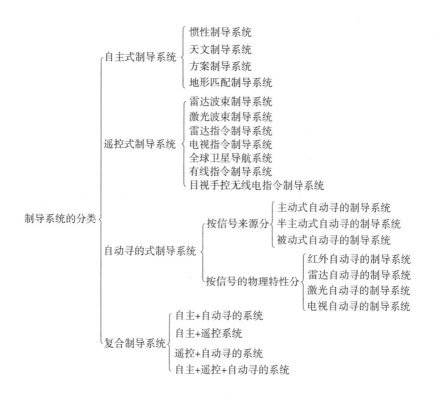

图 2.22　制导系统的分类

复合制导系统是指以上各类制导系统的有机组合。

下面简要介绍几种制导系统。

2. 自主式制导系统

1）惯性制导系统（简称惯导）

惯性制导系统利用惯性敏感组件感受飞行器的位置和姿态变化并实施导引。该系统中用以感受飞行器运动加速度的组件是加速度计，用以感受飞行器姿态角的组件是陀螺仪。

（1）加速度计。

图 2.23 所示为加速度计原理示意。基座与飞行器固连，在它的无摩擦燕尾槽中嵌入一个质量为 m 的滑块，其两侧各系有一根抑制弹簧，弹簧的另一端则与基座相连。在滑块的另一侧装有一个与电位计相连的电刷。于是，当飞行器产生加速度 a 时，滑块亦然，但其表现为滑块在惯性力 ma 的作用下向后滑。因有弹簧对它抑制，弹簧位移所产生的弹簧力 P 将与滑块的惯性力 ma 平衡。设弹簧的刚性系数为 K，则弹簧位移，也就是滑块的位移为

$$\Delta S = \frac{P}{K} = \frac{ma}{K}$$

由此得

$$a = \frac{K\Delta S}{m} = K'\Delta S \qquad\qquad (2.3.11)$$

式中，$K' = K/m$，为已知常数。

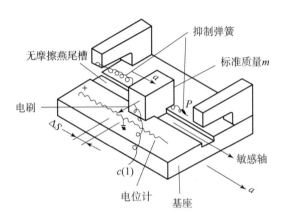

图 2.23　加速度计原理示意

从式（2.3.11）看出，加速度 a 与滑块的位移 ΔS 成正比。因 ΔS 对应电位计上的电压输出，于是 a 可由输出电压来表征。只要测出电压信号的变化，就可求得飞行器的加速度 a。

有了加速度值，经过一次积分就可得出速度，再经过一次积分就可得出线位移。这样，由加速度 a 不仅可求得弹道各点上的速度大小，而且由线位移即可找出弹道各点的坐标值。所以，在惯性制导系统中，加速度是一个最基本的参数。

（2）陀螺仪。

图 2.24 所示为三自由度陀螺仪。其中心的部分是高速旋转（转速一般在 3 000 r/min 以上）的转子，它是陀螺仪的核心部分。转子轴通过高级轴承支架在内环上，内环同样通过轴承支架在外环上，外环架在基座上。有关陀螺仪的一些主要性能参数已在图中结出。如果没有外环而只有内环，则该陀螺仪为二自由度陀螺。

陀螺仪最基本的属性有两个：

①定轴性。当没有外力矩加到转子轴上时，转子轴的指向在惯性空间稳定地保持不变，即始终保持转子旋转起动时所赋予它的方向。

在图 2.24 中，转子旋转角速度的矢量 $\boldsymbol{\Omega}$ 即转子轴的指向。假设转子、内环、外环的轴承都是无摩擦的，从图上可分析出，陀螺仪基座无论作哪个方向的转动，转子轴的指向都不会动，这就是陀螺仪的定轴性。从此也可看出，若利用陀螺仪的定轴性测运动物体的角位移，即它们的姿态角，则陀螺仪必须是三自由度的。

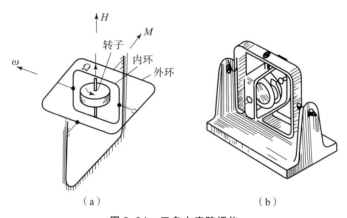

图 2.24　三自由度陀螺仪

（a）构造原理图；（b）结构图

②进动性。当转子轴受垂直于它的外力矩作用（既可以是转子轴一端受外力作用，也可以是内环轴或外环轴受力矩作用）时，转子轴不顺从外力或外力矩的方向转动，而是绕与外力或外力矩相垂直的轴以恒定角速度转动（进动）。

图 2.24 中，M 为外加力矩；Ω 为陀螺仪转子的旋转角速度；H 为陀螺仪转子的动量矩，$H = J\Omega$；J 为陀螺仪转子绕其转轴的转动惯量；ω 为进动角速度，$\omega = M/H$。

2）方案制导系统

方案制导系统是指其制导规律是按预定的飞行方案而设计的一种程序自动控制装置。该系统主要用于舰 – 舰、岸 – 舰飞航式导弹的自控段和弹道导弹的主动段。

3）天文制导系统

利用天体的光辐射或无线电辐射，用天文导航设备（如航空航天六分仪等）测量天体在某一空间坐标系中的角位置及其随测量点运动所发生的变化规律，从而获得必要导航数据的制导系统称为天文制导系统或天文导航系统。

天文制导系统是完全自动化的，不受外界干扰，其精确度取决于仪器设备的精度。由于六分仪是光学仪器，必须保证它对选定星体的可见度，否则系统将失灵。因此，它一般不单独使用，而与惯性制导系统一起使用，以天文制导系统作为整个制导系统的校正装置，以提高命中精度。如美国的"侏儒"战略弹道导弹和美、俄新型潜 - 地战略导弹，大都采用星光惯性制导系统。美国"侏儒"战略导弹，其射程为 12 000 km，命中精度仅为 0. 145 ~ 0. 182 km，美国"三叉戟Ⅱ"潜 - 地战略导弹，其射程为 7 400 km，命中精度为 0. 13 ~ 0. 185 km。因为天文制导系统设备复杂、重量大，所以一般用于远程导弹。

4）地图匹配制导系统

地图匹配制导系统的原理很容易理解。把飞行器飞行路线所经过地域的数字地图预先装在飞行器上，飞行中将实测的数字地图与预装的数字地图相比较，不管是偏离航线的距离误差，还是航向误差，只要有误差即可输出修正信号，控制飞行器回到预定航线。

地图匹配制导系统的精度主要取决于地图的测绘精度，这包括预装方案地图和战斗飞行实测地图。这种系统不宜用于没有地形差别的海平面和平原地区。

3. 遥控式制导系统

1）雷达波束制导系统

由指控站的雷达天线发射出无线电波束，将导弹射入该波束并沿波束的中心轴线飞行。因波束中心轴线恰好是一个被调制好的等信号线（该线的每一个正交圆周上的电磁信号完全相等，不同圆周之间一般是不等的），导弹若沿等信号线飞行，则收不到偏差信号，若偏离等信号线，则可收到偏差信号，在此情况下，制导系统就自动控制导弹回到等信号线上来。这就是雷达波束制导系统的最基本的原理。

2）激光波束制导系统

从波束制导的角度看，激光波束制导与雷达波束制导在原理上是相同的，只不过是用激光波束代替雷达波束而已。因为它一般是单波束制导，所以采用三点导引法。

激光波束制导系统的优点是抗干扰性强、制导精度高，但由于受激光发射功率的限制，目前一般只能用于近程战术导弹。

3）雷达指令制导系统

由指控站雷达发射无线电指令给导弹以导引其飞向目标的系统称为雷达指令制导系统。为了形成导引信号，指控站必须对目标和导弹同时进行观测，把观测数据输入计算机，计算机根据这些数据及选定的导引方法算出控制信号，送给编码器进行编码，然后通过指令天线将编码后的指令发射到导弹上去，控制导弹飞行。

4）电视指令制导系统

导弹上装有电视摄像管，它摄取的画面经电视发射机送至指控站，显示在电视接收机的荧屏上。当导弹采用追踪导引规律时，指控站的操作人员只要操纵控制杆，使目标保持在荧屏十字线中央，这时指令装置就根据控制杆的动作变成指令信号通过发射机送给导弹，导引导弹对准目标飞行，直至命中目标。追踪导引法适用于攻击低速目标。其他导引法，如比例接近法，在遥控式电视制导的导弹上实现起来是较为困难的。

电视指令制导系统的优点是，由于人的参与，能清晰地判别和选择在操纵人员视野以外的目标，而且其制导误差不随射程的增大而成正比地增加。其缺点是受阴雨等可见度不好的天气的影响很大，而且电视信号的传输易受干扰。

5）全球卫星导航系统

人造地球卫星的轨道平面是人们预先规定的，卫星在轨道上的运行是有规律的，因此卫星的空间坐标是可以精确计算出来的，于是可以把卫星当作一个导航信标（宇宙信标），用来确定舰船、飞机和导弹的位置坐标，从而实现对它们的导航或制导。

这种导航系统适用于远程弹道导弹和远程巡航导弹的制导，而且制导精度很高，不受气候及昼夜的限制。

6）有线指令制导系统

（1）目视手控有线指令制导系统。

该系统设备极为简单，导弹上装有一个基准陀螺、一个舵机和一个很简单的控制线路板，以及导弹（也可装在地面的装置）和曳光管等。在指控站有一个光学瞄准镜和一个控制盒。射手利用光学瞄准镜观察目标和导弹（导弹尾部的电光管就是一个瞄准光源），操纵控制盒上的手柄，给出指令信号，使目标、导弹和瞄准镜的瞄准点始终保持在一条直线上，直至命中目标。

（2）目视半自动控制有线指令制导系统。

这种系统在导弹上的设备有红外辐射器（信号源）、两个三自由度定位陀螺仪，以及指令传输导线、舵机和弹上电路。在指控站的设备有双视场红外测角仪、指令发生器等。射手用光学瞄准镜瞄准目标后发射导弹。导弹进入红外测角仪的视场后，制导系统就控制导弹沿瞄准线飞行。红外测角仪随时测定导弹相对瞄准线的位置，若有偏差角，由指令处理器计算出导弹的偏差量并发出控制指令，经导线传输给导弹，使导弹回到瞄准线上来，直至命中目标。在整个制导过程中，射手只需用光学瞄准镜瞄准目标就行了，其余完全是自动进行的。

7）目视手控无线电指令制导系统

把目视手控有线指令传输方式改为无线电指令传输方式即构成一种目视手控无线电指令制导系统。无线电发射机安置在指控站，导弹上装有接收机，射手仍用光学瞄准镜观察目标和导弹，当导弹飞行有偏差时，就用发射机发射无线电指令以控制导弹。自然，这种系统易受干扰，目视的缺点是射击距离有限，而目视的优点是可以任意选择目标。

4. 自动寻的式制导系统

"自动寻的"的"的"是箭靶之意。自动寻的式制导系统又称为自动导引制导系统、自寻制导系统等。这类制导系统在导弹、鱼雷和炸弹上都有采用。其基本原理是，导弹利用自身的设备，感受目标所辐射或反射的某种能量，从而确定目标的位置和运动参数，在与所要求的参量对比后形成控制信号，并自动跟踪目标而去。

从信息源与导弹的相对位置关系来看，自动寻的式制导系统可分为主动寻的、被动寻的和半主动寻的三大类。所谓主动寻的即导弹自身发射信息并接收目标的反射信息而形成控制信号；被动寻的即导弹只能接收目标所辐射出的信息而形成控制信号；半主动寻的则为由导弹以外的、己方的设备发射信息，而由导弹接收目标的反射信息从而形成控制信号。

在这类制导系统中，可被接收的能量种类有：雷达波、光波（红外线、热信号、激光、电视信号）、声波等；被接收信息的能量分布性质有：脉冲波、连续波和准连续波等。自动寻的式制导系统的基本组件是位标器和电子解算装置。位标器可按角坐标、距离、速度和所接收能量的频谱特性搜索、捕捉和跟踪目标。电子解算装置处理位标器获得的情报并根据所选定的导引方式编制出位标器的控制信号和导弹舵机的控制信号，从而保证导弹自动跟踪目标直至命中。主动式自动寻的制导系统的位标器装有信息的发射机和接收机，对目标的跟踪通常是根据角坐标、距离、速度和所接收信息的能量分布特性进行的。被动式自动寻的制导系统的位标器通过光敏电阻、显像管和喇叭形天线等装置接收目标的辐射信息，它对目标的跟踪通常是根据角坐标和目标辐射能的频谱进行的。半主动式自动寻的制导系统的位标器通过接收装置接收目标的反射信息，它对目标的跟踪方式与主动式自动寻的制导系统类似。

在上述3种自动寻的式制导系统中，只有主动式自动寻的制导系统是完全自主的自动装置。

下面具体介绍几种自动寻的式制导系统。

1）雷达自动寻的制导系统

雷达自动寻的制导系统在自动寻的式制导系统中是应用较早的一种。前面所介绍的雷达波束制导系统和雷达指令制导系统，都少不了在指控站上要设置目标或导弹的跟踪雷达。现在设想将自动跟踪雷达小型化以后装在导弹的导引头内，再配装导弹的控制执行机构，就构成了雷达自动寻的制导系统。关于它的工作原理不再赘述。

2）红外线自动寻的制导系统

自动寻的式制导系统的主机一般都装在导弹的头部，所以也把它叫作自动导引头。利用目标辐射的红外线进行跟踪的叫作红外导引头。导引头的结构由位标器和电子解算装置两大部分组成。位标器用来探测目标和导弹的相对位置，由光学系统（将来自目标的红外线聚集起来并送给探测器）、调制盘（利用红外线透过该盘的部位和光量的多少提供目标的方位和失调角的大小）、红外探测器（即红外线辐射能转换器，将辐射能转换为电流、电阻的变化）和稳定 – 跟踪陀螺系统组成。电子解算装置用来处理位标器所获得的情报，并形成控制信号。

3）激光自动寻的制导系统

激光自动寻的制导系统有主动式和半主动式两种。在主动式激光自动寻的制导系统中，照射目标的激光器和接收装置都安装在导弹上。飞行中由该系统发现目标，并给出控制信号将导弹引向目标。装有主动式激光自动寻的制导系统的导弹，发射后完全自主导引，可以不再管它，所以也称这种导弹为发射后不管导弹。

在半主动式激光自动寻的制导系统中，照射目标（坦克、飞机、舰艇等）的激光器既可安装在发射导弹的载体（载车、载机、载舰、载炮等武器）上，也可不装在发射导弹的载体上，而装在地面站、直升机和舰艇上，但都要由导弹上的接收装置接收目标反射的激光，依此测定目标的角坐标，并根据所选用的导引方法形成控制指令，输送给导弹的执行机构，控制导弹飞向目标。对这种半主动式激光自动寻的制导系统，一般在整个导引时间内，还采用与激光器同步的雷达始终跟踪目标，使其保持在激光束内。当在发射地点看不见目标时，可用便携式激光器从隐蔽阵地对准照射的目标发射导弹进行攻击。半主动式激光自动寻的制导系统的制导精度很高，可保证一发导弹即能摧毁小尺寸的目标。

4）电视自动寻的制导系统

电视自动寻的制导系统和红外线自动寻的制导系统一样，均属于被动式自动寻的制导系统。导引头内装有电视摄像机，当飞机驾驶员用雷达或光学系统发现目标后就操纵飞机朝目标飞去，打开摄像机摄像，将景象输入电视荧光屏，如果目标没落在瞄准十字线交点上，就要操纵摄像机光轴对准目标。一旦对准（目标落在十字线交点上）就将摄像机锁定。这时，导弹通过摄像机便可自动跟踪目标。飞机驾驶员根据导弹的射程和飞行高度，在满足发射条件时，便可发射导弹。导弹发射后，载机即可实施机动或发射另一枚导弹。发射后的导弹就在电视自动寻的制导系统的导引下飞向目标。

5. 复合制导系统

美国第三代全天候、全空域地 - 空导弹"爱国者"就采用了复合制导系统。该系统采用预测命中点的比例导引法。制导体制为初始段程序、中段指令、末段 TVM（指令与半主动式自动寻的制导的组合）的复合制导方式。该系统能对相当大空域内分布的 100 个目标实施搜索、监视，并可同时跟踪 8 个目标和向 5 枚导弹发送指令，末段制导 3 枚导弹拦截 3 个目标。导弹发射后，程序控制将其引入一条近似的理想弹道，当导弹进入雷达波束并被捕获后，初始段程序制导结束，进入中段指令制导。计算机根据雷达接收的导弹信号计算偏离弹道的数据，以此形成指令，通过上行线来控制导弹。当导引头搜索、捕获到由地面照射又经目标反射回来的目标信号后，就由中段指令制导转换到末段 TVM 制导。由导引头精确测量导弹与目标间的相对角偏差，通过下行线发送给地面雷达，其 TVM 天线对接收到的信号经信号处理器进行实时处理和滤波，形成控制指令，再通过上行线传送给导弹，控制导弹飞向目标。在末段 TVM 制导中，导引头获得由地面照射而经目标反射的信号后，不在弹上处理，而下发到地面，在地面上进行复杂的、实时的信号处理，以指令形式发送至弹上，这样既减少了弹上设备，又可大大提高制导精度和抗干扰能力。该系统为探测、跟踪和制导共设有 5 个波束，其中 3 个属于主天线（搜索与截获目标、跟踪与照射目标和跟踪导弹与指令上行线）；1 个为从目标到导弹的反射波束；1 个为 TVM 下行线波束。

6. 舵机

制导系统的最后一个环节就是执行机构，它包括控制指令、放大 - 变换器、驱动装置、操纵机构和操纵元件。驱动装置连同其前面的放大 - 变换器一起，一般又称为舵机，它是根据指令进行动作的，其动作经操纵机构与操纵元件（舵面、摆动喷管、二次流喷注器伺服活门和扰流片等）连动，于是产生操纵力和力矩，进而改变导弹的飞行姿态，完成弹道的机动和纠偏。图 2.25 所示为一般的制导系统的执行机构传动过程。图中的反馈线路一般是将操纵元件的运作参数提供给前面的综合装置，以便随时加以综合处理。放大－变换器可以是各种阀门，驱动装置可以是作动筒，而操纵机构则可以是曲柄、连杆等各种控制器件。

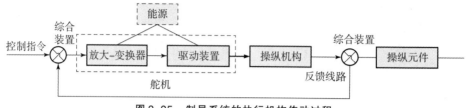

图 2.25　制导系统的执行机构传动过程

舵机主要有压缩空气舵机、燃气舵机、液压舵机、电磁舵机、电动舵机 5 种类型。

2.3.3　战斗部

战斗部是最直接用来毁伤预定目标的部分，并因此而得名。在大多数火箭、导弹上，它被装在头部，因此又称弹头。火箭、导弹作各种飞行，其任务就是将战斗部送至预定地点，发挥其战斗作用。从这个角度来讲，最终解决战斗问题的是战斗部。在所有以战斗部来毁伤目标的武器系统中，整个系统都是以战斗部为核心来为它服务的，不妨说战斗部是武器系统的宠儿。若没有战斗部，武器系统的存在就没有了实际意义。当然，这是就作战任务的最终目的而言的。如果按完成任务的分工而言，则系统的每个必需的分系统都有其独特的作用，缺一不可。如果说，战斗部作为有效载荷，其运载工具（火箭、导弹的主体部分）是为它服务的，那么武器系统的地面设备又是为火箭、导弹服务的，可是没有地面设备的武器系统又将是个什么东西呢？它能投入作战吗？所以，每个分系统的独特作用是一个方面，各个分系统的相互联系和制约是另一个方面。应该全面综合地看问题。

战斗部的战斗行为是靠战斗部装药及其壳体实施的。装药的种类包括常规装药、核装料和特殊装药。战斗部的使用特性是：在己方要绝对安全，在敌方要适时发挥威力。这就要求它具有安全、保险、可靠的性能。

常规装药即通常所说的炸药，或称猛炸药。它可以有限的体积，在极短的时间内，经起爆（即由外能激发而爆炸）而将其所含有的高能量释放出来，以爆炸波的形式和爆炸碎片的形式，定向地或各向地冲击目标而毁伤之，同时，传播出一种爆炸声，这就是通常所谓的"爆炸"。

常用的猛炸药有梯恩梯（TNT，三硝基甲苯）、特屈儿（三硝基苯甲硝铵）、黑索金（环三次甲基三硝胺）和太安（季戊四醇四硝酸酯）。常用的起爆药有雷汞和叠氮化铅等。

核装料是一种威力巨大并有放射性污染的装药。核装料除机械式破坏力外，还有热烧灼和核辐射破坏力。由于它对人类危害太大，一般不动用它。

特殊装药指化学战剂、生物战剂、燃烧战剂和发烟战剂等。所谓化学武器、生物武器等，也是国际上禁用的武器种类。

1. 分类

战斗部的分类如图 2.26 所示。

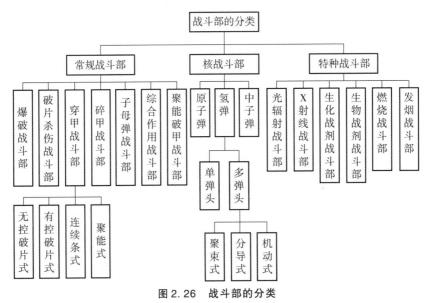

图 2.26　战斗部的分类

2. 一般组成

战斗部一般都由壳体、装药、引信和传爆系列组成，如图 2.27 所示。

1）壳体

壳体主要起容器与基体的作用，对于再入大气层的战斗部，一般都要在壳体外面加装热防护层。对于破片杀伤战斗部而言，壳体要被炸成破片，成为杀伤元素。

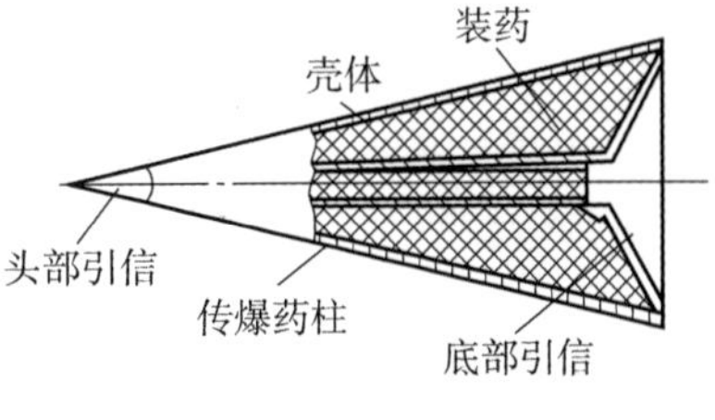

2）装药

装药装填在壳体内，是毁伤目标的能

图 2.27　战斗部的一般组成

源与工质。起爆炸破坏作用的装药有炸药和核装料，对于特种战斗部则有化学战剂、生物战剂（细菌、微生物）、燃烧战剂、发烟战剂等。当然，在这些特种战斗部中，除特殊装药外，一般还装有抛射药用于抛射。

3）引信

引信是用来适时引爆战斗部的引爆装置。所谓适时，包括好几方面的含义，如战斗部碰击目标后的瞬时或延时、在未碰击之前距目标的某一距离上，以及未命中目标时的某一自毁时刻等。这些时间特性各有其作用原理，如聚能破甲战斗部要求一触即发，在战斗部未回跳之前就把目标破坏；又如深爆战斗部要求延时，待战斗部钻入目标一定深度后再爆炸，以达到良好的爆破效果；当射击飞行目标时，直接撞击是困难的，这就要求非接触引爆，等等。

4）传爆系列

传爆系列是一种能量放大器。它根据战斗部获得的某种初始能量形成一种微量的爆炸波或火焰，再经将能量逐级放大，从而引爆战斗部装药。传爆系列一般由火工品（雷管或火帽）、主传爆药柱、辅助传爆药柱和扩爆药柱等组成。火工品和主传爆药柱一般都装设在引信里，成为引信的一个组件。

2.3.4 弹体

弹体这一术语的内涵，说法不一。从军事使用和作战目的角度看，有的人把火箭、导弹除去弹头的部分称为弹体；但从学科专业的角度看，则又把动力装置、制导系统、战斗部，或者还可以加上电源与配电系统等称为火箭、导弹的几个不同专业内容的分系统，而把串联这些分系统成为一个完整的总体结构部分称为弹体。本书采用后一种内涵。

火箭和导弹的战斗部、动力装置，以及导弹的制导系统，在前面几小节中都介绍过了。它们确实是火箭、导弹的相对独立的重要组成部分，或者说，它们都堪称独立的分系统，各有各的结构原理，各有各的功能。但要完成火箭、导弹的最终作战任务，必须把它们连成一体，使它们分工协作才行。执行这项结构总成任务的就是弹体。因此，弹体作为火箭、导弹的组成部分，有别于前述其他各个部分，它是火箭、导弹系统的集成者。火箭、导弹总成的好坏对火箭、导弹总体性能的高低具有非常重要的作用。

一般说来，弹体是包含装在其上的弹翼的。但从结构功能和组成来讲，把弹体和弹翼分开叙述较为方便。下面对它们进行分别叙述。

1. 功能及技术要求

1）弹体要将前面讲过的各部分加上各种翼面（如果有的话）构成一个整体，亦即靠弹体装配连接它们，这样它才能飞翔自如，完成作战使命。

2）要求弹体保有良好的气动外形及飞行性能，以保证火箭、导弹在飞行中既有稳定性又有机动性。

3）要求弹体为其内部所装的仪表设备创造良好的微环境条件，以保证它们能正常工作，这就要求弹体具有防风、防雨、防沙、防气动加热，以及为了保持内部气压而采取密封的结构等。

4）要求弹体要便于维护使用，以及在运输、发射、飞行过程中进行支撑、吊挂、机动飞行时能承受最严重的有关的外载荷和质量力。为此，火箭、导弹在运输、支撑和飞行中要各有相应的结构和承载能力。

2. 受力构件

火箭、导弹在贮存、运输、发射和飞行中所受到的作用力计有轴力、剪力、弯矩和扭矩。图 2.28 所示是弹体载荷及受力示意。

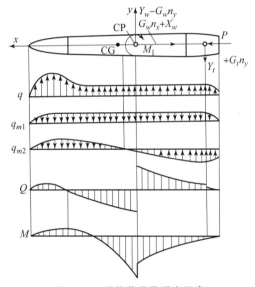

图 2.28　弹体载荷及受力示意

（在弹体对称平面内，翼 – 身连接归为一点，飞行攻角 $\alpha = 0$，无扭矩作用）

图中，Y_w 为弹翼升力；$G_w n_y$ 为 y 向弹翼重量过载；$G_w n_x$ 为 x 向弹翼重量过载；X_w 为弹翼阻力；P 为发动机推力；Y_t 为尾翼升力；$G_t n_y$ 为 y 向尾翼重量过载；q 为弹身气动分布载荷；q_{m1} 为与过载 n_{yCG} 成正比的质量分布载荷；q_{m2} 为与角加速度 $\ddot{\theta}$ 和给定的弹体截面到弹体重心之间的距离 x 成正比的质量分布载荷；Q 为剪力；M 为弯矩。

与上述这些作用力相适应，弹体的受力构件一般包括隔框、桁梁和桁条、蒙皮。桁梁与桁条的区别在于桁梁的断面尺寸较大，形状较复杂，承载能力较强。

1）隔框

隔框的作用是保持弹体的横断面形状，并承受横向载荷。隔框有普通隔框和加强隔框之分，如图 2.29 所示。

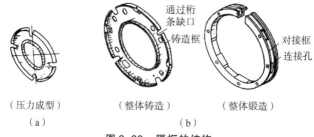

（压力成型）　　　　（整体铸造）　　　　（整体锻造）
（a）　　　　　　　　　　　　（b）

图 2.29　隔框的结构

（a）普通隔框；（b）加强隔框

2）桁梁和桁条

它们都是纵向受力构件。桁梁较强，桁条较弱。桁梁的结构如图 2.30 所示。桁条的断面一般为角型。

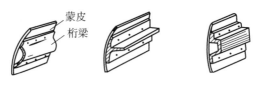

图 2.30　桁梁的结构

3）蒙皮

顾名思义，它是包蒙在骨架外面以形成弹体光滑外表的金属板壳（早期有布蒙皮，称为蒙布）。它能承受局部气动载荷和弯矩、扭矩产生的轴力和剪力，如图 2.31 所示，将这些载荷和力传递到骨架上去。蒙皮的类型有薄板蒙皮、整体壁板蒙皮、填料夹层蒙皮和蜂窝夹层蒙皮等，如图 2.32 所示。

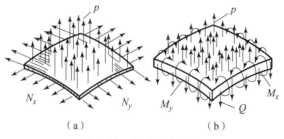

（a）　　　　　　　　　　　　（b）

图 2.31　蒙皮受力示意

（a）没有力矩的蒙皮；（b）有力矩的蒙皮

图 2.32　蒙皮的结构类型

（a）整体壁板蒙皮；（b）填料夹层蒙皮；（c）蜂窝夹层蒙皮

4）隔框、桁梁（条）和蒙皮的连接方式

它们的连接方式有很多种，图 2.33 所示为几种典型的连接方式。

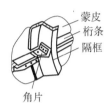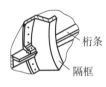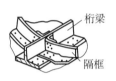

图 2.33　隔框、桁梁（条）和蒙皮的连接方式

3. 弹体的典型结构

1）骨架蒙皮式（半硬壳式）弹体

它是由隔框、桁梁（条）作骨架，外蒙蒙皮的一种结构，如图 2.34 所示。蒙皮与骨架的连接可以采用点焊或铆接。这种结构形式适用于大型火箭与导弹。

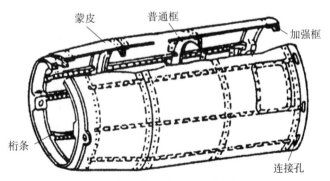

图 2.34　骨架蒙皮式（半硬壳式）弹体

2）硬壳式弹体

它仅由隔框和蒙皮所组成，如图 2.35 所示。其蒙皮较厚，可直接承受各种载荷而无须桁梁或桁条。这时，隔框虽依然有横向加强的作用，但多数情况

下，它只起舱段之间的连接作用。这种结构易于制造且表面质量好。按其受力特性（弹径大时，其临界应力降低，且不适宜开口）来说，这种结构形式多适用于小型火箭与导弹。

图 2.35　硬壳式弹体

3）整体壁板式弹体

它仅用几块整体壁板焊接、连接而成，如图 2.36 所示。

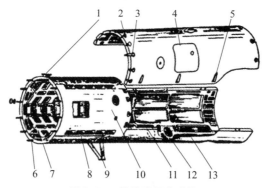

图 2.36　整体壁板式弹体

1—吊挂接头；2—大口盖；3—折返螺栓；4—设备维护口盖；5—大口盖连接孔；
6—舱段连接栓；7—加强框；8—弹翼槽口；9—发射支撑架；10—舱体；
11—纵向加强筋；12—加强口框；13—横向加强筋

4. 弹翼

弹翼有固定翼和操纵翼之分，其主要功能是产生气动力，以平衡、稳定或操纵火箭和导弹。弹翼上还可以装置其他构件，如副翼、操纵机构、无线电天线和曳光管等。

弹翼展向的外载荷及受力图（剪力图、弯矩图和扭矩图）如图 2.37 所示。

图中，q 为展向分布载荷；q_{air} 为气动分布载荷；q_g 为重量分布载荷；Q 为剪力；M_b 为弯矩；P_{eng} 为发

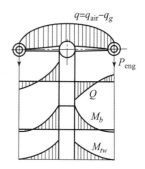

图 2.37　弹翼展向的
外载荷及受力图

动机重量载荷；M_{tw}为扭矩。

适应这些受力情况，弹翼的受力构件一般包括翼梁、纵墙桁条、翼肋和蒙皮。典型的骨架蒙皮式弹翼如图 2.38 所示，此外，尚有整体壁板式弹翼、夹层式弹翼等典型形式。

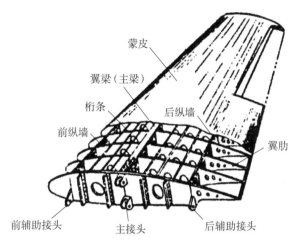

蒙皮

翼梁（主梁）

桁条

前纵墙

后纵墙

翼肋

前辅助接头　　主接头　　后辅助接头

图 2.38　骨架蒙皮式弹翼

1）翼梁

翼梁是弹翼的主要纵向受力构件，其构造主要有组合式和整体式两种，如图 2.38 所示。其突缘承受由弯矩产生的轴力，腹板承受剪力。为适应弹翼外形和节省重量的需要，翼梁多设计成等强度变断面梁。

2）纵墙

当翼梁的突缘很弱或者根本没有突缘时，它就演变成一种只有腹板的翼墙，它与蒙皮和翼梁腹板一起组成一种围框结构（参见图 2.38）以承受扭矩。在后纵墙上可连接副翼。纵墙一般可用辅助接头连接到弹体上。

3）桁条

桁条用来支撑蒙皮并提高其承载能力，同时将局部气动载荷传递到翼肋上，并帮助翼梁抵抗弯曲（参见图 2.38）。

4）翼肋

翼肋用来保证翼剖面形状，并把蒙皮和桁条传给它的局部气动载荷传给翼梁腹板，对蒙皮、桁条和翼梁腹板起支持和加强作用。其结构形式如图 2.38 所示。加强翼肋能承受和传递较大的集中载荷。

5）蒙皮

蒙皮类同弹体蒙皮，此处不再赘述。

5. 弹体机构

1）操纵机构

它是指舵机与操纵元件之间的传动机构。显然，其功能是用舵机带动操纵元件按预定要求偏转，以产生相应的操纵力。

按功能的性质来看，推力矢量控制的有关操纵机构也应归属于此，不过，它一般都是和发动机设计一起完成的，故此处不赘述。下面只简单介绍翼面的操纵机构。

操纵机构按其同时所带动的操纵元件之转动方向的异同来分，有同向操纵机构、差动反向操纵机构和复合操纵机构（既有同向，也有反向）。而所有操纵机构的原动舵机的动作规律都受控于制导系统的控制信息。图 2.39 所示为复合操纵机构示意。该机构同时装有同动舵机和差动舵机，故分别看去，其机构动作并不难看清。

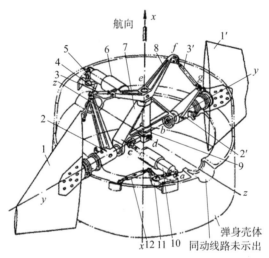

图 2.39　复合操纵机构示意

1—1′舵面；2—2′带摇臂的半轴；3—3′拉杆；4，12—调节拉杆；5，11—调节摇臂；

6—同动舵机；7—中心支架；8—叉形摇臂；9—万向接头；10—差动舵机

2）分离机构

分离机构是用来完成火箭、导弹的头体分离和级间分离的，某些大型多弹头战斗部的母弹头整流罩的抛离，也是用分离机构来完成的。总之，凡是在整个飞行过程中，在某飞行阶段上已成为冗重的部分，要想抛掉它都要采用分离机构。从结构功能上来看，可称其为某种特定形式下的"离合器"，是一重要机构分离机构的构造类型，总的来说有纵向分离机构和横向分离机构之分。但对头体分离而言，一般只出现纵向分离，至多出现纵向加横向分离，而很少出现单独横向分离。

（1）头体分离机构。

头体分离一般只出现在大型弹道导弹和宇宙火箭上。它们的头体分离机构一般采用爆炸螺栓、分离弹簧、气压作动筒和分离火箭等。若从头体分离系统来看，可分为弹射式、制动式（图 2.40）和组合式等几种。弹射式头体分离系统又有弹簧式、气动式和药筒式等形式。它们都是被装在头体之间、用以产生弹射力而将头部弹离的装置。

（2）级间分离机构。

级间分离既包括助推级与主级之间，也包括主级的上面级与下面级或前面级与后面级之间的分离。此外，无论大型导弹与中型导弹，都有纵向分离和横向分离。

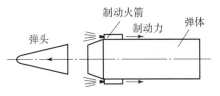

图 2.40　制动式头体分离系统示意

图 2.41 所示为一种中型导弹的横向分离示意。其分离方式是，4 个助推器被捆绑在弹体上，当助推器工作完毕、推力消失时，它们在空气阻力的作用下，向后滑动而打开前端的卡接装置。由于每个助推器的头部呈斜锥状，在气动力的作用下，产生一个向外的作用力，使 4 个助推器向四周张开，并剪断尾部的安装铰链。于是，4 个助推器就呈花瓣状飞离弹体。

大型火箭的级间分离另有一些特点。通常有热分离与冷分离两种分离方式。所谓热分离指级间连接件未脱开之前，上面级的发动机先起动点火，而且靠其燃气流把下面级吹开，如图 2.42 所示。分离过程是，下面级火箭按预定程序关机，推力随之衰减，当减小到一定值时，上面级火箭按预定程序起动，当其推力增加到一定值时，按预定程序引爆级间连接件爆炸螺栓或爆炸索（一种可以断开两级火箭连接结构的环形火药索），使两级火箭在上面级强大的燃气流作用下逐渐分开。

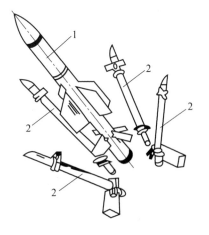

图 2.41　中型导弹的横向分离示意
1—第二级导弹；2—助推器

所谓冷分离是指在上面级的辅助加力火箭和下面级的反推火箭以及气动阻力的共同作用下，级间连接件解脱，而且上、下级离开一定距离后，上面级的发动机才点火起动。相对来说，这种分离方式使下面级所受燃气流的冲击比热分离时小得多，自然，所出现的温升也低得多，故以"冷"喻之。

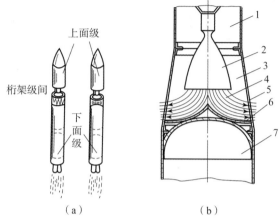

图 2.42　级间热分离示意

（a）热分离系统；（b）分离面细部放大

1—上一级尾段；2—发动机喷管；3—级间段；4—燃气流；

5—排气口；6—防热罩；7—下一级贮箱前底

6. 气动加热

航空、航天高速飞行器的气动加热和辐射加热问题是火箭、导弹和航天器设计中必须予以妥善解决的严重问题之一。在飞行器的前端和翼前缘是气动加热最严重的地方。当导弹弹头以 Ma = 20 的速度再入大气层时（射程在 6 000 km 以上的导弹就会出现这种情况），在弹头表面及其周围的空气会产生高温、高压和高热流等现象，最高温度可达 7 000 ~ 11 000 ℃，驻点压力超过 10 MPa，热流高达 $4 \times 10^7 \ W/m^2$。因此，头和弹翼前缘必须采取相应的热防护措施。这些措施包括：迎风外形的优化设计、结构的隔热（图 2.43）、在结构设计上采用吸热屏蔽系统等。

7. 火箭、导弹的研制流程

火箭、导弹的研制是各分系统研制人员在总设计师组的管理下通力协作、往复渐进的过程。在本小节介绍它，是因为弹体在整个设计过程中，客观上起着综合协调的作用。导弹研制的主要阶段如图 2.44 所示。无控火箭的研制，除没有制导系统外，其余环节基本如图 2.44 所示。

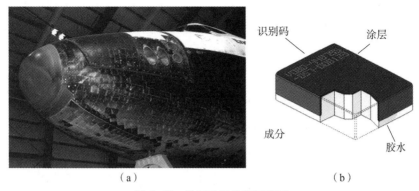

图 2.43 航天飞机及其隔热瓦

（a）航天飞机；（b）隔热瓦结构

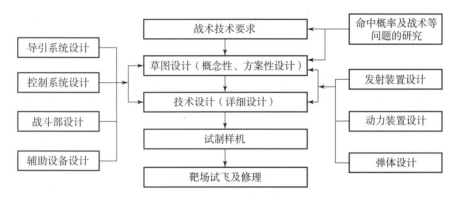

图 2.44 导弹研制的主要阶段

1）拟定战术技术要求

战术技术要求是进行导弹研制工作的最根本的原始数据。它包括战术要求、技术经济要求和使用维护要求等。

2）草图设计（概念性、方案性设计）

草图设计的内容包括图 2.44 所示的各个部分。在设计过程中所出现的各方面的问题都要各方紧密配合，协同工作。

3）技术设计（详细设计）

它是草图设计的进一步细化，并配合有一系列试验。

4）试制样机

生产少量样机，供飞行试验用。

5）靶场飞行试验

按飞行试验大纲进行，而大纲的拟订原则是，在试验的每一阶段都要检验被指定的某部件或某一组部件是否合格，只有上一阶段的试验合格，才能进行下一阶段的试验，步步为营。阶段的多少，要依据具体情况而定。

2.4 火箭、导弹的发射

火箭、导弹身大体重，装有复杂的制导系统，动力装置和战斗部也较为复杂，因此，为了保证火箭、导弹武器的作战机动性、快速性和可靠性，为了发射成功，除了发射装置或发射设备，还必须配备一整套支援设备。这套设备对不同类型的火箭、导弹，在业务内容、配置规模和配置数量上可能相去甚远，并因此在称谓上也不尽相同，如对小型火箭、导弹主要配置较为简单的发射架，一般称谓是"发射装置"，对中型火箭、导弹来说，除发射装置外，一般都要配备运输装填（弹）设备和射前测试设备等，这些设备统称为"地面设备"，就连舰艇上、飞机上的这类设备，除有时分别专称它们为舰（艇）载设备、机载设备外，一般也统称为地面设备，故火箭、导弹地面设备这一术语具有很广的内涵。至于大型战略火箭、导弹乃至航天运载火箭的这类相应的设备，一般是更为复杂和全面的。它不仅设备项目多，而且有相当数量的工程设施与之匹配，其中战略导弹的地下井发射尤其如此。故这类火箭、导弹的相应设施和设备，一般又称为"发射工程与地面设备"。但不管怎么称谓，如上所述的发射装置也好，地面设备也好，还有发射工程与地面设备也好，尽管其内涵和规模不同，但其基本属性是相同和相通的，它们都是为了火箭、导弹的发射。反过来说，火箭、导弹若没有相应的地面设备与工程设施与之匹配，则不能成为完整的武器系统，也就不能发挥其战斗作用了。

2.4.1 组成

火箭、导弹发射系统类型较多，结构差异很大，其中陆军用的野战火箭发射系统较复杂，其一般组成和相互位置关系示意如图 2.45 所示，本小节以其为例介绍发射系统的组成。

图 2.45 中各组成部分的功能和用途简介如下：

定向器用来支承或盛装火箭弹，并在发射时赋予火箭弹起始飞行的方向，以保证获得一定的初速度。

起落架用来支承和固定定向器，并使定向器以耳轴为中心作俯仰运动。

回转体是野战火箭发射系统回转部分的主体，回转体下方一般有立轴或回

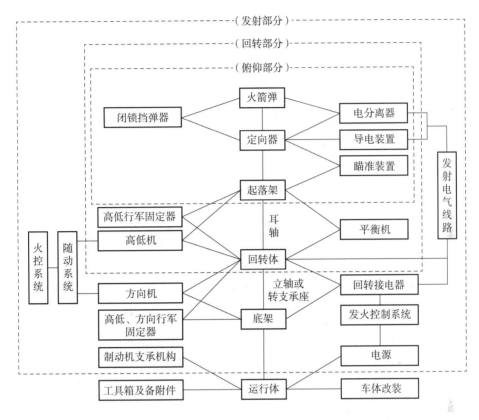

图 2.45　野战火箭发射系统的一般组成和相互位置关系示意

转支承座作为方向回转轴。回转体上方的支臂上一般安装耳轴，通过耳轴连接起落架，支承起落部分。

底架通过立轴或回转支承座与回转体配合，是方向回转部分的支承体。

运行体是发射系统的基座和机动发射系统的行走部分，它包括车体、车体改装部分、射击时的制动及支承机构、工具箱及备附件等。

闭锁挡弹器用来对火箭弹起闭锁作用和挡弹作用。

电分离器用来将弹外信号电缆插头安装在弹体上，发射时电插头自动脱离，将弹外信号切断。

导电装置用来将电源的点火电流传输给火箭弹。

瞄准装置用来装定射击诸元，与高低机、方向机配合进行瞄准。

平衡机用来平衡俯仰部分的重力矩，使高低瞄准轻便平稳。

高低机用来进行高低瞄准，使起落部分绕耳轴转动，将起落部分支承在某一射角。

方向机用来进行方向瞄准，使回转部分绕立轴转动。高低机和方向机合称为瞄准机。

随动系统在火控系统的控制下，带动高低机、方向机动作，自动跟踪目标或调整火箭炮到指定位置。

高低、方向行军固定器，在行军时用来固定野战火箭发射系统的俯仰部分和回转部分，防止高低机、方向机因为行军振动冲击而损坏。

回转接电器也称为汇流环，用来在方向任意回转的情况下将控制、发射信号传给回转体以上部分。方向回转角小于360°时，可不设回转接电器。

发火控制系统用来控制发射的顺序和时间间隔。

电源是发射火箭弹的能源，通常用蓄电池、干电池或小型发电机作电源。

发射电气线路是从电源、发射控制机构到导电装置和电分离器的连接线路。

2.4.2　发射场地

对机载、舰载火箭、导弹而言，其发射基点就是飞机、直升机和舰艇，一般没有场地问题。海基的海底发射，固然可以把海底发射点称为一种场地，但它只不过是一种固定发射平台的地基而已。对于陆基火箭、导弹的发射而言，除小型火箭、导弹对场地无特殊要求外，中、大型火箭、导弹都有供进行发射作业的场地与之匹配。这类场地一般包括技术阵地和发射阵地两大类。

1. 技术阵地

技术阵地是指火箭、导弹运往发射阵地前，按规定程序进行火箭、导弹的验收、装配和检测等一系列技术准备的场所。机动技术阵地上通常配置有专用拖车、起重设备、对接结合设备、检测设备、通用设备和活动帐篷等。固定技术阵地除上述外，还包括一整套工程建筑物、专用设施和生活设施。

作为参考，本书引进一幅运载火箭与航天器的技术阵地图，如图2.46所示。某些战略导弹的技术阵地与此相仿。

在技术阵地上通常要完成的基本工作有：启封火箭、导弹及其战斗部，对弹上仪器进行单元测试与综合测试，对导弹进行组装和级间对接，向弹体上结合战斗部，加注推进剂和充填压气体，做好向发射阵地的转运准备工作等。技术准备完毕的火箭、导弹由专用车辆（如起竖车、运输装填车等）送往发射阵地。

在发射阵地上因技术故障不能发射的火箭、导弹要送回技术阵地，完成卸下战斗部、卸下助推器、分解弹体、检测弹上仪器、维修和重新封装等项工作

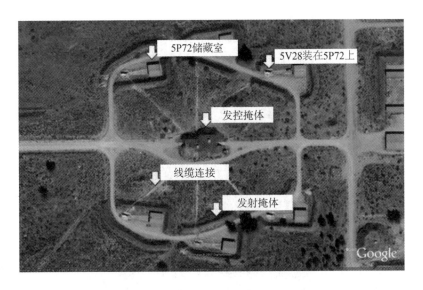

图 2.46　俄罗斯"S200"远程防空导弹技术阵地

后，再将火箭、导弹存放起来或运回弹库。

技术阵地与发射阵地的距离由火箭、导弹武器系统的总体要求决定。确定的原则是既要便于作战，又要间隔一定的安全距离，还要考虑到战地的实际地理条件。

2. 发射阵地

发射阵地是指发射火箭、导弹所占据的地域，在该地域内对火箭、导弹进行射前准备，使火箭、导弹进入待发状态并实施发射。通常在发射阵地上配置有发射指挥系统，制导站，发射装置，发射控制设备，射前检查设备，加注系统，通信系统，跟踪观测系统，电站以及其他辅助设备、设施、掩体等。

美国地 – 地战略导弹"宇宙神"的地面固定发射阵地如图 2.47 所示。

在发射阵地上，一般要进行火箭、导弹的装填或起竖，射前检查，瞄准或跟踪瞄准；某些火箭、导弹还要加注推进剂，充填压缩气体。完成这一系列勤务操作后才能进行发射。美国近程反导导弹"思普林特"的地下井发射阵地如图 2.48 所示。

根据火箭、导弹的类型和使用场合的不同，有不同类型的发射阵地，如地面固定或机动发射阵地、地下固定或机动发射阵地。根据使用目的的不同，有作战发射阵地、试验发射阵地、训练发射阵地之分。战术地 – 地导弹"东风15"的野战机动发射阵地如图 2.49 所示。中程液体弹道导弹机动发射阵地如图 2.50 所示。

图 2.47　美国地 – 地战略导弹"宇宙神"的地面固定发射阵地

图 2.48　美国近程反导导弹"思普林特"的地下井发射阵地

图 2.49　战术地 – 地弹道导弹"东风 15"的野战机动发射阵地

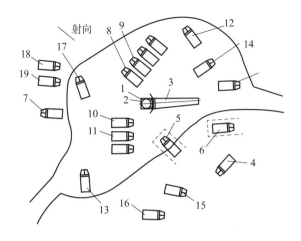

图 2.50　中程液体弹道导弹机动发射阵地

1—发射台；2—导弹；3—起竖车；4—瞄准车；5—变流车；6—电源车；7—气瓶车；
8—氧化剂泵车；9—氧化剂公路槽车；10—燃料泵车；11—燃料公路槽车；
12—氧化剂备附件车；13—燃料备附件车；14—消防车；15—电缆车；
16—发控车；17—避雷车；18—工作台；19—发射台运输车

随着现代化战争的推进和火箭、导弹技术的进步，在发射阵地上配置的设备和车辆日趋减少；固定发射阵地的工程设施也趋于稳固和隐蔽；某些火箭、导弹的机动发射系统甚至可以在行进中发射。

2.4.3　发射的实施过程

火箭、导弹发射的实施过程因其类型和武器系统的繁简而有很大的不同。单兵或兵组武器系统可以灵活机动地实施快速发射。大、中型火箭、导弹的武器系统在简化的情况下，也可以较快地实施发射，但在系统庞杂的情况下，则其发射准备时间是较长的，早期要达几个、十几个小时，现在也需要以小时至少是几十分钟计。为建立略加明晰的概念，现以中型野战武器系统的发射实施过程为例作简要的描述。

一般而言，火箭、导弹发射的实施过程的主体是全体指战人员，他们在发射的实施过程中各就各位，各司其职，但又密切联系，相互配合。发射的实施过程的顺利与否，与指战人员的训练素养有很大的关系。

火箭、导弹发射的实施过程可概括为 4 个阶段，即组织战斗、技术准备、实施发射和善后撤收。

1. 组织战斗

这个阶段以领受战斗任务为开始，以展开战斗队形（人员设备各立其位）为结束。

所谓领受战斗任务就是从上级作战指挥机关了解敌情，明确己任。尔后，由作战单位首长下令本部队进入一级战备状态，并进行大量的技术准备和战勤保障作业（包括领取弹体、战斗部等），组织部队行军，进入集结地域，根据地形地物展开战斗队形，把所有兵器放列到指定位置上。

2. 技术准备

本阶段的中心任务是准备火箭、导弹和准备发射。一般来说，在发射全过程中，本阶段所需的时间最长。

准备火箭、导弹的工作主要在技术阵地上进行，仅有少量的工作在发射阵地上进行。准备发射的工作全部在发射阵地上进行。

所谓准备火箭、导弹就是把分解状态下的火箭、导弹，经过装配、对接、检查和测试，一直装调到待发射状态。这段操作过程的好坏，直接关系到火箭、导弹射击的准确性和可靠性，而准备的快慢又直接关系到能否及时地实施发射。

在准备火箭、导弹时，要根据它们贮存期及运输距离，对弹（箭）上仪器设备进行项目不等的检测。检测分单元测试、综合测试和外部检查。对关键部分，如战斗部、起动电爆管和电发火管等，以及推进剂性能，均应检测，保证合格。此外，还要向弹（箭）上的气瓶充气并检查其质量。

对于中、小型火箭、导弹，一般可在技术阵地上将战斗部对接好，如果使用液体推进剂，也可在此进行全部或部分加注。对于大型火箭、导弹，这两项工作一般要在发射阵地上进行。

所谓准备发射就是把火箭、导弹发射前的一切阵地条件、兵器装备条件以及火箭、导弹本身的条件都按规定要求准备好，一直达到待发状态为止。阵地条件包括发射阵地的气象条件及大地参数（地理坐标、射击固定目标时的瞄准方位角等）。兵器装备条件包括发射装置的规正及标定。对大、中型火箭、导弹来说，一般在发射阵地上进行现场装弹（起竖或吊装）。装弹后，对它还要进行必要的测试，并对某些性能指标进行监视。液体火箭、导弹的推进剂加注作业一般在火箭、导弹起竖后，在垂直状态下进行。发射火箭、导弹时，在临射前有时采取"××分""××秒"等"报时呼叫准备"项目，其中又有对火箭、导弹进行"接电准备"、接通"转电"线路、"开锁"等项目。如果发射装置是跟踪瞄准的，则在临射前还要下达"同步"（与雷达同步）命令。至此，火箭、导弹便进入一触即发的待发状态。

3. 实施发射

本阶段需时短暂，但这是火箭、导弹发射的关键阶段。

所谓实施发射，严格来讲，只不过是按一下"发射"按钮而已。此后的少数关键性环节一般由发控电路与弹（箭）上的控制电路协同自动完成，如"起爆""开锁""转电""点火"等环节。一旦动力装置实施点火，火箭、导弹就迅速起飞离去。至此，发射完成。

4. 善后撤收

一批火箭、导弹发射以后，如果有连续发射的任务，则需对发射场地及发射设备进行必要的处理、检查和维修后，继续将准备好的火箭、导弹装到发射装置上，重复之前所述的作业，直到二次发射。

当不进行连续发射时，所谓善后撤收就是对发射场地进行必要的清理，对有关装备进行检查、小修及撤收，然后进行部队转移。

参 考 文 献

[1] 沈如松. 导弹武器系统概论 [M]. 北京：国防工业出版社，2018.
[2] 赵承庆，姜毅. 火箭导弹武器系统概论 [M]. 北京：北京理工大学出版社，1996.

第 3 章

理论基础

理论基础是学习发射技术必须掌握的专业基础知识，主要包括发射动力学、气体射流动力学和弹射内弹道学。本章帮助读者初步了解发射过程中的动力学现象、发射精度和发射可靠性与发射动力学的关系；基本掌握弹射器的工作原理和组成及高压室和低压室内弹道基本原理；初步了解火箭燃气射流的特征及燃气射流对物体作用力的近似确定。

|3.1 发射动力学基础|

发射装置的基本任务是载运与发射火箭、导弹。发射装置与火箭、导弹的设计质量直接影响火箭、导弹能否发射成功，精度是否满足要求，载体（舰艇、飞机、车辆）是否安全。这种设计是个反复过程，要经过多次设计与修改才能获得满意的结果，发射动力学为这一过程提供了理论基础与分析方法。

发射动力学以弹－架系统为对象，研究火箭、导弹发射过程中的动力学现象，解决发射精度与发射可靠性问题；研究影响发射精度的初始扰动现象，寻求控制扰动的方法；分析影响结构强度、刚度及发射装置稳定性的动载荷或过载，设法减小振动，提高抗振能力；计算弹－架间可能的碰撞量，确定最小的安全让开距离。

3.1.1 基本任务

导弹或火箭的主要用途是使战斗部按预定要求击中目标，因此发射时应有较高的可靠性和精度。导弹－发射装置系统（简称弹－架系统）是弹性系统，发射时作用在系统上的力多为随时间变化的动载荷，所以工作时会产生振动。弹－架系统的振动有可能成为影响导弹或火箭发射的可靠性和精度的重要因素或决定性条件。

所谓可靠性，是指产品在规定时间和使用条件下无故障工作的概率。它不仅指火箭、导弹飞行阶段的可靠性，也包括地面的维护使用和发射阶段的可靠性。从事发射技术工作的读者主要关心发射装置能否可靠地发射火箭、导弹。系统的振动可能使仪器和构件的正常工作受到干扰，甚至使其因强度不够而破坏。由此引起的故障可分为两类：

其一是零部件整体性破坏引起的故障。例如，结构（特别是弹体）所受的载荷超出承载能力，引起不允许的变形或脆性破坏；导线在焊接处断开、折断；密封件破坏等均属于这类故障。

其二是不发生明显破坏性的故障，但设备的正常功能受到影响。例如，结构（特别是导弹，包括固体燃料及其包覆层）的应力虽然未超出许可范围，但在该应力长时间周期性的作用下，损伤累积，导致疲劳裂纹的形成或发展；定向器端部产生过大的挠度，可能与滑离后出现下沉的火箭、导弹相碰；可拆件及紧固件松动；气密性受到破坏；继电器触点变动等，这些均属于该类故障。

所谓火箭、导弹发射精度，是指在发射阶段终点，火箭、导弹的实际弹道与理想弹道之间的偏差。它直接影响总的弹着点的散布和偏差，是发射动力学研究的重要内容。

弹 – 架系统的振动对发射精度有较大的影响。例如，系统的振动有可能增大火箭、导弹的初始扰动，或增大多联火箭、导弹发射装置每发弹初始扰动的散布；系统的振动有可能使导弹在定向器上产生较大弯曲，火箭、导弹滑离后弯曲恢复而继续振动，从而引起开始飞行阶段的扰动；对某些将测角仪安装在其上的发射装置，系统振动会引起测角仪的瞄准基准振动，使受控飞行的火箭、导弹随基准的变化而变化。

为了提高产品的可靠性和发射精度，在弹 – 架系统设计时应当控制系统的振动量，提高结构抵抗振动与冲击的能力，把系统的动态优化设计作为重要研究内容。因此可以这样定义：发射动力学是研究弹 – 架系统动态优化设计的基本理论和方法，其目的在于寻求合理和实用的计算方法，以保证动载荷作用下结构的安全、经济及使用性能，使火箭、导弹的发射精度和可靠性符合要求。发射动力学研究的基本问题是：

（1）确定火箭、导弹滑离时的初始扰动，寻求控制初始扰动的方法；

（2）确定发射时作用在火箭、导弹上的过载；

（3）确定发射装置各部件的内力与动反力，以及相应的动强度与动变形；

（4）确定火箭、导弹发射时的最小安全让开距离。

根据产品研制的不同情况，所要解决的问题和使用的方法是不同的：

（1）对正在使用或正在试验中的产品，主要是解决使用或试验中不恰当的振动带来的问题，以提高产品的性能，例如解决发射时的跳弹（火箭、导弹在定向器上的跳动）、掉弹失控、散布过大、零件出现裂纹或有残余变形、弹架相碰、发射装置倾翻等问题。

在这种情况下，可用理论与试验相结合的方法进行动力分析，找出薄弱环节，提出改进措施（注意这时的措施受到原有产品的限制），或制定合理的使用规则（例如选择最优的发射顺序与发射速度）及制造验收技术条件。

（2）对新设计的产品，要进行系统动态优化设计，寻求使弹 – 架系统的动态性能最优的结构。例如，使火箭、导弹的散布最小；在满足结构强度和支承稳定性的条件下，使发射装置的重量最轻等。

在这种情况下，主要是按照初拟的设计图纸建立动力学模型，用此模型进行计算，边分析，边改进，边设计。有时要做实物模型（原尺寸或缩小比例），进行动态试验，以验证理论模型的正确性。

3.1.2 导弹的滑离方式与发射阶段

火箭和导弹的结构与用途不同[1]，它们发射所用的发射装置的差异也很大，但是发射动力学的基本理论是相同的，用这些理论可以解决任何弹 – 架系统的设计问题。当然在具体研究时还应考虑不同的滑离方式及其在不同发射阶段的特点。

1. 导弹的滑离方式

导弹从定向器上滑离的方式有 3 种，即瞬时滑离、不同时滑离及同时滑离。它们充分反映了导弹与定向器的相互关系。

瞬时滑离是指导弹的推力刚刚等于锁紧力及重量分力时即从定向器上脱离，如图 3.1（a）所示。导弹的滑离长度为零，故又称零长式定向器。这种滑离方式的优点是发射装置结构简单、重量轻、外廓小。其主要用于允许较大散布的弹 – 架系统或发射制导性能好的导弹。在分析计算导弹的初始扰动时，应当考虑导弹的推力及闭锁器的锁紧力等参数散布度的影响，即应当分析这些参数的变化特征。由于导弹滑离后的速度很小，倾斜发射时的下沉量大，这增大了导弹和发射装置相碰的概率。

不同时滑离是指导弹的前、后定向钮先后脱离定向器导轨，前定向钮的滑行长度为 l_1，后定向钮的滑行长度为 l_2（$l_2 > l_1$），如图 3.1（b）所示。这种滑离方式的优点是定向器结构简单，长度尺寸较短，但在不同时滑离阶段有头

---

① 注：为了简化叙述，此后若无说明之必要，均以"导弹"为叙述对象。

部下沉。导弹的前定向钮滑离后绕受定向器约束的后定向钮转动，这种现象叫头部下沉。导弹的头部下沉及定向器振动对后定向钮的扰动，使导弹滑离时的初始扰动增大。为了减小这类扰动的影响，设计时应使滑离速度增加，或使不同时滑离段的长度缩短。某些细长的远程火箭及机载导弹有 3 个定向钮就出于这种考虑。前、后定向钮使导弹的支承长度较长，滑离前的支承稳定性好。中间增加的定向钮使不同时滑离段的长度缩短，因为 $(l_3 - l_1) > (l_3 - l_2)$。

同时滑离是指导弹的前、后定向钮同时从定向器上脱离，如图 3.1（c）所示。这种滑离方式的优点是导弹滑离时不出现头部下沉，可减小初始扰动。但是，在设计同时滑离的定向器时需要注意：

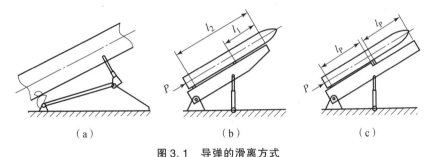

图 3.1　导弹的滑离方式

（a）瞬时滑离；（b）不同时滑离；（c）同时滑离

（1）为保证导弹有足够的滑离速度，同时滑离的定向器一般较长，导弹滑离后要在定向器上空飞行较长时间，所以下沉量大，导弹与定向器有可能相碰。必须留有足够的让开距离，或设计专门的让开机构，以免二者发生撞击。

（2）对于箱式（或管式）定向器，分析导弹的初始扰动时，应当考虑导弹已滑离仍在箱中飞行时，不对称气流对扰动的影响。

2. 导弹的发射阶段

导弹的发射过程一般要经历 4 个阶段：

（1）在闭锁阶段，导弹与发射装置之间无相对运动，用闭锁挡弹器来限制导弹的运动。从瞬时滑离的定向器上发射时只有这个阶段。

这个阶段描述的是发动机点火到导弹开始移动前弹 – 架系统的状态。这里有两种情况：一是系统静止，这时系统的初始条件为零；一是系统运动，例如，在运动载体上发射，或发射时考虑风的作用等，这时的初始条件不为零。闭锁挡弹器在这个阶段有特殊作用，应当根据实际结构描述它对发射的影响。

（2）在导向阶段，导弹在推力的作用下相对发射装置运动，但运动方向受定向器的约束，这称为约束期。

（3）在滑离阶段，导弹从定向器上脱离。对不同时滑离的定向器，导弹的前（或中）定向钮先脱离约束，后定向钮仍在其上运动，有头部下沉现象出现，这称为半约束期，同时滑离的定向器则无此阶段，导向阶段一结束即进入无控飞行阶段。

（4）在无控飞行阶段，导弹在空中自由飞行，一直到某一特征位置为止。这一特征位置对导弹而言是控制系统的起控点，对无控火箭而言，则有不同的定义法。有人将之定为发动机燃烧终了时的位置，有人将之定为导弹的飞行速度增加到气动力对稳定飞行起主要作用时的位置。

对于箱式定向器，导弹在滑离后到飞出发射箱前，虽然不受定向器的约束，但是它受箱中不对称气流的作用，和在箱外飞行的情况不一样，对此应当专门考虑。所以有人把这一段归入过渡段，由机械约束过渡到空气约束，称为准半约束期。

按照现代系统设计的观点，把上述4个阶段统称为发射阶段，把导弹在这个段的运动轨迹称为发射弹道，在进行发射精度的研究时，不但把弹－架系统作为整体来研究，而且把导弹在发射过程中4个阶段的运动特性作为整体来研究。

3.1.3 研究内容、目的和方法

导弹及其发射装置在运输、发射过程中，承受复杂的振动冲击和噪声作用，也就是说承受复杂的动载荷作用，在振动力学中也称为载荷激励作用。发射过程的力学环境是指发射过程中，导弹及其发射装置所处的振动、冲击、噪声环境。这3项激励主要来源于导弹发射动力源、发射过程中导弹在发射装置上的相对运动和牵连运动引起的作用力以及阵风等自然环境作用。这3项激励的主要特征是作用时间短、覆盖频带宽并具有随机特征，故它们都是随机激励，其频带范围从几赫兹到几千赫兹。

发射系统的力学特征：发射过程中导弹和发射装置是相互制约、相互作用的不可分割的系统。因此，发射系统是指导弹－发射装置系统，简称"弹－装置系统"。由于导弹质量相对发射装置质量是不可忽略的，而且在发射过程中，导弹相对发射装置作快速运动，因此使系统内的质量分布随时间变化，这种系统称为时变系统，这是发射系统的力学特征。

综上所述，发射动力学属于随机激励作用下，时变系统的动力学问题。传统的刚体静力学设计方法显然不能满足要求，运用振动力学的理论和方法对发射系统作动态分析、动态设计和动态性能修改是研制现代弹－装置系统必不可少的步骤。

1. 发射动力学的研究内容

发射动力学研究以下 3 项内容：发射过程激励（输入）的分析、计算与识别；弹 - 装置系统（系统）的动态设计与分析；响应（输出）分析和动态性能修改。发射动力学研究的内容可以用图 3.2（a）表示，进一步抽象为图 3.2（b）的形式。

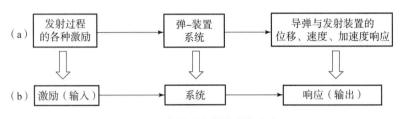

图 3.2　发射动力学的研究内容

激励、系统和响应三者是互相联系和相互制约的，其中两者一经确定，第三者即确定。

2. 发射动力学的研究目的和研究方法

1）研究目的

弹 - 装置系统在发射过程中受到不同频率的激励，根据激励的频率，可以将发射动力学分为两类问题：一类是低频激励作用下的发射动力学问题；另一类是中、高频激励作用下的发射动力学问题。

在低频载荷激励下，弹 - 装置系统如何避免共振，系统的位移响应和速度响应所造成的导弹的初始扰动是否超过允许范围。初始扰动指在导弹脱离发射装置的瞬间，导弹的实际弹道参数和理想弹道参数之间的偏差。在动载荷作用下，机械结构强度、寿命和可靠性能否满足要求。

在中、高频载荷激励下，弹 - 装置系统的仪表、电子接插件等设备能否达到要求的可靠性指标。如何对上述激励进行控制，如何合理地设计减振隔振措施。

2）研究方法

总体方案论证阶段：由于无法准确获得系统的物理参数，一般用简单模型估算所选方案能否避免共振，能否满足初始扰动要求。

技术设计阶段：应用 CAD 软件可以通过计算获得结构的质量、质心、转动惯量、刚度、阻尼等物理参数。因此，建立较复杂的模型，依此，可以对动载荷、动应力、动变形进行预估。在此阶段，对影响较大的构件进行动态分析计算，以满足响应特性要求。

在原理样机制造完成以后，通过测试可较准确地获得系统的物理参数，此时对系统建立尽可能准确的模型是必要的。在此基础上，运用响应分析和结构动态性能修改来优化系统，使其具有优良的响应特性。

3.1.4 发射精度

发射精度是指导弹在特征位置偏离理论弹道的程度和偏离的性质。导弹的特征位置一般选在起控点所在的空间位置。理论弹道是导弹在发射或飞行中不受干扰时的弹道，是理论值。理论弹道穿过特征平面上的点称为理论落点，这个点是理论上的交点，图3.3所示。在图3.3中，O_t 为散布中心；O 为理论落点；O_1 为发射点；1 是实际弹道；2 是平均弹道；3 是理论弹道；4 是特征平面。

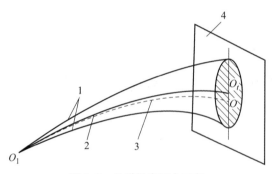

图3.3 导弹散布概念示意

由于发射和飞行过程的系统干扰和随机干扰，实际弹道不可避免地将偏离理论弹道。实际弹道与特征平面的交点将偏离理论弹道与特征平面的交点而产生偏差。由于随机干扰的存在，对同一个目标发射一组导弹，每发导弹的实际弹道也不相同，弹道的平均值叫平均弹道，平均弹道与特征平面的交点叫散布中心。散布中心相对理论交点的偏差是系统误差造成的，可以用修正的办法减小。各发导弹的实际弹道在特征平面的交点分布在散布中心周围。这种散布是由随机干扰造成的，因此其偏差的大小和方向只存在统计规律，可以用统计方法进行预计和控制。

起控点的散布并不直接决定导弹能否击中目标，因为导弹能否击中目标主要取决于制导精度。尽管如此，大多数导弹对起控点散布都有一定要求，不同的制导系统有不同的要求。例如雷达跟踪无线电指令制导系统，当发射精度不能满足要求时，导弹有可能不能进入雷达波束，即使能够进入雷达波束，在引导段，为纠正导弹过大的偏差需要较长时间才能过渡到制导段，从而限制了导弹杀伤区近界。

　　导弹在发射阶段的精度受两个因素的影响，即初始扰动与飞行扰动。导弹从定向器上完全脱离时的弹道偏差叫初始扰动。导弹在无控飞行中的弹道偏差叫飞行扰动。

　　引起导弹扰动的因素有两大类：一类是确定性的，对它们的规律和数值事先可以预测；另一类是随机性的，它们只有统计学中的数字特征。如果对这两类扰动不加控制，它们都可能使弹道在特征平面处的偏差和散布增大，使发射精度降低。发射动力学的研究在很长一个时期内，是为了预测系统偏差，以便进行瞄准修正，同时分析随机散布，以减小它的影响。但是，其后来转向利用初始扰动补偿飞行扰动的研究。人们不再认为初始扰动总是有害的，不再认为初始扰动越小越好。

1．影响初始扰动的因素

　　由于各种因素的影响，导弹在定向器上的运动姿态会受到扰动。在从定向器上滑离的瞬间，导弹的纵轴及质心的速度矢量不沿定向器轴线所确定的理论射向，并有一横向转动的角速度与频率。

　　影响初始扰动的因素有以下几个方面。

　　1）初始瞄准误差

　　初始瞄准误差是指导弹的实际瞄准线与理想瞄准线之间的偏差。瞄准角的变化（角转动）可以延伸成重要的弹道偏差。引起初始瞄准误差的影响因素很多，主要有：

　　（1）目标跟踪雷达、指挥仪和发射装置的标定误差，以及雷达和发射装置的调平误差；

　　（2）指挥仪的计算误差及随动系统的动态误差；

　　（3）定向导轨各导向面的平直度和平行性、导弹定向钮与导轨导向面间的配合间隙；

　　（4）瞄准机的空回量；

　　（5）作用于发射装置上的载荷不平衡所造成的瞄准线的变化。

　　2）弹－架系统的振动

　　弹－架系统的振动将使导弹产生非零的横向角度和角速度，是造成导弹散布的重要原因。许多学者曾用不同的动力学模型和分析方法对系统进行了大量的研究，有效地揭示了影响振动的各种因素，这些因素对振动影响的基本规律是相同的。当然，对不同的分析对象和条件，具体数据是不同的。这些因素包括：

（1）发射间隔和次序的影响。在多联发射装置中，改变导弹连续发射的间隔和次序可以把散布控制在一定范围之内。合理的发射间隔与弹－架系统的固有频率有关，应避开出现共振的区间，即要考虑发射间隔与弹－架系统固有周期的相容性。

（2）结构参数随机散布的影响。结构的刚度、惯性、地面刚度等的散布都影响系统的振动，造成初始扰动的变化。几乎所有的分析都指出，适当增加刚度可以减小初始扰动，但是这样做往往会使结构的质量增加，这一点在结构设计时是要注意的。

（3）激励因素随机散布的影响。火箭发射时，作用在弹－架系统上的激励因素有风载、推力大小的散布、推力偏心的方向与数量的散布、燃气流的作用、使自旋导弹质量分布不均匀的不平衡力、闭锁力等。这些载荷的作用点、方向及大小均是时间的函数，且随机波动，所以引起系统的随机振动。特别是燃气流的作用，会引起发射装置的振动，增大初始扰动，在多联发射装置中它是非常重要的影响散布的因素。此外，在管式或箱式定向器中，不对称的燃气流作用在导弹上也给予附加扰动。

（4）导弹在定向器上运动时跳动的影响。导弹发射时，如果在定向器上出现跳动现象，系统的振动就要增大，初始扰动也要增大。出现跳动的可能性与系统的刚度导轨导向面的不平直度、闭锁器切断时闭锁力的大小有关。

3）定向器的结构型式

导弹从不同时滑离的定向器上发射时，将出现头部下沉现象，使导弹产生一个横向角度和角速度。而导弹从同时滑离的定向器上发射时则无此现象。

当要尽量减少初始扰动角速度时，滑离长度可作为重要的参数来考虑。可选择适当的长度，以达到较高的精度。滑离长度的增加将使初始扰动角速度增加，但滑离长度增大到一定程度后，初始扰动角速度开始减小，或变化缓慢。在不同的滑离长度下，一组导弹中的每一发导弹的散布范围是不同的，有一散布最小的滑离长度存在。

导轨导向面不平直，会使导弹在上面运动时产生横向运动和转动，并引起弹－架系统的振动，增大初始扰动。

4）运动载体的影响

在运动中的载体（舰艇、飞机、火车）上发射导弹时，导弹的滑离速度和方向将要改变，这也会影响导弹的散布。

载体受海浪、大气或路面的影响，其运动是随机的，而载体的刚度一般是非线性的，而且也有散布，所以它所引起的初始扰动也有散布。

2. 影响飞行扰动的因素

在导弹滑离后的无控飞行中，造成散布的主要原因有：

（1）发动机推力偏心及总冲的不重复性；

（2）自旋导弹的质量分布不均匀；

（3）导弹的弹性变形，长细比大的导弹，当被约束在发射装置上时，弹体内储存有弯曲变形的能量，在飞行中的某个时间，尤其在燃料燃烧期间，如果能量释放出来，将引起导弹的振动，这将影响弹道的散布；

（4）横风、尾翼偏置等。

3.1.5　发射时的最小安全让开距离

导弹在定向器上运动时，由于有定向件的支承，它与定向器的各部位保持足够的距离，不致妨碍导弹的运动。但是，当导弹从定向器上滑离后，在重力及其他外力的作用下导弹会产生整体下沉和转动。同时发射装置的振动和跟踪运动、载体（舰艇、车辆）的牵连运动，会使定向器产生向上的位移。因此，导弹在定向器上空飞行期间，有可能与定向器相撞，妨碍导弹的正常发射。这种情况是绝对不允许的，因此设计时要作最小安全让开距离分析，从结构上保证二者不会发生碰撞。这也是发射动力学要解决的基本问题之一。

从解决导弹与发射装置相碰问题的需要出发，把导弹垂直定向器上表面的相对位移叫下沉量。导弹下沉量的产生，是重力、推力偏心和牵连运动作用的结果。从地面发射导弹时，重力是产生下沉量的主要因素。由于工艺水平的提高，一般推力偏心引起的下沉量较小。牵连运动的影响与发射基础（载体）的运动有关，也与发射装置跟踪运动有关。地面发射装置不在行进间发射时，只有跟踪运动的影响。这个值在发射瞬间一般不大，引起的下沉量较小。在初步计算时可以忽略推力偏心和牵连运动的影响，而取一个适当的系数予以考虑。舰面发射装置的牵连运动主要是摇摆运动，这个值较大，必须考虑它对下沉量的影响。发射装置振动使定向器的某些部位产生较大的位移，在计算下沉量时一般都应考虑它的影响。

为了使导弹下沉后不发生碰撞，应根据可能碰撞的危险部位和下沉量来确定需要的让开量，然后从结构上来保证这个值。危险碰撞部位可能是导弹的尾端、后定向件或尾翼，应根据实际结构分析确定。显然，定向器的让开量要大于导弹的下沉量，并保持必要的安全距离。

3.1.6 发射方式和动力学分析

对不同发射方式的弹－装置系统的发射动力学研究存在共性，但侧重点和建模方法有很大差异。目前发射方式种类很多，难以逐个加以分析，以下列举两种有代表性的发射方式进行介绍。读者可以参照所举的内容，结合具体情况对其他发射方式的弹－装置系统进行发射动力学分析。

1. 自力箱式倾斜发射的巡航导弹

自力发射又称为热发射，导弹发动机的推力使导弹从静止开始运动直至飞离发射装置。

图 3.4 所示是苏联早期的陆基车载自力箱式倾斜发射的巡航导弹（"SSC－1A"），尽管受苏联早期的技术水平所限，其性能与现代的巡航导弹相比有体积大、精度低等缺点，但其发射方式和结构形式与现代陆基巡航导弹并无大的差别。

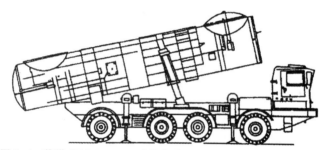

图 3.4 苏联 "SSC－1A" 陆基车载自力箱式倾斜发射的巡航导弹

2. 筒式垂直弹射的弹道导弹

弹射又称冷发射或外力发射，导弹在发射装置的动力装置的推动下运动直至飞离发射装置。

筒式垂直弹射的发射方式被广泛应用于近代的陆基机动弹道导弹，如美国 "MX" 导弹、俄罗斯 "白杨" 导弹等，如图 3.5 所示。这种发射方式也被广泛应用于近代的陆基和舰载防空导弹，如俄罗斯 "S300" 防空导弹。

3.1.7 发射过程的激励

确定发射过程作用于弹－装置系统的激励有以下方法：一是利用理论的或经过工程实践检验的经验公式进行计算；二是直接测量，如测量发动机推力、推力偏心、导弹的质量偏心、动不平衡和发射装置的闭锁力等；三是在模型和

图 3.5　陆基车载筒式垂直弹射的弹道导弹

相关参数已知，响应已知的基础上识别激励。本小节主要介绍各种激励的特性和它们对系统的作用。由于发射方式不同，激励有很大差别，以下将阐明其差别。

1. 与发射动力有关的激励

1）自力发射时导弹发动机的激励

由于构件加工误差和喷管出口截面燃气流的速度和压力不均匀，造成几何偏心和气动偏心，从而导致推力偏心。推力偏心的存在使推力不仅不通过质心，而且也不平行于弹轴。一般采用推力偏心距和推力偏心角表征推力偏心的作用。推力偏心引起的推力偏心距对弹 – 装置系统产生激励。

由于导弹发动机的燃烧不稳定而发生振荡燃烧现象时，压力波在发动机通道内往复振荡而造成推力脉动，如果这个振荡频率和弹体的纵向固有频率相同则产生共振。发动机的推力脉动会使弹体和发射装置部件产生振动，但是它的量值并不大。由于发动机的振荡燃烧是在发动机非正常工作状态下产生的，在发动机研制过程中应予以解决。

2）自力发射时燃气流的激励

导弹发动机在发射过程中喷出大量高温、高速燃气流，其温度为 1 500 ~ 2 500 K，压强为 0.01 ~ 1 MPa。燃气流对发射装置迎气面的冲击力是发射装置所受的主要载荷。对于多联装发射系统，连发过程中每发弹发射时燃气流冲击力的作用时间和作用点是影响次发弹发射时弹 – 装置系统振动参数的主要因素。正确地确定发射间隔和发射顺序可以优化燃气流冲击力的作用点和作用时间，从而优化系统的振动参数，提高发射精度。高温高速的燃气流在弹 – 装置系统周围一定的空间范围内对人员和设备会造成损伤，这个空间范围称为危险区。潜载、舰载和机载发射，地下井发射和陆基机动发射时燃气流的防护问题已成为武器设计中的关键问题之一。近年来弹射发射在上述导弹发射系统中得到广泛应用，主要原因之一是利于解决燃气流对人员和设备造成的危害。

3）自力发射筒内的引射流对导弹的激励

自力发射时，导弹发动机喷出的燃气流向筒尾部高速排出的过程中，会在筒内引发程度不同的引射流。引射流对在筒中运动的导弹的作用除了力以外还有绕质心的合力矩。由于当导弹完全脱离发射筒的约束时，尚未完全出筒，因此，引射流作用于导弹的力和力矩会造成导弹的初始扰动。同时滑离发射，导弹脱离约束以后，导弹的未出筒部分较不同时滑离发射时的导弹长，因此引射流对导弹初始扰动的影响也比较大。

4）弹射工质对弹－装置系统的激励

产生弹射力的工质在推动导弹运动时，作用于发射筒的后坐力是弹－装置系统所受的最大的动载荷。此外，弹射动力装置点火破膜过程产生的瞬态冲击激励也应予以注意。

5）发射筒口压力波的激励

弹射时，导弹尾部飞离发射筒口以后，发射筒内的高压气体即刻逸出，形成发射筒口压力波。发射筒口压力波是引起导弹初始扰动的因素之一。

6）弹射筒内喷流噪声的激励

弹射时，弹射动力装置产生的燃气以很高的流速流入发射筒，因此产生很强的喷流噪声。喷流噪声的强度取决于流速、喷口直径和喷流介质的性质。受此声场直接影响的导弹尾段会产生相当强的高频振动，其能量往往高于由机械力引起的振动能量，对导弹上的电子、压电、磁控元件等设备的可靠性有不可忽视的影响。

7）筒内燃气流对发射筒的激励

燃气流作用于发射筒壁的激励，是发射筒强度设计应该考虑的载荷之一。弹射时，燃气流对发射筒壁的激励更大，是弹射发射筒强度设计的主要载荷。

2. 与弹－装置系统运动有关的激励

1）倾斜发射导弹沿定向器运动产生的激励

倾斜发射导弹沿定向器运动，导弹的重力通过滑块（定心部、适配器）传递到定向器上，这是一个作用点随时间变化的动载荷，这个动载荷对系统会产生激励。

由于制造、安装误差和使用上的原因，定向器的导向面实际上不可能完全平直，导弹在不平直的导向面上运动，在垂直导向面的方向上出现起伏运动，从而产生一个随时间变化的惯性力，此力通过滑块、定向器作用于发射装置及导弹。提高定向器导向面的加工精度可以减小此惯性力。零长发射（含发射台垂直发射）时，由于导弹开始运动以后立即脱离发射装置，因此没有导向面不平引起的惯性力。

2）发射装置变速运动产生的惯性力的激励

地面发射装置攻击活动目标的弹－装置系统，有时需要对目标进行变速跟踪瞄准运动，从而对相应的结构产生惯性力。舰载、机载导弹由于弹－装置系统的载体的变速运动产生牵连惯性力。

3）作用于弹－装置系统的脉冲激励

发射前，导弹被闭锁器（又称牵制器）闭锁在发射装置上。发射时，当发射动力（自力或弹射力）大于闭锁力时，导弹开始运动。在解脱闭锁过程中导弹和发射装置都受到脉冲激励，由于解脱闭锁的方式不同，解脱闭锁过程对弹－装置系统的冲击也不相同。冲击可视为脉冲激励，会激起弹－装置系统振动。早期有的导弹发射系统要求很大的闭锁力，并且通过剪断销子等方式解脱闭锁，形成很大的脉冲激励，这不仅给发射装置的强度设计造成困难，增加了发射装置的质量，而且也有导弹被损坏的先例。合理的闭锁力的确定和闭锁装置设计可以避免解脱闭锁过程产生过大的脉冲激励。

电插头分离也会对弹－装置系统作用脉冲激励，但只要机构设计合理，此项载荷一般小于解脱闭锁过程的脉冲激励。

以上两项脉冲激励造成的峰值加速度通常为 $5g \sim 100g$，脉冲宽度为 $1 \sim 11$ ms。

在储运发射箱式发射的情况下，有些箱盖（如易碎盖）是靠导弹运动以后冲破的，在冲破易碎盖的瞬间，弹－装置系统所受到的脉冲载荷的大小与所用易碎盖的材料和尺寸有关，最好通过试验取得脉冲载荷的数值。

3. 风载荷

地面风载荷对待发状态和发射状态的弹－装置系统都是不可忽视的载荷。对于由发射台上垂直发射的弹道导弹，作用于其上的风载荷是待发状态下发射系统的主要载荷之一。

地面风的变化比较复杂，与季节、地点、时间、高度和地形有关，因此难以建立计算地面风的准确模型。一般情况下，利用大量的统计数据，建立统计模型是可行的。但是，在工程应用中统计模型过于复杂，通常是在统计模型的基础上再进行简化。风速方向可视为与地面平行，随高度变化。在固定高处，风速总是在某平均值附近平稳地变化。因此，把风速看成平移随机过程。平均风速作用的是静载荷，随机脉动风速作用的是动载荷。风载荷可由式（3.1.1）计算：

$$P = \sum Q_{pi} F_i \tag{3.1.1}$$

式中，P 为风载荷；Q_{pi} 为计算风压；F_i 为计算迎风面。

$$Q_{pi} = QC_x K_h \beta \tag{3.1.2}$$

式中，Q 为额定工作风压；C_x 为气动阻力系数；K_h 为风压随高度增加系数；β 为考虑阵风作用的动力系数。

$$Q = \rho v^2 / 2 \tag{3.1.3}$$

式中，ρ 为战技指标规定的低温下的空气密度；v 为风速。

静强度计算时 v 可以选用最大工作风速，当作动力学分析时 v 可以选用准定常风的风速（平均风速）。随机风的激励作用，通过随机风载荷谱密度予以考虑。随机风载荷谱密度的计算可参阅有关资料，在此不详述。

4. 冲击波和地震波

1）冲击波

常规弹头或核弹头的爆炸都会产生冲击波，从而对发射装置产生破坏。下面介绍核爆炸的冲击波及其对发射装置的激励。为阐明冲击波对发射装置的激励，首先应对爆炸冲击波作简单叙述。

（1）爆炸冲击波简述。

武器（常规武器和核武器）爆炸时，由于压缩周围的空气介质而产生空气冲击波，具体情况如图 3.6 所示。

冲击波前缘称为冲击波阵面，阵面后的球形区为压缩区（正压区），其间的大气密度和压力升高，物体若处在此区域内，将受到高压和高速流动的大气的作用。压缩区与爆炸中心之间为负压区，其压力和空气密度较未受爆炸影响时的大气低。以上是爆炸产生在自由空间（如空中）时的情况，若冲击波遇到障碍（如地面），则将由于反射而产生反射冲击波，与原冲击波叠加而使压力增加 2~3 倍。

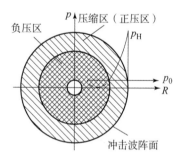

图 3.6　爆炸时大气的变化

爆炸影响区内某一点处大气的压力是随时间变化的，如图 3.7 所示。其中 p_0 是大气未受爆炸扰动时的压力，p_H 是冲击波阵面内的压力，$\Delta p_H = p_H - p_0$，称为超压。在压缩区，$\Delta p_H > 0$；在负压区，$\Delta p_H < 0$。τ 是冲击波阵面到达时间，t_+ 是压缩区（正压区）作用时间，t_- 是负压区作用时间。核爆炸冲击波防护一般只考虑空中爆炸和地面爆炸，在考虑核爆炸冲击波防护时，按空中爆炸和地面爆炸两个公式可判断出核爆炸是空中爆炸还是地面爆炸，然后按不同公式计算冲击波峰值超压。

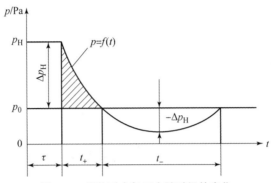

图 3.7　爆炸时大气压力随时间的变化

空中爆炸：$\bar{H} = \dfrac{H}{\sqrt[3]{W}} > 0.35$

地面爆炸：$0 \leqslant \bar{H} \leqslant 0.35$

式中，$\bar{H}$ 为相对爆炸高度；H 为爆炸高度（m）；W 为核武器 TNT 当量（kg）。

$$\Delta p_H = \left[0.84 \frac{\sqrt[3]{W}}{R} + 2.7 \left(\frac{\sqrt[3]{W}}{R} \right)^2 + 7 \left(\frac{\sqrt[3]{W}}{R} \right)^3 \right] \times 9.8 \times 10^2 \qquad (3.1.4)$$

式中，Δp_H 为峰值超压（Pa）；R 为发射装置至爆炸中心的距离（m）。

地面爆炸时，峰值超压为

$$\Delta p_H = \left[1.06 \frac{\sqrt[3]{W}}{R} + 4.3 \left(\frac{\sqrt[3]{W}}{R} \right)^2 + 14 \left(\frac{\sqrt[3]{W}}{R} \right)^3 \right] \times 9.8 \times 10^4 \qquad (3.1.5)$$

冲击波阵面的传播速度 v_H 为

$$v_H = 340 \sqrt{1 + \frac{\Delta p_H}{0.5 \times 10^2}} \qquad (3.1.6)$$

（2）爆炸冲击波对发射装置的冲击载荷。

图 3.8 所示为爆炸冲击波对发射装置作用的几个阶段的情况，图中给出了发射装置正面和背面所受的力随时间的变化规律。

当冲击波遇到发射装置或其他设备时，气流突然受阻，设备正面（迎向爆炸方向的垂直表面）受到空气的压力 Δp_1。图 3.8（a）表示冲击波到达时发射装置正面受的压力。其值为

$$\Delta p_1 = 2\Delta p_H + \frac{6\Delta p_H^2}{\Delta p_H + 0.686} \tag{3.1.7}$$

冲击波流过发射装置时，发射装置的上表面（所有平行于冲击波传播方向的表面）承受的压力等于冲击波阵面的峰值超压，即 Δp_H。图 3.8（b）表示冲击波流过上表面时，正面和上面的受力情况。由于与冲击波比较，发射装置的尺寸较小，未与发射装置接触的冲击波将继续传播，此时反射波阵面后气体的压力高于两侧冲击波阵面后气体的压力，气体由高压区很快流向低压区，使正面的压力 Δp_1 很快下降，正面的超压将减少一半，如图 3.8（c）所示，即

$$\Delta p_S \approx 0.5\Delta p_1$$

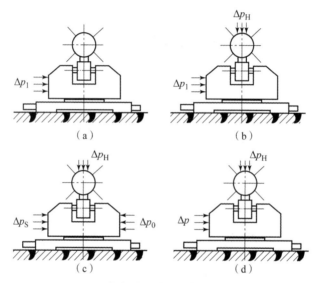

图 3.8　爆炸冲击波对发射装置的作用

（a）冲击波到达瞬时；（b）冲击波绕过侧面及流过上表面时；

（c）冲击波绕到背面后；（d）冲击波阵面全部通过后

当冲击波于时间 t_2 通过了侧面和上表面而开始到达背面时，作用于发射装置背面的超压逐步加大，当冲击波阵面后的稀疏波于时间 t_3 通过背面时，背面所受的超压达到最大值：

$$\Delta p_0 \approx \frac{2}{3}\Delta p_H$$

冲击波作用到发射装置上的载荷是随时间变化的，图 3.9 所示为发射装置所受压力与时间的关系，图中曲线 a 是正面受的压力，曲线 b 是背面受的压力。压力是由几个方面的作用力合成的，设计时应根据需要确定具体的计算方法。例如，计算局部的强度和稳定性，则按上述公式计算局部位置所受的压

力；若算整体受载，则应按不同时间将各方向作用力按图 3.8 所示进行合成，以得到最大或最不利载荷。应该注意的是，合成载荷的大小主要是由冲击波速度头的持续作用决定的，而不是由压力 Δp_1 的短暂作用决定的，合成压力的最大值可用下式求出：

$$p_{\max} = C_x q \qquad (3.1.8)$$

式中，C_x 为气动阻力系数；q 为冲击波速度头（Pa）。

$$q = \frac{2.5\,(\Delta p_{\mathrm{H}})^2}{\Delta p_{\mathrm{H}} + 6.86 \times 10^5} \qquad (3.1.9)$$

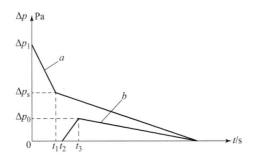

图 3.9　发射装置所受压力与时间的关系

作用在发射装置上的最大载荷为：

$$F_{B\max} = S_L p_{\max} \qquad (3.1.10)$$

式中，S_L 为发射装置受冲击作用的计算面积（m^2）。

需说明的是，有些国家在有关标准上，明确而具体地规定了发射装置在核战条件下应能承受的空气冲击波超压值，设计时可直接引用这些数据，而不必另行计算。

2）地震波

各种核武器爆炸可以引起地震。一种是在地面或地下爆炸点产生的瞬时超强高压直接引起地震，这种地震引起的地震波在到达需要防护的地下设备之前，在地层之间有折射和反射，破坏作用随着地下设备距爆炸点距离的增加而具有较快的衰减速度。另一种是在空中爆炸，在空气中运动的冲击波是诱发地震的另一个原因，这种地震波随着距离增加的衰减比较慢。

为了设计隔振设备，使地下设施免受核爆引起的地震波的损坏，需要对不同原因引起的核爆地震波的性能和数据有所了解，即从激励源到所需防护的设施的传递时间，地震的位移、速度、加速度和动应力的峰值以及上述变量随时间的变化规律。

仅依靠理论计算还不能满足工程设计要求的准确度，通过实际测试或参考有关资料，获取实测数据对理论计算进行修正，或建立半经验公式，是解决工程设计问题的可行途径。

3.1.8 弹－装置系统的动态设计与分析

动态设计的主要任务是在已知战术技术要求的条件下设计经济合理的系统，满足各项战术技术指标，其中也包括可靠性、发射精度、动强度、疲劳寿命等与动态性能有关的各项指标的要求。

动态分析是根据给定的系统，建立数学模型，然后进行系统的性能分析，检查响应和其他与动力学有关的状态变量能否满足技术要求。

经常称动态设计为动力学的反面问题，动态分析为动力学的正面问题。

尽管理论上提出了一些动态设计的方法，但用于解决复杂结构的动态设计问题还存在较大的困难，所以一般将动态设计问题转化为动态分析问题来处理。根据经验或参照已有的同类系统设计一个初拟系统，然后进行动态分析，把分析计算的结果与设计要求相比较，找出差距，修改初拟系统，再分析比较和修改直至获得满意的结果为止。

弹－装置系统的动态设计过程如图 3.10 所示，图 3.10 表明初拟系统设计时要用系统观点，在考虑动态性能的同时全面考虑战术技术条件提出的各方面要求，其中特别是导弹和发射装置之间的联系和相互制约关系。发射装置方案设计还要考虑机动性、火控和勤务使用方面的要求。

动态分析输入的主要参数如下：

（1）发射装置结构参数包括几何参数和物理参数，包括质量、质心、转动惯量、刚度、阻尼等；

（2）导弹结构参数包括几何参数和物理参数，包括质量、质心、转动惯量、刚度、阻尼、推力特性、推力偏心、质量偏心、动不平衡等；

（3）系统要求包括运输工具、导弹数量、射速、质量、尺寸观测和瞄准要求等。

动态分析的输出是系统响应，如导弹脱离约束瞬间的扰动角、角速度、质心速度、动反力、动挠度、振动频率、振动衰减时间等。

1. 发射动力学分析模型的建立

在完成图 3.10 所示的动态设计过程中，建立发射动力学分析模型是关键问题。

本小节所述的建模问题，是指建立理论分析模型。首先建立物理模型，即将实际系统简化成一个能够反映系统动态特性的结构简图。系统的固有动态特

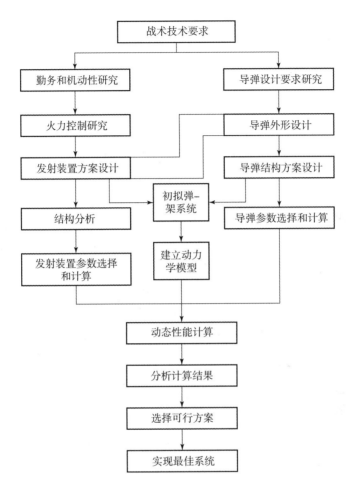

图 3.10　弹 – 装置系统的动态设计过程

性主要取决于系统的质量、刚度和阻尼的分布特性。系统响应不仅和系统固有动态特性有关，而且和激励（输入）有关。建立物理模型时，还要确定主要激励及其物理特性。发射动力学是一门应用科学，因此物理模型既要能准确地反映实际系统的动态特性，又要便于用力学和数学工具进行振动分析和数字仿真。为了建立能够较好地反映系统实际情况的物理模型，设计人员对系统结构和动态设计要求应有深刻理解。

2. 模型检验

运用物理和数学模型，通过计算机仿真，预示系统响应，有时对研制工作可以起指导作用。如何检验理论模型的分析误差，在工程设计中，受到技术人员的普遍关注。对模型的检验可分成两个阶段：第一阶段是指在原理样机制成以前用理论分析的方法检验理论模型；第二阶段是指通过对原理样机的测试结果检验理论模型。

1）第一阶段的检验方法

（1）将理论模型的数字仿真结果和将理论模型的阶数提高以后的仿真结果对比。如果差别在允许的范围以内，表明理论模型是准确的。

（2）求近似解析解，将近似解析解和数值解对比。如果两种解的趋势相同，一些特征点的数值相近，表明数值解有相当的可信度。

显而易见，上述两种方法都是用理论所求的数值检验理论模型，因此有一定的局限性。但在无法取得实测数据的条件下，也不失为可供选用的检验方法。

2）第二阶段的检验方法

（1）响应对比法。利用原理样机发射试验测试系统响应（如发射筒的振动参数、导弹的初始扰动参数、发射车底盘的振动参数等），将实测结果和理论模型的仿真结果对比，检验理论模型。此种方法在研制过程中已被广泛应用。

（2）模态分析法。首先检验系统固有动态特性，表征系统固有动态特性的是系统模态参数。系统模态参数是指系统的各阶振型（又称模态向量或特征向量）和各阶固有频率（又称特征值）。为检验系统固有动态特性，需要将原理样机通过试验模态分析得到的模态参数和利用理论模型计算所得的模态参数对比，如果在感兴趣的频段内模态参数的误差在允许的误差范围以内，则表明系统的结构模型能够反映实际结构的固有动态特性。利用现有的求特征向量和特征值的通用程序，可以求得理论的结构模态参数。为了求得原理样机的模态参数，需要选择一个已知的激励（如正弦激励、脉冲激励、随机激励等），通过信号发生器、放大器和激振设备施加于原理样机，与此同时，测试系统响应。在激励和响应已知的情况下，可以通过已有的通用模态分析软件，识别原理样机的模态参数。上述工作能够有效地检验系统的结构模型，除此以外，为使理论模型所求得的响应能够和实际系统响应相同，还需要检验激励模型。在原理样机的模态参数已知的情况下，通过测试原理样机在发射试验时的响应值，可以利用已有软件识别出原理样机在发射过程所受的激励，经过和理论的激励模型对比可以检验激励模型。

模态分析法比响应对比法能更深入地揭示理论模型和实际系统的差别，为修改模型提供更有利的依据，但模态分析法需要专用设备和软件。

3. 低频分析模型

根据激励的频率，可以将发射动力学分析模型分为低频分析模型和中、高频分析模型，这类模型主要用于建立弹 – 装置系统的模型。目前应用较多的是多刚体模型和刚柔耦合模型，这两种模型主要用于分析低频激励下的发射动力学问题，包括在发射过程中如何避免共振、控制振动引起的初始扰动和发射系统主要构件强度是否满足要求等问题。下面简述 3.1.6 小节中列举的两种发射方式的发射动力学分析模型的建立和求解。

1）自力箱式倾斜发射的巡航导弹

为不使数学模型过于复杂，将图 3.4 所示系统的物理模型作尽可能的简化，简化后的物理模型如图 3.11 所示。

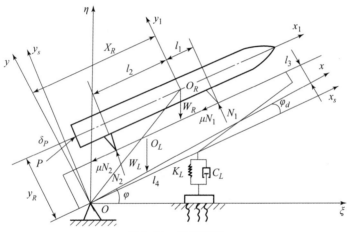

图 3.11 物理模型

（1）物理模型。

①发射箱和导轨固连为一体，在图中只画出导轨，其质量、质心和转动惯量等于发射箱和导轨复合结构的参数。

②发射箱的通气面积足够大，自力发射燃气流排导顺畅，不考虑发射箱内燃气流对系统的激励。又因为是单发发射，导弹出箱以后，燃气流对发射装置冲击引起的振动对导弹已无影响，所以也不考虑导弹出箱以后的燃气流冲击力。

③导轨平直，发射过程中弹、轨之间没有惯性力作用。

④车体因为采用 4 个刚度较大的千斤顶支承，视其为固连于地面的刚体，自由度为零。

⑤将弹 – 装置系统视为在射面内的平面系统。

综上所述，在全约束期导弹相对于导轨有一个移动自由度，导弹和导轨绕耳轴有一个俯仰转动自由度。

（2）数学模型。

分析时选用下列坐标系：

$O\xi\eta$ 为惯性坐标系，O 点在耳轴，上耳轴与海平面平行。

Ox_sy_s 为发射装置基准坐标系，表示发射装置的初始位置，φ 为高低瞄准角。

Oxy 为发射装置坐标系，固连于发射装置之上，最初与 Ox_sy_s 坐标系重合，振动时与发射装置一起运动，φ_d 为发射装置相对静平衡位置的扰动角。

$O_Rx_1y_1$ 为弹体坐标系，固连于弹体上，O_R 为导弹的几何中心初始平衡位置时 O_Rx_1 轴平行于 Ox_s 轴，发射过程中 O_Rx_1 轴与 Ox_s 轴夹角为导弹的扰动角 θ_d。

导弹质心及定向钮在这些坐标系中的位置可以根据图 3.11 确定。导弹质心在 Oxy 坐标系中的坐标为 (x_R, y_R)，开始位置为 (x_0, y_0)，在 Ox_sy_s 坐标系中的坐标为 (x_s, y_s)。

任意瞬时导弹质心 y 向的坐标为

$$y_R = y_0 \tag{3.1.11}$$

全约束期导弹的扰动角为

$$\theta_d = \varphi_d \tag{3.1.12}$$

由于 φ_d 较小，导弹质心在 Ox_sy_s 坐标系中的位置可近似写成

$$x_s = x_R\cos\varphi_d - y_R\sin\varphi_d \approx x_R - y_0\varphi_d, y_s \approx y_0 + x_R\varphi_d \tag{3.1.13}$$

将式（3.1.12）及式（3.1.13）对时间 t 求二阶导，得

$$\ddot{x}_s = \ddot{x}_R - y_0\ddot{\varphi}_d$$

$$\ddot{y}_s = \ddot{x}_R\varphi_d + x_R + 2\dot{x}_R\dot{\varphi}_d \tag{3.1.14}$$

$$\ddot{\theta}_d = \ddot{\varphi}_d$$

由于 φ_d、δ_P（推力偏心角）是微量，故在下面的计算中忽略这些量的二阶量。

作用于系统上的外载荷有：W_R 为导弹重力；P 为发动机推力；δ_P 为推力偏心角；W_L 为发射装置重力；$C_L\dot{\varphi}_d$ 为振动阻尼力，C_L 为阻尼系数；$K_L\varphi_d$ 为弹簧恢复力，K 为弹簧刚度系数。

各力的作用位置如图 3.11 所示。

（3）定向钮载荷的确定。

定向钮载荷是导弹在发射过程中作用在导轨上的力，它是进行发射装置强

度、刚度设计所必需的数据。下面研究发射过程中导弹的运动。N_1、N_2 为前、后定向钮载荷；F_μ 为摩擦力，$F_\mu = \mu\,(\,|N_1| + |N_2|\,)$，$\mu$ 是摩擦系数。此力作用于定向钮与导向面之间，平行于导弹的纵轴。于是导弹的运动方程为

$$m_R \ddot{x}_s = m_R (\ddot{x}_R - y_0 \ddot{\theta}_d) = P\cos(\delta_P + \varphi_d) - F_\mu \cos\varphi_d - W_R \sin(\varphi + \varphi_d)$$

$$m_R \ddot{y}_s = m_R (x_R \ddot{\theta}_d + 2\dot{X}_R \dot{\theta}_d + \dot{x}_R \theta_d)$$
$$= N_1 + N_2 + P\sin(\delta + \varphi_d) - F_\mu \sin\varphi_d - W_R \cos(\varphi + \varphi_d) \qquad (3.1.15)$$

$$J_{Rz_1} \dot{\theta}_d = N_1 l_1 - N_2 l_2 - M_\delta - F_\mu l_3$$

式中，m_R 为导弹的质量；J_{Rz_1} 为导弹的赤道转动惯量；M_δ 为推力对质心的力矩，称为推力偏心矩；φ 为发射装置的俯仰瞄准角。

根据假设，整个系统开始时是静止的，即处于静平衡位置。因此，当推力达到下列值时开始计算时间，即

$$P(t) = F_\mu + W_R \sin\varphi$$

所以，整个系统在 $t = 0$ 时导弹由静止开始运动，这一点作为解运动微分方程的初始条件。

用 l_2 乘式（3.1.15）的第 2 式两边，并令 $\sin(\varphi_d + \delta_P) \approx \varphi_d + \delta_P$，$\cos(\varphi + \varphi_d) \approx \cos\varphi$，再与式（3.1.15）的第 3 式相加，整理后得

$$l_0 N_1 = (m_R l_2 x_R + J_{Rx_1})\ddot{\theta}_d + 2m_R l_2\,\dot{x}_R\,\dot{\theta}_d + l_2(m_R\,\ddot{x}_R + F_\mu - P)\theta_d -$$
$$Pl_2\delta_P + M_\delta + F_\mu l_3 + W_R l_2 \cos\varphi \qquad (3.1.16)$$

式中，$l_0 = l_1 + l_2$。

同理可得

$$l_0 N_2 = (m_R l_1 x_R - J_{Rx_1})\ddot{\theta}_d + 2m_R l_1\,\dot{x}_R\,\dot{\theta}_d + l_1(m_R\,\ddot{x}_R + F_\mu - P)\theta_d -$$
$$Pl_1\delta_P - M_\delta - F_\mu l_3 + W_R l_2 \cos\varphi \qquad (3.1.17)$$

式（3.1.16）和式（3.1.17）是导弹在导轨上运动时定向钮载荷的计算公式。

（4）导弹运动参数的计算。

①导弹在全约束期内的运动参数。导弹前、后定向钮在定向器上运动的时期叫全约束期。这个时期的运动参数由式（3.1.12）、式（3.1.13）和式（3.1.15）确定。但 6 个方程中有 8 个未知数——x_s、x_y、θ_d、y_0、x_R、φ_d、N_1 及 N_2，需要再补充方程才能解出全部未知数。

导弹沿 x 方向的运动参数 x_R 及 $\dot{x}_R$ 受 φ_d 影响甚小，故略去此项。式（3.1.15）中第 1 式变为：

$$m_R \ddot{x}_s = P\cos\delta_p - F_\mu - W_R \sin\varphi_d \qquad (3.1.18)$$

由上式可以直接求解 $x_s(t)$ 值，解上述方程时可取摩擦力 F_μ 为常数，不

考 N_1 及 N_2 变化的影响，所得结果足够精确。下面建立补充方程，以便求解其余未知数。

导弹的振动规律由整个系统的运动方程求解。利用动量矩定理可建立这一方程。

发射装置绕固定轴转动，动量矩为

$$G_L = J_L \dot{\varphi}_d$$

式中，J_L 为发射装置对过 O 点的固定轴 z_s 的转动惯量。

导弹平面运动，对固定轴的动量矩为

$$G_R = J_{Rx_1} \dot{\theta}_d + x_s m_R \dot{y}_s - y_s m_R \dot{x}_s$$

所以系统动量矩对时间的导数为

$$\dot{G} = \dot{G}_L + \dot{G}_R = J_L \ddot{\varphi}_d + J_{Rx_1} \dot{\theta}_d + m_R (\dot{x}_s \ddot{y}_s - y_s \ddot{x}_s) \tag{3.1.19}$$

将式（3.1.12）～式（3.1.14）代入式（3.1.19）中，略去 φ_d 和 θ_d 的二阶小量，最后得

$$\dot{G} = (J_L + J_{Rx_1} + m_R x_R^2) \ddot{\theta}_d + 2m_R x_R \dot{x}_R \dot{\theta}_d - y_0 (P - F_\mu - W_R \sin\varphi) \tag{3.1.20}$$

现在求系统上的外力对 O 点的力矩，由图 3.11 可知

$$M^O = -K_L(\varphi_0 + \varphi_d) - C_L \dot{\varphi}_d - P(y_0 - \delta_P x_p) - M_\delta - W_R \cos\varphi(x_R - y_0\varphi_d) +$$
$$W_R \sin\varphi(y_R - x_R\varphi_d) - W_L\cos\varphi(x_L - y_L\varphi_d) + W_L\cos\varphi(y_L - x_L\varphi_d) \tag{3.1.21}$$

式中，φ_0 为系统处于平衡位置时弹簧的转角；x_L、y_L 为发射装置质心的坐标。

当导弹在发射装置上处于起始位置并且发动机未点火时，整个系统处于静平衡状态。这时的弹簧力矩应与系统的重力矩平衡，因此系统的平衡条件是

$$-K_L\varphi_0 = x_0 W_R\cos\varphi - y_0 W_R\sin\varphi + W_L x_L\cos\varphi - W_L y_L\sin\varphi \tag{3.1.22}$$

将式（3.1.22）代入式（3.1.21）中，得

$$M^O = -K_L\varphi_d - C_L \dot{\varphi}_d - P(y_0 - \delta_P x_R) - W_R\cos\varphi(x_R - y_0\varphi_d) +$$
$$W_R\sin\varphi(y_R + x_R\varphi_d) + W_R x_0\cos\varphi - W_R y_0\sin\varphi - W_L y_L\varphi_d\cos\varphi -$$
$$W_L x_L\varphi_d\sin\varphi - M_\delta$$

因为在静载荷条件下，发射装置不可能产生过大的位移，略去 φ_d 的作用，并将式（3.1.11）代入上式，得

$$M^O = -K_L\varphi_d - P(y_0 - \delta_P x_P) - W_R\cos\varphi(x_R - x_0) - M_\delta - C_L \dot{\varphi}_d$$

将式（3.1.13）代入上式，再和式（3.1.20）同时代入动量矩方程式之中，经整理后得

$$(J_L + J_{Rx_1} + m_R x_R^2) \ddot{\theta}_d = -2m_R x_R \dot{x}_R \dot{\theta}_d - C_L \dot{\theta}_d - K_L \theta_d - y_0(F_\mu + W_R\sin\varphi) +$$

$$Px_R\delta_P + M_\delta - W_R\cos\varphi(x_R - x_0) \tag{3.1.23}$$

上式中仅 x_R 及 θ_d 是未知数，解方程式（3.1.12）、式（3.1.13）、式（3.1.18）及式（3.1.23）就可得到导弹的运动参数。

②导弹在半约束期内的运动参数。导弹前定向钮已滑离，后定向钮仍在定向器上运动的时期叫半约束期，在半约束期 $N_1 = 0$。摩擦力仍认为平行于弹轴，且为已知的定值。但这时的摩擦力只有后定向钮处一项，忽略它的作用亦可。

$$(J_L + J_{Rx_1} + m_R x_R^2)\ddot{\theta}_d = -2m_R x_R \dot{x}_R \dot{\theta}_d - C_L \dot{\theta}_d - K_L \dot{\theta}_d - y_0(F_\mu + W_R\sin\varphi) + Px_R\delta_P - W_R\cos\varphi(x_R - x_0) - M_\delta \tag{3.1.24}$$

由式（3.1.16）中 $N_1 = 0$，得

$$(m_R l_2 x_R + J_{Rx_1})\ddot{\theta}_d = -2m_R l_2 \dot{x}_R \dot{\theta}_d - l_2(m_R\ddot{x}_R + F_\mu - P)\theta_d + Pl_2\delta_P - M_\delta + F_\mu l_3 - W_R l_2\cos\varphi \tag{3.1.25}$$

式（3.1.24）和式（3.1.25）含有变量 x_R 及 θ_d，同式（3.1.15）中第 1 式，或式（3.1.18）联立求解，就可得到在半约束期内导弹的扰动角 θ_d 及扰动角速度 $\dot{\theta}_d$、位移 x 及速度 $\dot{x}_R$。若以滑离时间代入，则得到火箭的滑离参数。

半约束期定向钮载荷由式（3.1.17）确定，即

$$l_0 N_2^n = (m_R l_1 x_R + J_{Rx_1})\ddot{\theta}_d + 2m_R l_1 \dot{x}_R \dot{\theta}_d + l_1(m_R\ddot{x}_R + F_\mu - P)\theta_d - Pl_1\delta_P - M_\delta - F_\mu l_3 + W_R l_1\cos\varphi \tag{3.1.26}$$

上述弹–装置系统在全约束期和半约束期的数学模型属于二阶常微分方程组，可以采用龙格库塔法用计算机求数值解。求解所得参数 N_1、N_2 等有关力和力矩的值可以为系统刚度、强度计算提供载荷。所得的导弹扰动角 θ_d 和扰动角速度 $\dot{\theta}_d$ 等系统状态变量可用于判别初始扰动能否满足武器系统的要求，通过 N_1、N_2、θ_d 和 $\dot{\theta}_d$ 的变化规律也可判别发射过程中系统是否产生了共振。

2）筒式垂直弹射的弹道导弹

筒式垂直弹射的弹道导弹如图 3.5 所示，弹–装置系统可分为发射筒、车和导弹 3 个刚体。导弹在全约束期具有一个移动自由度，在半约束期再加两个绕后定心部的转动自由度。发射筒具有一个垂直移动自由度和俯仰、偏航两个转动自由度。车体具有质心垂直移动和绕质心转动的自由度。每个自由度之间有等效弹簧和阻尼器相连，用于等效相关结构的综合刚度和阻尼。发射过程所受的动载荷根据"弹射"和"垂直"这两个发射特点参阅 3.3 节确定。

为了进一步提高分析精度，建立刚柔耦合模型有时是必要的。例如，将本小节中发射箱内的导轨视为连续弹性体，对精确地获得初始扰动值有时是有益

的。又由于大型导弹发射车一般长度在 10m 以上，把车架视为连续弹性体也有利于提高精度，对于全刚性支承的发射装置更是如此。

由于发射过程中弹 – 装置系统为时变系统，使用通用的多体动力学分析软件（MBD）尚不能完全解决发射动力学分析问题。将通用软件和自行设计的软件交互使用，是分析计算发射动力学问题的最佳方法，可以极大地缩短建模和分析周期，提高分析计算的可靠性，扩大软件的通用性。当前广泛应用的多体动学分析软件有 ADAMS、DADS、RecurDyn 和 SIMIPACK 等。为了建立刚柔耦合多体动力学模型，可以将有限元分析软件（FEA）和多体动学分析软件交互使用。目前已应用的有限元分析软件有 NASTRAN、ANSYS 和 ABAQUS 等。燃气流载荷的计算可以采用 FLUENT、CFX、STAR – CD 等计算流体力学（Computational Fluid Dynamics，CFD）的分析软件和多体动力学分析软件交互使用。

对于机电控制系统或流体传动控制系统，将 MATLAB、MATRIX 和 EASY 5 等软件和 MBD 交互使用，可以分析计算控制因素对发射系统的综合影响。

3.1.9　中、高频分析模型

弹 – 装置系统所受的激励在时域内如果是脉冲载荷（如闭锁器的解脱力，某些弹射情况下弹后活塞运动至筒口时的止动力和水下发射战略导弹时，导弹冲破筒口隔膜时的冲击力等），则经过对脉冲载荷的频谱分析可知，中、高频成分的贡献是不可忽视的，它对结构的影响程度是力的峰值和脉冲持续时间的函数。脉冲载荷有时可能使连接部位发生错位变形以致薄弱环节发生断裂，有时可能引起弹上仪表瞬时失灵。脉冲载荷的影响在弹 – 装置系统多刚体动力学分析模型中有时不能反映出来，这就需要建立局部的有限元模型进行分析。对脉冲载荷的作用主要应该从结构设计入手，将载荷控制在允许的范围内。

燃气射流噪声场不论对自力发射还是弹射都是不容忽视的。噪声场激励中的中、高频成分的贡献引起的振动已成为考核弹 – 装置系统对发射环境适应性的主要项目之一，特别对大型导弹和航天器更是如此。美国早在 20 世纪 60 年代已开始这方面的研究工作，国内在导弹、卫星和航天器的研制过程中解决声振问题也取得很大进展，但在机理和噪声场控制和相关结构响应分析和预示方面，目前尚存在较大差距，还有很多待进一步研究的问题。

解决燃气噪声场激励下设备的声振问题，首先应采用有效的措施降噪，控制声压，也就是说从减少激励入手。这方面的问题，在 3.2 节将予以介绍。下面仅就在噪声场激励下的响应分析计算和可能采取的防范措施作一些简要介绍。

噪声场激励下的发射动力学分析模型，一般应根据噪声场情况和弹－装置系统的薄弱环节建立局部模型，例如发射筒、导弹底部、导弹尾段和仪表舱等。

由于燃气噪声场频谱为 200 Hz ~ 8 kHz，高频激励产生的响应不容忽视，所以模型应该细化，有时可达到几千个自由度。因为噪声场的复杂性和易损结构的差异，很难建立统一的模型。目前可供使用的方法有统计能量法（SEA）和有限元分析软件。有限元法可用的频率上限可达 1 kHz。如果感兴趣的频段更高，大多采用统计能量法。

在已定的噪声场或脉冲载荷的激励下响应值超过允许的范围，采用以下措施可以降低响应值。

1. 单个设备和仪器的减振

（1）对单一频率的激励，减振器的固有频率应该避开激励频率，否则会引起共振，增大阻尼可以减小共振峰值，一般取减振器的固有频率小于激励频率。

（2）如果激励的频率范围很宽（噪声激励属于宽带激励），这时减振器有可能不能避开激励频率。为了避免在激励频率范围内出现过大的共振峰值，采用大阻尼减振器或不用减振器，而设法增大结构自身的结构阻尼。

（3）对于脉冲载荷，由于它的瞬变性能够引起冲击振动，为减小结构自身的结构阻尼。其能量需将冲击能量储存于减振器，然后缓慢释放，以减小其峰值。为此，这类减振器要求较小的刚度，随之而来的问题是位移相应地加大，故要求有足够的空间。设计时必须留够所需的空间，否则会发生结构干涉。位移过大时，另一个值得注意的问题是可能超出弹性元件的线性范围，超出以后减振效果将得不到保证。

（4）全面考虑各种状态的减振要求。发射状态、运输状态、飞行状态的激励情况有很大差别。振动响应一般有轴向，也有横向，设计中应避免顾此失彼。必需全面考虑各种激励情况的响应。

2. 整体减振

分别减振的主要问题是增加了仪器部分的质量，扩大了其占用的空间。许多仪器由于采用了减振器，结构质量大约增加了 1/3，位移的增大也增加了仪器舱空间的紧张程度。整体减振有时也可不加减振器而利用结构本身来隔离高频振动能量。仪器舱大多是圆筒形结构，这种结构的固有频率较高，如果有集中质量，壳体和集中质量之间会形成单自由度振动，并且振动只在集中质量附近出现。若在壳体和集中质量之间选择适当的等效弹簧和阻尼器，就有可能形成类似单一减振器的单自由度系统，而无须另加减振器。

3.1.10　响应（输出）分析和系统动态性能修改

响应（输出）分析和系统动态性能修改是指对系统进行优化，在满足动态响应要求的前提下，全面地满足战术技术指标的各项要求。经常采用以下 3 种主要方法。

1. 数字仿真试验

用理论模型进行大量的数字仿真试验，分析仿真试验结果，找出主要敏感参数。然后，通过改变敏感参数调整响应值，直至满足要求。这种方法的优点是在改变系统参数（含几何参数和物理参数）时，可以全面考虑其他各项战术技术指标的要求，因此，所得结果在工程上容易实现。此外，计算机技术的快速发展为大量进行数字仿真试验提供了有力的手段，在工程界已被广泛应用。

2. 根据振型图修改系统结构

不论是用理论模型进行计算模态分析，还是用原理样机做试验模态分析，都可以用动画形式做出各阶主振动形态。设计人员依据动画显示的各阶主振型能够找到结构的薄弱环节，而后设法加强，从而改变系统的动态性能。设计者首先关心的必然是最感兴趣的频段内的主振型，这种方法容易掌握且已被广泛应用。

3. 灵敏度分析和结构修改

根据设计要求，有时需要改变系统的固有频率，以避免发射过程中出现共振，有时需要减小初始扰动以满足发射精度要求。灵敏度分析将回答为达到设计要求，改变哪个参数（几何参数或物理参数）效果最为显著。其结果可用于指导数字仿真试验工作，减少试验次数。

设有函数 $f = f(X_i)$，X_i（$i = 1, 2, \cdots, n$）为设计变量，若

$$S_i = \frac{\partial f}{\partial X_i} \tag{3.1.27}$$

则 S_i 为函数 f 关于设计变量 X_i 的灵敏度。

例如：当 f_1 为某项模态参数时，

$$S_{1i} = \frac{\partial f_1}{\partial X_i} \tag{3.1.28}$$

显然，S_{1i} 表示某设计变量 X_i 对系统某项模态参数 f_1 的敏感程度，称为系统固有特性灵敏度。

又如 f_2 表示系统响应量（如导弹的初始扰动角、扰动角速度等）且

$$S_{2i} = \frac{\partial f_1}{\partial X_i} \tag{3.1.29}$$

S_{2i} 称为系统动态响应灵敏度，反映该项设计变量对某项响应量的灵敏程度。

为了满足响应值的要求，可以通过下列途径对结构进行修改：

（1）修改几何参数和物理参数，如加长或减短发射筒、改变结构质量和刚度分布规律，或用阻尼材料或阻尼器改变阻尼特性；

（2）采用隔振（控制振动传递）、吸振（利用吸振器转移能量）等措施。

除进行结构修改外，改变激励也可以改变响应值使其满足要求，如改变闭锁力或电分离机构的解脱力以及在弹 - 装置系统设计时可以改变的激励，但更多的激励难以通过发射系统来改变。因此，发射动力学研究侧重于发射系统结构的修改，以使响应值满足要求。

3.2　气体射流动力学基础

3.2.1　射流基本知识

1. 射流与射流动力学的基本概念

射流动力学是研究喷射流体在各种边界条件（含自由边界）下流动规律的学科，是流体力学的一个分支。

水从消防水龙头射出、空气从打气筒中冲出、针剂从注射器的针头中压出，以及喷灌农田的水从喷头中射出等，这种形式的流体流动统称为"射流"。它们与流体的一般流动的不同之处在于它们具有喷射成一束的流动特点。

《理论流体动力学》（L. M. 米尔思 - 汤姆森著）一书对射流的描述如下：忽略外力，并假设作二维运动的液体以自由流线 u_1、u_2（图 3.12）为界，这些流线将流动平面分成 A、B、C 3 个区域，运动的液体占据区域 B。如果 A、C 区域中没有液体，B 区域中的流动则为射流。同理，对气体射流而言，则是在 A、C 区域中可以有静止的或异速流动的气体。

因此，射流的一般定义如下：在孔口、管口、喷嘴和缝隙等出路中，靠压差或外力推动而流出的流体、气体和粉末等流动介质且喷射成束的流动形态。

射流流出后不受固体边界的限制，而在某一空间中自由扩张的喷射流动称为自由射流。严格地说，当环境空间中的介质温度、密度与射流介质的温度、密度相同时，才能称为自由射流。而当空间介质静止不动时，该射流称为自由淹没射流；当空间介质非静止时，则称为自由伴随流射流。不过，在工程实践中，只要射流喷向自由空间即可按自由射流处理，并不严格要求空间介质与射流介质的温度、密度完全相同。

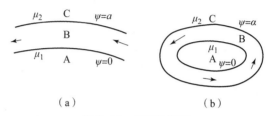

图 3.12　射流的界定

（a）无限延伸型；（b）封闭型（ψ 为流函数，α 为流动速度）

以牛顿运动定律为基本原理（主要指动量定律），研究射流运动规律的学科称为射流动力学。它包括各种射流在各种介质中运动的动力学问题，也包括射流与物体之间相互作用的动力学问题。

2. 射流的形成条件

图 3.13 所示是一个敞开式水箱的小孔出流，该出流就是一股射流。在孔口直径一定的情况下，其出流速度和射程（水喷射的远度）的大小均取决于箱内水面高度与孔口高度之间所形成的压差 [即 $\Delta p = r\Delta H = r(H-h)$，$r$ 为水的单位体积重量]。

图 3.14 所示是一个密闭充压水箱的小孔出流，当小孔的直径一定时，其出流速度与射程的大小均取决于充气压强与孔口外侧大气压强之差加上水柱高度 h 所形成的压强 [即 $\Delta p = (p_1 - p_2) + rh$]。

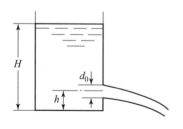

图 3.13　敞开式水箱的小孔出流

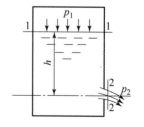

图 3.14　密闭充压水箱的小孔出流

图 3.15 所示是收缩喷管和拉瓦尔喷管两种火箭发动机喷管的燃气射流。火箭发动机的排气速度是发动机性能的一个重要参数，不管是哪种型式的发动机，其排气速度的大小，除装药的火药力 RT_0 外，均取决于喷管出口燃气压强与燃烧室压强之比（通常称为喷管的膨胀比）。膨胀比越小，排气速度越大，即意味着燃烧室压强与喷管出口燃气压强之差越大。

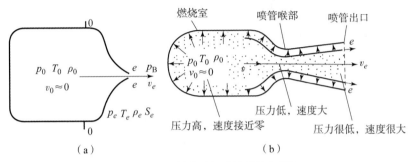

图 3.15　火箭发动机喷管的燃气射流

（a）收缩喷管；（b）拉瓦尔喷管

综上所述，可以总结出，形成射流的条件有两个：一为压差；一为通道（含通口）。

3. 射流的流动特点

图 3.16 所示为亚声速二维自由淹没射流的流动结构，除了它的流动结构参数可从图上直接看出外，从图中还可看出由喷口 b_0 喷出的射流，其外边界一直在不断地扩张，而几个典型截面上的速度分布（其实还有其他参数如温度、动压等气流参数）都有一种类似正态分布曲线的分布规律；再有就是所有速度矢量都平行于 x 轴，而无横向分速。

于是，可以把射流的流动特点总结如下。

1）边界层的出现及发展

实际射流的流动总是伴有这样或那样的边界层而发展的，毫无例外。这是因为凡是流体都是有黏性的，而黏性的存在又总会使射流流层之间（包括流层与静止层之间）发生黏连作用。此外，射流流动可以是层流，也可以是紊流，或二者兼有。但大多数实际射流都是紊流流动，而保持层流或形成紊流的关键点是临界雷诺数。层流射流的流层间，通过分子间动量交换、热量交换或质量交换而形成具有一定厚度的层流射流边界层。紊流射流中充满涡旋，它们在流动中呈不规则的运动，于是会引发射流流体微团间的横向动量交换、热量交换或质量交换，从而形成紊流射流边界层。综上所述，射流流动都伴有其边

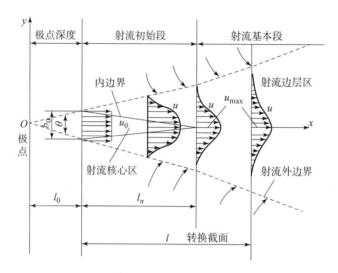

图 3.16　亚声速二维自由淹没射流的流动结构

界层的出现和发展。

2）全流场或局部流场气流参数分布的自模性

射流在其流动的进程中，不同截面上的气流参数分布彼此间保持一种相仿的关系，这种关系叫射流的自模性。对亚声速射流而言，整个流场都具有这种性质；对超声速射流而言，在流场的亚声速段以及在超声速段中的局部流区也都存在这种自模性。自模性的出现可溯源于射流主流与周围介质的掺混呈线性渐进性，而且在射流各截面上，射流主流与周围介质的混合长度沿射流宽度保持不变，但该长度与射流宽度成正比。其结果所反映出来的就是边界层的外边界及其初始段上的内边界一般都是斜直线，而参数在横截面上的分布彼此间呈无因次相似。

3）流场中横向分速被忽略

由于射流的喷射成束的特性，流场中的轴向分速要比横向分速大得多，所以射流分析计算中，一般都将流场中的横向分速忽略掉，亦即射流的轴向速度被视为射流的总速度。

4．工程中的射流现象

射流在工程中的出现和应用是非常广泛，如农田喷灌水射流、消防喷枪水射流、石油化工喷射泵（蒸汽的、液体的、气体的等）射流、航空航天器发动机喷气射流等。

工程中的各种射流都是带有一定能量的，有的甚至带有非常巨大的能量，如大推力运载火箭的发动机射流。这些能量有的被白白放弃，有的被完全利用，也有的只被利用了一部分，情况各异。但也有共同的方面，那就是凡是射流被射出，它们都同时产生与其所获作用力相等的反作用力，只是人们对这两种力的利用侧重点不同。此外，绝大多数射流，随着其产生都伴有分贝数较高或很高的射流噪声。这就是说，射流在被利用的同时，还会造成一定的环境污染，如果是高温射流，还有可能对周围的环境设备造成一定的热损、热蚀，所以有时要在利用射流的地方进行声防护和热防护措施。

如果按射流本身所负有的功能使命来看，大致可以分成下列几个大类的射流。

1）用来产生推力的喷气射流

在航空航天技术领域，大量使用火箭发动机、涡轮喷气发动机、冲压喷气发动机等反作用式喷气发动机。这些发动机所喷出的射流，从力学的观点来看，都是作为一种受力体而被使用的，当它们流出喷口以前，先是燃烧，受压缩而后膨胀，在整个过程中，一方面它作为受力载体把发动机燃烧室里加给它的力承受下来，形成了它的运动，另一方面它又把它所承受的力即时地反作用于施力体，于是就产生了推力，而它却在完成了产生推力的任务后，带着剩余的一部分能量（包括热能和动能等）从喷口跑到大气中自然地消失了，绝大多数情况下都是如此。有时它还会给周围的环境设备造成危害。

这一类射流，除出现在上述各种喷气发动机中外，尚可见于各种小型用来产生反作用力的动力装置中，如太空人行走装置，如图 3.17 所示。这种装置系缚于人体的适当部位，借助操纵阀按要求使充储于装置内部的压缩气从相应喷口喷出时产生反作用力，在它们不同的配喷下就可产生空间 6 个自由度的操纵力（3 个轴向力和 3 个轴向力矩），于是太空人就可以在太空中行走自如了。

图 3.17　太空人行走装置

此外，在日常生活中，用喷气反作用力产生直线或旋转运动的装置或儿童玩具也很常见。

2）用来产生前作动力的喷射流

在采煤工业生产中有一种剥离煤层的方法用到高压水射流；在许多机械工业生产中，有一种清除油污碎屑的方法用到高压喷射流（空气的或水混合液的等）；还有农田喷灌水射流，消防水射流，气焊、气割喷射流，冶金工业生产中的氧气顶（底）吹射流等。从力学、热学的观点来看，这些射流都是作为一种施力、施热载体而被使用的。它们在高压室内所承受的压力经管道、喷嘴（口）以较高的速度喷射出去，有的则需点燃，然后或近或远地完成以上所列的各种工作。这些射流本身都是一些工作介质。虽然在喷射的同时，它们也给喷射装置以反作用力，但这与前述欲获得推力的目的不同，在那里射流本身是无用的，而在这里却都是为了获得工作射流。

3）作为引射工作介质的引射流

前述喷气发动机的喷气射流，在流出喷口后就被废弃了。但在许多高性能飞机的喷气发动机上，已广泛采用了引射喷管。它是利用喷气流作为引射流，外部加装引射套管而构成的。这种喷管由于主流（喷气射流）的引射作用带动一环次流从主流气柱与引射套管之间流过。次流对主流起气垫作用，约束主流的膨胀。通过调节次流流量可以控制主流的流通截面积，使其达到或接近完全膨胀，借以提高总推力，其增益可高达15%。

其他如工业流体机械中作为无动力机械的气体增压装置引射器，也是用引射流的引射作用构设成的；航空工业中应用的引射风洞也是如此。这种引射流如果从力学的观点来看，既不同于在产生推力后被排放的喷气射流，也不同于完全用来产生前作动力的喷射流，它将部分能量传递给周围的流体介质，从而获得某种效能。

还有，在现代飞机的增升装置中，有一种吹（喷）气襟翼，如图3.18所示。飞机在起飞和降落时，为缩短滑跑距离装有襟翼，以达到在低速下增加升力的目的。但襟翼的放下有可能引发机翼尾部的气流分离，而吹（喷）气襟翼利用吹气流的引射卷吸作用，可避免气流发生分离。

再有，如通风机、吸尘器、石油工业中用的混合引射器等，都可以用引射流完成其功能。引射器的结构原理示意如图3.19所示。

4）液体燃料雾（膜）化射流

在热动力机械中，液体燃料的雾化一般都是将液体燃料高压通过喷嘴而形成雾化射流，而且一般都是旋转射流。雾化燃料与氧化介质掺混后可燃烧得较为完全。这种雾化射流需要根据特殊要求设计出各型喷嘴才能形成。一种离心式喷嘴示意及其形成的喷雾如图 3.20 所示。

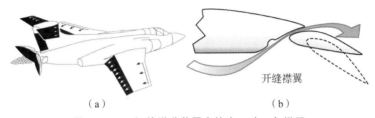

图 3.18　飞机的增升装置中的吹（喷）气襟翼

（a）在飞机上的布置；（b）原理示意

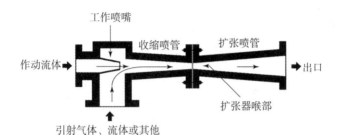

图 3.19　引射器的结构原理示意

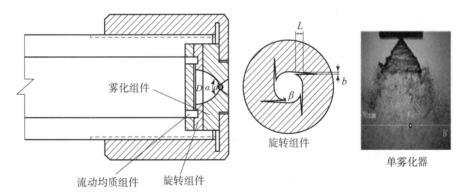

单雾化器

图 3.20　离心式喷嘴示意及其形成的喷雾

5）附壁射流

在射流控制技术中，当气（液）射流从射流元（器）件的喷嘴喷出时，若喷嘴两侧的壁板对称设置，则可形成附壁于两侧壁的射流，如图 3.21（a）所示；如果侧壁不对称，哪怕是微小的不对称，都会形成附壁于单侧壁的射流，如图 3.21（b）所示。它们统称为附壁射流。

射流技术正是利用射流的附壁效应及其切换（控制射流流动的方向，按规定要求改变射流贴附侧壁叫作射流的切换）技术制成各种产生控制信号的射流控制元件和射流阀，再由它们做成各种控制系统。

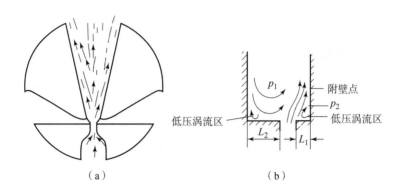

图 3.21 附壁射流

（a）两侧附壁射流；（b）单侧附壁射流

在热力机械中，某些高温零部件有时采用低温薄膜冷却方式，这时需要从被冷却零部件的壁面上沿斜切方向开孔，并从该孔向外喷射冷却液，冷却液在其周围流动工质的作用下，涂敷于零部件表面而完成其冷却作用，以保护零部件的表面免受热荷载或热冲击损伤。

本小节介绍了工程中很多形态的射流现象，目的是说明射流这一物质运动形态有很多实际工程应用价值，同时也说明射流的运动形式多种多样，它的动力学的研究内容是相当丰富的。

3.2.2 喷管流动的理论基础

根据射流的定义，射流的流动均始自一定的孔口、管口、喷嘴和缝隙等出路，而发射相关的射流大部分源自发动机的喷管，因此根据一定的初始和边界条件，确定喷管内的流动状态具有显著的工程应用价值，对于喷管形成的射流流动的分析而言，尤其关注喷管出口处的流动状态（是射流流动的边界条件）。

喷管内气体的流动是一种典型的一维定常流动，因此本小节从气体的一维定常流动出发，给出分析喷管流动的理论基础。

气体的一维定常流动是一种最简单的流动形态。它是指气流的物理量是某单一坐标的函数，如直管的轴线 x 的函数，或微曲管的曲轴坐标 S 的函数。但不管如何，这种流动都可概括为在垂直于流向的各截面上流动参数均匀且不随时间变化。例如，当把管轴取为 x 轴时，则有 $V = V(x)$，$\rho = \rho(x)$，$p = p(x)$ 和 $T = T(x)$ 等。实际上，这是忽略了垂直于管轴方向的速度分量及参数变化的结果。对于流动参数不均匀分布的流动，只要适当地取其平均值，则一维定常流动的结果仍是一种较好的近似。

在实际工程中，一维定常流动有广泛的应用场合。其主要的应用场合有：

（1）变截面管道中的流动。但要求这种管道符合以下条件：管道截面积变化缓慢、管轴线的曲率半径比管道直径大得多，有时还要求管长比管径大得多等。

（2）小长径比变截面等熵管流，如喷管或喷嘴流动。

（3）三维定常流动中沿微元流管的流动。

（4）等截面有管壁摩擦的一维定常流动，如高压容器外接直长管道中的流动。这种流动的两个极限情况是，绝热有管壁摩擦的一维定常流动和有管壁摩擦的等温一维定常流动。在求解实际问题时，接近哪种情况就按哪种情况求解。

（5）等截面无摩擦有加热（或冷却）的一维定常流动，如冲压发动机内冲压气流用燃烧室加热的流动。

（6）等截面加质管流，如固体火箭发动机中管状药柱的内表面燃烧流动，以及常见的气体支流入主流的流动等。

气体一维定常流动的数学处理及其所得结果是简单而明确的，而且非常便于了解可压缩气体的流动规律，这更增加了研究这种流动的实际意义。当然，它也有很大的局限性，如它无法分析旋涡运动等。

1. 气体一维定常流动的基本方程组

本小节的讨论假定气体是完全气体，忽略质量力并忽略气体的热传导作用。气体一维定常流动的基本方程有连续方程、动量方程（运动方程）、能量方程和状态方程，现分述如下。

1）连续方程

对定常管流而言，由质量守恒定律可得出，气体流经垂直于管轴的任何截面的质量流量都应该相等且为一个常数，于是有

$$\rho V A = 常数 \tag{3.2.1}$$

式中，$\rho = \rho(x)$，为气流密度；$V = V(x)$，为气流速度；$A = A(x)$，为垂直于管轴的管截面积。

将式（3.2.1）取对数而后微分得

$$\frac{\mathrm{d}\rho}{\rho} + \frac{\mathrm{d}V}{V} + \frac{\mathrm{d}A}{A} = 0 \tag{3.2.2}$$

式（3.2.2）即微分形式的连续方程。

当气流为不可压缩流时，$\rho = $ 常数，式（3.2.1）和式（3.2.2）被简化为

$$VA = 常数 \qquad (3.2.3)$$

和

$$\frac{dV}{V} + \frac{dA}{A} = 0 \qquad (3.2.4)$$

2）动量方程

现用动量定律导出动量方程。动量定律是作用于气体上的力的冲量等于该时间内气体动量的变化。参照图 3.22，在忽略质量力的条件下，按动量定律可列出

$$pAdt - (p + dp)(A + dA)dt - \Delta F_f dt = \rho V dt [(V + dV) - V]$$

式中，ΔF_f 为管壁作用于气体的摩擦阻力。

整理上式并略去高阶小量，可得

$$VdV + \frac{dp}{\rho} + \frac{\Delta F_f}{\rho A} = 0 \qquad (3.2.5)$$

上式可改写成工程上便于使用的形式如下：

$$VdV + \frac{dp}{\rho} + \frac{2fV^2}{d_h}dx = 0 \qquad (3.2.6)$$

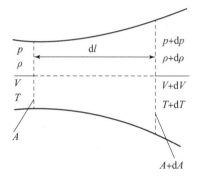

图 3.22　气流流经微元流管时的参数变化

式（3.2.6）中，f 为摩擦系数。对亚声速流，它主要取决于以管径为特征长度的雷诺数 Re 和管壁粗糙度，而马赫数 Ma 的影响可忽略，这时有 $f = \lambda/4$，λ 是不可压缩流的沿程损失系数。对于超声速流，影响摩擦系数 f 的因素较多，包括 Re、Ma 和紊流度等，通常在工程计算中根据具体条件取为某一常数。式（3.2.6）中的 d_h 为水力学直径。对圆截面的管道，其水力学直径即管径 d；对非圆形截面而言，可把它视为当量圆截面积而求出其水力学直径，此时，$d_h = \sqrt{4A/\pi}$，此处 A 为非圆形截面积。

分析式（3.2.5）可看出，该动量守恒的数学表达式只与动量变化和受力状态有关，而与气体的性质（如是否完全气体）和流动有无外加热量无关。

3）能量方程

在外界与气流有热量交换的情况下，一维流动的能量方程应写为

$$d\left\{\frac{V^2}{2} + h\right\} = dq \qquad (3.2.7)$$

或

$$d\left\{\frac{V^2}{2} + \frac{k}{k-1}\frac{p}{\rho}\right\} = dq \qquad (3.2.8)$$

式中，dq 为单位质量气体在单位时间内从外界所吸收（$dq>0$）或放出（$dq<0$）的热量。

式（3.2.7）的物理意义是，气流总能量的增加或减少，等于它从外界所吸收的热量或对外界放出的热量。

4）状态方程

$$p=\rho RT \tag{3.2.9}$$

以上 4 个方程式是一维定常流动的基本方程，其中 ρ，P，V，T 一般都是待求参数，要使方程组变得可以求解，则必须针对方程组中出现的 h，A，dq 和 F_f 等，根据具体的初始条件和边界条件列出它们的补充方程。

顺便指出，对定常绝热无摩擦流动而言，上述方程组中的动量方程式（3.2.5）变为 $VdV=-dp/\rho$，而由热力学第一定律知 $dh=dp/\rho$，对其积分即得能量方程，动量方程与能量方程合二为一，即著名的伯努利（Bernoulli）方程。

2. 气体的一维定常等熵流动

等熵流动是一种绝热无摩擦流动。由热力学可知，它是一种可逆的流动过程。研究等熵流动有实用价值，如求解喷管、喷嘴内的流动及某些喷射流动，以及其他在边界层之外的流动等。某些问题利用等熵流动求解可直接获得具有较高准确度的近似解，至少也可以给出流动参数的主要变化规律和趋势。

由前面导出的基本方程，考虑到在等熵条件下，原有的动量方程和能量方程二者只能被视作一个独立的方程，但这时引进了一个等熵关系式，于是等熵流动的基本方程组可直接写出如下形式：

$$\left.\begin{array}{l}(1)连续方程\ \rho VA=常数\\(2)动量或能量方程\ \dfrac{V^2}{2}+\dfrac{k}{k-1}\dfrac{p}{\rho}=常数\\(3)等熵方程\ p/\rho^k=常数\\(4)状态方程\ p=\rho RT\end{array}\right\} \tag{3.2.10}$$

对于式（3.2.10）中的第二式，当引入

$$h=c_pT=\frac{k}{k-1}RT=\frac{a^2}{k-1}=\frac{k}{k-1}\cdot\frac{p}{\rho}$$

后，还可写成如下多种形式：

$$
\left.\begin{array}{l}
\dfrac{V^2}{2} + h = 常数 \\[2mm]
或\ \dfrac{V^2}{2} + c_p T = 常数 \\[2mm]
或\ \dfrac{V^2}{2} + \dfrac{k}{k-1} RT = 常数 \\[2mm]
或\ \dfrac{V^2}{2} + \dfrac{a^2}{k-1} = 常数
\end{array}\right\}
\qquad (3.2.11)
$$

3. 一维定常等熵流动的 3 种特定状态

由等熵流动的能量方程可知，既然动能与焓的总和是一个常数，那么就有在某一常数下动能与焓二者之间的互相转化问题，此大彼小，反之亦然，这个过程中流速可从零达到某一有限的最大值。

1）滞止状态

该状态指气流被滞止，流速变为零，它是一种极限状态。在滞止截面或滞止点上的气流参数称为滞止参数，用脚注"0"表示，则有 p_0、ρ_0、T_0 和 a_0 等。显然，在滞止状态下，气流的动能全部转化为焓，即 $h_0 = c_p T_0$，它就是单位质量气体所具有的总能量。

对应式（3.2.11），滞止状态下的能量方程可表达为

$$
\left.\begin{array}{l}
\dfrac{V^2}{2} + h = h_0 = 常数 \\[2mm]
或\ \dfrac{V^2}{2} + c_p T = c_p T_0 = 常数 \\[2mm]
或\ \dfrac{V^2}{2} + \dfrac{k}{k-1} RT = \dfrac{k}{k-1} RT_0 = \dfrac{k}{k-1} \cdot \dfrac{p_0}{\rho_0} = c_p T_0 = 常数 \\[2mm]
或\ \dfrac{V^2}{2} + \dfrac{a^2}{k-1} = \dfrac{a_0^2}{k-1} = 常数
\end{array}\right\}
\qquad (3.2.12)
$$

2）最大速度状态

它是气流的另一极限状态，指气流中出现有压力下降为零的截面或点。从状态方程可看出，当 $p = 0$ 时，$T = 0$，亦即 $h = 0$。于是该点或截面上的流速达到最大值，这个速度称为最大速度 $V_{\max}$。这时所对应的能量方程为

$$
\left.\begin{array}{l}
\dfrac{V^2}{2} + \dfrac{k}{k-1} \cdot \dfrac{p}{\rho} = \dfrac{1}{2} V_{\max}^2 = 常数 \\[2mm]
或\ \dfrac{V^2}{2} + \dfrac{a^2}{k-1} = \dfrac{1}{2} V_{\max}^2 = 常数
\end{array}\right\}
\qquad (3.2.13)
$$

在该状态下，气流的热能全部转变为动能，亦即气体的分子运动全部停

止，显然这是不可能的，故实际上，V_{max} 是达不到的，它只是一个理论极限值，可用来表示气流总能量的数值大小。

3）临界状态

上述两种极限状态，一是速度为零，一是速度为最大。从式（3.2.12）和式（3.2.13）的最后一个方程可以看出，当 $V = 0$ 时，$a = a_0$（最大值），当 $V = V_{max}$ 时，$a = 0$。总而言之，气流中的当地声速 a 是随气流速度的变化而逆向变化的。因此可以设想在一维管流中总存在一个流速恰好等于当地声速的截面，即 $V = a$。这个截面称为临界截面，而这种状态称为临界状态。它之所以称为"临界"，正是因为气流在该截面前是亚声速流（$V < a$），而之后为超声速流（$V > a$），而亚、超声速流的特性又有显著的区别。临界状态或临界截面（或点）上的气流参数称为临界参数，一般用 p^*、ρ^*、T^*、V^* 和 a^* 等表示。实际上，$V^* \equiv a^*$，但各自具有特定的意义，所以仍分别标注使用。

对于式（3.2.11）中的最后一个方程，引入 $V = a = a^*$ 后有

$$\frac{V^2}{2} + \frac{a^2}{k-1} = \frac{k+1}{k-1} \cdot \frac{a^{*2}}{2} \tag{3.2.14}$$

因为有 $\dfrac{V^2}{2} + \dfrac{a^2}{k-1} = \dfrac{1}{2}V_{max}^2 = \dfrac{a_0^2}{k-1} =$ 常数，如果用 $\dfrac{1}{2}V_{max}^2$ 除上式中的 $\dfrac{V^2}{2}$，用

$\dfrac{a_0^2}{k-1}$ 除 $\dfrac{a^2}{k-1}$，则得

$$\frac{V^2}{V_{max}^2} + \frac{a^2}{a_0^2} = 1 \tag{3.2.15}$$

式（3.2.15）表示的是 $V - a$ 平面上第一象限中的四分之一椭圆，如图 3.23 所示，它被称为等熵椭圆。因为 $V \geq 0$，$a \geq 0$，故其余四分之三椭圆并不存在。由公式和图都可看出，当速度从零增大到 V_{max} 时，声速则从最大值下降为零。由此也可判断出，在变化中间必有一个气流速度 V 等于当地声速 a，它恰好相当于图 3.23 中第一象限的等分线与椭圆相交之点，此点处 Ma = 1，即 $V = a$，而这具有特定意义的 V 和 a 就分别称为临界速度 V^* 和临界声速 a^*。

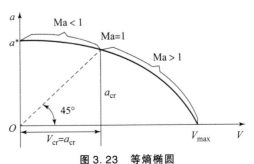

图 3.23　等熵椭圆

4. 一维定常等熵流动参数的各种常用关系式

在一维定常等熵流动中，滞止参数具有重要的物理意义，而且它们在流动的各个截面（或点）上都保持为常数。所以一维定常等熵流动的常用公式一般都用各滞止参数与相应的当地参数的比值并以马赫数（Ma）为自变量进行推导。

1）气流速度与 T/T_0，p/p_0 和 ρ/ρ_0 的关系

可由下面 3 个公式：

$$\frac{V^2}{2} + h = h_0; \quad h = c_p T; \quad h_0 = c_p T_0$$

直接导出

$$\frac{T}{T_0} = \frac{h}{h_0} = 1 - \frac{V^2}{2h_0} \tag{3.2.16}$$

根据等熵关系式和理想气体的状态方程可得

$$\frac{p}{p_0} = \left(\frac{T}{T_0}\right)^{\frac{k}{k-1}} = \left(1 - \frac{V^2}{2h_0}\right)^{\frac{k}{k-1}} \tag{3.2.17}$$

$$\frac{\rho}{\rho_0} = \left(\frac{T}{T_0}\right)^{\frac{1}{k-1}} = \left(1 - \frac{V^2}{2h_0}\right)^{\frac{1}{k-1}} \tag{3.2.18}$$

由以上各式可知，当 V 减小时，p，ρ，T 均增大，而且压强增加最快，密度次之，温度最慢；当 V 增大时，p，ρ，T 均减小，而且压强降得最快，密度次之，温度最慢，其变化关系如图 3.24 所示。从公式和图 3.24 可看出，在一维等熵流动中，随着流速的增加，气体将发生膨胀。

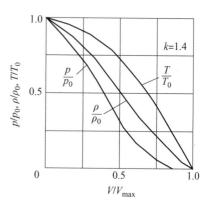

图 3.24　T/T_0，p/p_0，和 ρ/ρ_0 随 V/V_{max} 的变化关系

2）临界状态下气流速度与 T^*/T_0，p^*/p_0 和 ρ^*/ρ_0 的关系

在临界状态下，$V = V^*$，$a = a^*$，而且 $V^* = a^*$，将它们引进含 a_0^2 项的滞止状态能量方程可得

$$\frac{a^{*2}}{a_0^2} = \frac{2}{k+1} = \frac{T^*}{T_0} \tag{3.2.19}$$

于是有

$$\frac{p^*}{p_0} = \left(\frac{T^*}{T_0}\right)^{\frac{k}{k-1}} = \left(\frac{2}{k+1}\right)^{\frac{k}{k-1}} \tag{3.2.20}$$

$$\frac{\rho^*}{\rho_0} = \left(\frac{T^*}{T_0}\right)^{\frac{1}{k-1}} = \left(\frac{2}{k+1}\right)^{\frac{1}{k-1}} \tag{3.2.21}$$

空气的 $k = 1.4$，代入上面各式可得

$$\frac{T^*}{T_0} = 0.833 ; \frac{p^*}{p_0} = 0.528\ 3 ; \frac{\rho^*}{\rho_0} = 0.633\ 9 \tag{3.2.22}$$

前已述及，当速度增大时，p，ρ，T 均减小。对空气而言，当 p，ρ，T 从临界状态再减小，即意味着速度由临界声速继续增大，所以，当 $\frac{T}{T_0} < 0.833$，$\frac{p}{p_0} < 0.528\ 3$ 和 $\frac{\rho}{\rho_0} < 0.633\ 9$ 时，气流为超声速流。显然，当 $\frac{T}{T_0} > 0.833$，$\frac{p}{p_0} > 0.528\ 3$ 和 $\frac{\rho}{\rho_0} > 0.633\ 9$ 时，气流为亚声速流。所以式（3.2.19）～式（3.2.22）可用作判断一维定常流动是超声速流动还是亚声速流动的准则。

3）马赫数 Ma 数与 T_0/T，p_0/p 和 ρ_0/ρ 的关系

由 $V^2/2 + c_p T = c_p T_0$ 可得

$$\frac{T_0}{T} = 1 + \frac{V^2}{2c_p T} = 1 + \frac{V^2}{2} \cdot \frac{k-1}{a^2} = 1 + \frac{k-1}{2}\mathrm{Ma}^2 \tag{3.2.23}$$

于是

$$\frac{p_0}{p} = \left(\frac{T_0}{T}\right)^{\frac{k}{k-1}} = \left(1 + \frac{k-1}{2}\mathrm{Ma}^2\right)^{\frac{k}{k-1}} \tag{3.2.24}$$

$$\frac{\rho_0}{\rho} = \left(\frac{T_0}{T}\right)^{\frac{1}{k-1}} = \left(1 + \frac{k-1}{2}\mathrm{Ma}^2\right)^{\frac{1}{k-1}} \tag{3.2.25}$$

因为 $\frac{a_0}{a} = \left(\frac{T_0}{T}\right)^{\frac{1}{2}}$，所以有

$$\frac{a_0}{a} = \left(1 + \frac{k-1}{2}\mathrm{Ma}^2\right)^{\frac{1}{2}} \tag{3.2.26}$$

式（3.2.23）～式（3.2.25）是气体动力学中非常重要的常用公式，通常对不同的 k 值已将 T_0/T，p_0/p 和 ρ_0/ρ 或它们的倒数等以 Ma 为变量列成详细的数值表以备查用。这种表一般称为气动函数表。

4）λ 与 T/T_0，p/p_0 和 ρ/ρ_0 的关系

此处 $\lambda = V/a^*$，称为速度系数，它也是可压缩流动中具有重要作用的无量纲速度。因为绝热流的 a^* 是一个不变的常数，故引用 λ 有其方便之处。一是

λ 的变化与速度的变化成正比，二是当 Ma 趋近无穷大时，λ 却是个有限大值。λ 与 Ma 可相互转换，因为

$$Ma^2 = \frac{V^2}{a^2} = \left(\frac{V}{a^*}\right)^2 \left(\frac{a^*}{a_0}\right)^2 \left(\frac{a_0}{a}\right)^2$$

所以有

$$\lambda^2 = \left(\frac{k+1}{2}Ma^2\right) \bigg/ \left(1 + \frac{k-1}{2}Ma^2\right) \qquad (3.2.27)$$

而

$$Ma^2 = \left(\frac{2}{k+1}\lambda^2\right) \bigg/ \left(1 + \frac{k-1}{k+1}\lambda^2\right) \qquad (3.2.28)$$

由

$$\frac{V^2}{2} + \frac{a^2}{k-1} = \frac{a_0^2}{k-1}$$

等式两端乘以 $(k-1)/a_0^2$，并注意到

$$\frac{V^2}{a_0^2} = \frac{V^2}{a^{*2}} \cdot \frac{a^{*2}}{a_0^2}$$

即得

$$\frac{a}{a_0} = \left(1 - \frac{k-1}{k+1}\lambda^2\right)^{\frac{1}{2}} = \left(\frac{T}{T_0}\right)^{\frac{1}{2}} = \alpha(\lambda) \qquad (3.2.29)$$

而

$$\frac{T}{T_0} = 1 - \frac{k-1}{k+1}\lambda^2 = \tau(\lambda) \qquad (3.2.30)$$

$$\frac{p}{p_0} = \left(\frac{T}{T_0}\right)^{\frac{k}{k-1}} = \left(1 - \frac{k-1}{k+1}\lambda^2\right)^{\frac{k}{k-1}} = \pi(\lambda) \qquad (3.2.31)$$

$$\frac{\rho}{\rho_0} = \left(\frac{T}{T_0}\right)^{\frac{1}{k-1}} = \left(1 - \frac{k-1}{k+1}\lambda^2\right)^{\frac{1}{k-1}} = \varepsilon(\lambda) \qquad (3.2.32)$$

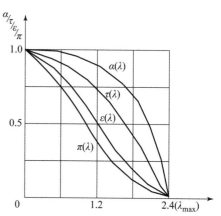

以上各式的曲线如图 3.25 所示。在工程计算中，上述关系也有制好的气动函数表可供利用。

图 3.25　以 λ 为自变量的气动函数曲线

5. 气流参数与管道截面积的关系

本小节讨论在绝热无摩擦一维定常流动中，当流通管道的截面积发生

变化（增大或缩小）时，各项气流参数将随之发生怎样的变化。

1）截面积变化对各气流参数的影响

绝热无摩擦一维定常流动微分形式的基本方程组如下：

$$
\left.\begin{array}{l}
连续方程\ \dfrac{\mathrm{d}V}{V} = -\dfrac{\mathrm{d}A}{A} - \dfrac{\mathrm{d}\rho}{\rho} \\[3mm]
动量方程\ V\mathrm{d}V = -\mathrm{d}p/\rho \\[3mm]
能量方程\ \dfrac{\mathrm{d}T}{T} + \dfrac{V\mathrm{d}V}{c_p T} = 0 \\[3mm]
状态方程\ \dfrac{\mathrm{d}\rho}{\rho} = \dfrac{\mathrm{d}p}{p} - \dfrac{\mathrm{d}T}{T}
\end{array}\right\}
\tag{3.2.33}
$$

将式（3.2.33）的动量方程改写为

$$
\frac{V^2 \mathrm{d}V}{V} = -\frac{\mathrm{d}p}{\mathrm{d}\rho} \cdot \frac{\mathrm{d}\rho}{\rho} = -a^2 \frac{\mathrm{d}\rho}{\rho}
$$

然后与连续方程联立即可解得

$$
\frac{\mathrm{d}V}{V} = -\frac{1}{1 - \mathrm{Ma}^2} \cdot \frac{\mathrm{d}A}{A}
\tag{3.2.34}
$$

再将式（3.3.33）的动量方程改写为

$$
\frac{V^2 \mathrm{d}V}{V} = -\frac{\mathrm{d}p}{kp/a^2}
$$

并与式（3.3.34）联立即可解得

$$
\frac{\mathrm{d}\rho}{\rho} = \frac{k\mathrm{Ma}^2}{1 - \mathrm{Ma}^2} \cdot \frac{\mathrm{d}A}{A}
\tag{3.2.35}
$$

将式（3.3.34）代入连续方程即可解得

$$
\frac{\mathrm{d}\rho}{\rho} = \frac{\mathrm{Ma}^2}{1 - \mathrm{Ma}^2} \cdot \frac{\mathrm{d}A}{A}
\tag{3.2.36}
$$

将能量方程的第二项改写为

$$
V^2 \frac{\mathrm{d}V}{V} \cdot \frac{k-1}{a^2}
$$

并将式（3.2.34）代入即得

$$
\frac{\mathrm{d}T}{T} = \frac{(k-1)\mathrm{Ma}^2}{1 - \mathrm{Ma}^2} \cdot \frac{\mathrm{d}A}{A}
\tag{3.2.37}
$$

因为 $\mathrm{Ma} = \dfrac{V}{a} = \dfrac{V}{\sqrt{kRT}}$，对它取对数然后微分得

$$
\frac{\mathrm{dMa}}{\mathrm{Ma}} = \frac{\mathrm{d}V}{V} - \frac{1}{2} \cdot \frac{\mathrm{d}T}{T}
$$

将式（3.2.34）和式（3.2.37）代入得

$$\frac{dMa}{Ma} = -\frac{2 + (k-1)M^2}{2(1 - M^2)} \cdot \frac{dA}{A} \tag{3.2.38}$$

式（3.2.34）~式（3.2.38）表明了管道截面积变化对气流参数的影响。其流动条件与影响趋势如图3.26（亚声速流）、图3.27（超声速流）及图3.28（亚声速、亚声速与超声速并存及超声速流）所示。

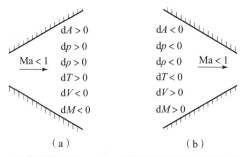

图 3.26 亚声速流（Ma < 1）管道截面积变化对气流参数的影响

（a）亚声速扩压管；（b）亚声速增速管

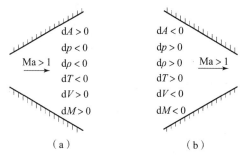

图 3.27 超声速流（Ma > 1）管道截面积变化对气流参数的影响

（a）超声速增速管；（b）超声速扩压管

关于管道截面积变化对气流参数的影响除图示的情况外，仍需再说明以下几点：

（1）同是扩张管道或收缩管道，在亚声速流和超声速流的不同情况下，管道截面积变化对气流参数的影响趋势是截然不同且完全相反的。如扩张管是亚声速流的扩压管，却是超声速流的增速管；同样，收缩管是亚声速流的增速管，却是超声速流的扩压管。

（2）造成上述根本区别的原因是气体的压缩性影响。在等熵流动中，由动量方程可知，不管是亚声速流还是超声速流，凡是气流加速时，必定引起压强下降。但当气体在管内作超声速加速时，气体密度的下降比速度的增加更为迅速，以致管道截面积必须不断加大才能保证整个管内的质量守恒 [参考图

3.28（a）、（b）]。

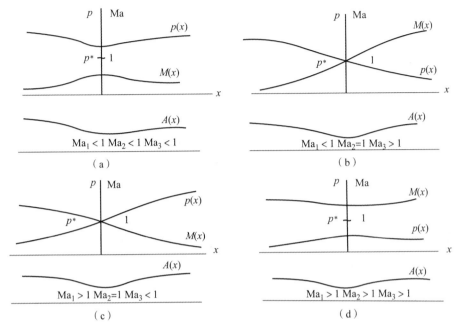

图 3.28　管道最小截面积上 Ma 与其上、下游气流参数的关联
（a）亚 - 亚声速喷管；（b）亚 - 临界 - 超声速喷管；
（c）超 - 临界 - 亚声速喷管；（d）超 - 超声速喷管

（3）声速截面 Ma = 1，即通常所称的临界截面。从式（3.2.34）~ 式（3.2.38）可看出，当 Ma = 1 时，要想使各项气流参数的增量不趋于无穷大（实际上都不可能趋于无穷大），只有 $dA = 0$ 才有可能。另外，当 Ma < 1 时，若要气流加速，则要求 $dA < 0$。根据 Ma = 1，$dA = 0$ 这一相关条件可看出，气流达到声速时，管道截面积必定最小，即声速截面必定是最小截面，通常叫作管道的喉部，也叫作临界截面或喷喉，如图 3.28（b）、（c）所示。在最小截面处，$Ma_2 = 1$，相应的 $p(x)$ 曲线经过 $p = p^*$ 点，$Ma(x)$ 曲线经过 Ma = 1 点。但是 $dA = 0$ 的截面不一定就是声速截面，即最小截面不一定就是声速截面。也就是说 $dA = 0$ 是气流速度达到 Ma = 1 的必要条件，但不是充分条件。这一点一定要概念清晰。因为 $dA = 0$ 时，纵然会使 Ma = 1，以及 $dp = 0$，$d\rho = 0$，$dT = 0$，$dV = 0$，$dMa = 0$ 等，但这只是就气流管道的几何形状来讨论管内气流参数的变化趋势，而最小截面处是否达到声速，还与管道进、出口的压强和速度条件即端部条件有关。例如，当进、出口压差不大时，如果进口 Ma < 1，则整个管内的流动可能都是亚声速的，最小截面处速度最大，即 $Ma_1 < Ma_2$，$Ma_3 <$ Ma_2，如图 3.28（a）所示，同样，当进、出口压差不大时，若进口 Ma > 1，则整个管内的流动可能都是超声速的，最小截面处速度最小，即 $Ma_1 > Ma_2$，$Ma_3 > Ma_2$，如图 3.28（d）所示，它们的 $p(x)$ 和 $Ma(x)$ 曲线并不分别经过 $p = p^*$ 和 $Ma = 1$ 点，而是在最小截面处，$p(x) \neq p^*$，$Ma(x) \neq 1$。

（4）流动在最小截面达到声速时，喉部附近的实际流动状况比较复杂，这要用轴对称流动（平面流动）理论才能对喉部的流动状况作进一步分析。

（5）要想产生超声速流，管道截面形状在亚声速段上应是收缩管，在超声速段上应是扩张管，而以声速处面积为最小。如图 3.29 所示，管道先收缩后扩张是产生超声速流的必要的几何条件。当然要产生超声速流，还必须在上、下游有足够的压强差，否则也是不可能的。这种喷管是 1889 年瑞典的蒸汽轮机设计师拉瓦尔（de Laval）发明的，称为拉瓦尔喷管。这种喷管在现代航空航天工业中应用非常广泛。

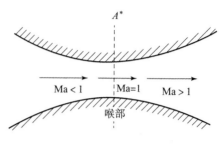

图 3.29　拉瓦尔喷管示意

2）一维定常等熵流动的面积比公式

在工程计算中，常遇到根据已知的管道截面积求气流参数，或者相反的情况，这可以通过面积比的公式来实现。

将连续方程写成

$$\rho V A = \rho^* V^* A^*$$

注意到 $V^* = a^*$，将上式进一步改写成

$$\frac{A}{A^*} = \frac{\rho^*}{\rho} \cdot \frac{\rho_0}{\rho} \cdot \frac{a^*}{a_0} \cdot \frac{a_0}{a} \cdot \frac{a}{V}$$

上式右边前 4 项都有以 Ma 表达的等熵关系式，而最后一项即 Ma^{-1}，所以可得

$$\frac{A}{A^*} = \frac{1}{Ma}\left(\frac{2}{k+1}\right)^{\frac{k+1}{2(k-1)}}\left(1 + \frac{k-1}{2}Ma^2\right)^{\frac{k+1}{2(k-1)}} \qquad (3.2.39)$$

只要管道上各截面的 A/A^* 已知，就可根据式（3.2.39）求得相应的 Ma 值。一旦求出 Ma 值，就可利用等熵关系式求出其余的气流参数值，如 p，ρ，T 等。如对应于临界参数 p^*，ρ^*，T^* 等，有

$$\frac{p}{p^*} = \left[\frac{2}{k+1}\left(1 + \frac{k-1}{2}Ma^2\right)\right]^{-\frac{k}{k-1}} \qquad (3.2.40)$$

$$\frac{\rho}{\rho^*} = \left[\frac{2}{k+1}\left(1 + \frac{k-1}{2}Ma^2\right)\right]^{-\frac{1}{k-1}} \qquad (3.2.41)$$

$$\frac{T}{T^*} = \frac{2}{k+1}\left(1 + \frac{k-1}{2}\mathrm{Ma}^2\right) \tag{3.2.42}$$

在应用式（3.2.39）时，要注意以下几点：

（1）式（3.2.39）虽然是按临界截面积求得的，但若最小截面处 Ma 并不为 1，而是一个大于或小于 1 的已知值，在这种情况下，只要流动是定常等熵的，式（3.2.39）仍可用。这时公式中的 A^* 不是临界截面积，而是最小截面积。

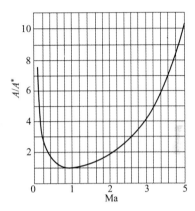

（2）由图 3.30 上的曲线可知，每一个 A/A^* 值都对应有两个 Ma，一个小于 1，一个大于 1，这要由进、出口的压力差条件来决定，而 $A/A^* = 1$ 对应于 Ma = 1。

（3）仅由 A/A^* 不能唯一确定管内的流动 Ma，还必须补充管道进、出口的压力条件，或在任意截面给出其他已知的补充条件。

图 3.30　拉瓦尔喷管的面积比
A/A^* 和 Ma 的关系

式（3.2.39）的面积比是对应 Ma 而建立的，如果将 Ma 转换成 λ，则有

$$\frac{A}{A^*} = \frac{1}{\lambda}\left[\left(\frac{2}{k+1}\right)\Big/\left(1 - \frac{k-1}{k+1}\lambda^2\right)\right]^{\frac{1}{k-1}} \tag{3.2.43}$$

其实，既然能以 Ma，λ 建立关系式，而 Ma，λ 又可以转换出等熵流动的其他参数，所以面积比公式还有其他一些形式，而且面积比所含的两个截面积也可以是任意的，于是就可以出现如下形式：

$$\frac{A_2}{A_1} = \frac{\mathrm{Ma}_1}{\mathrm{Ma}_2}\left[\left(1 + \frac{k-1}{2}\mathrm{Ma}_2^2\right)\Big/\left(1 + \frac{k-1}{2}\mathrm{Ma}_1^2\right)\right]^{\frac{k+1}{2(k-1)}} \tag{3.2.44}$$

$$\frac{A_2}{A_1} = \left\{\left[\left(\frac{p_1}{p_0}\right)^{\frac{2}{k}} - \left(\frac{p_1}{p_0}\right)^{\frac{k+1}{k}}\right]\Big/\left[\left(\frac{p_2}{p_0}\right)^{\frac{2}{k}} - \left(\frac{p_2}{p_0}\right)^{\frac{k+1}{k}}\right]\right\}^{\frac{1}{2}} \tag{3.2.45}$$

$$\frac{A_2}{A_1} = \left\{\left[\left(\frac{2}{k+1}\right)^{\frac{2}{k-1}} - \left(\frac{2}{k+1}\right)^{\frac{k+1}{k-1}}\right]\Big/\left[\left(\frac{p}{p_0}\right)^{\frac{2}{k}} - \left(\frac{p}{p_0}\right)^{\frac{k+1}{k}}\right]\right\}^{\frac{1}{2}} \tag{3.2.46}$$

6. 喷管的性能参数

喷管是一种依靠管道内壁几何形状的改变以加速气流并借以形成推力的气动力装置，它是一个很重要的发动机部件。通过对喷管的气动计算可求出一些喷管的，或者更确切地说发动机的性能参数，如喷管的排气速度（即喷管出口的气流速度）、喷管的排气流量等。这些参数都是计算反作用式喷气发动机

如航空喷气发动机和火箭发动机等的重要性能指标。

1）喷管的排气速度

这个速度的大小直接关系到反作用式喷气发动机的推力的大小，请参阅本书 2.2.3 小节。

由能量方程

$$\frac{V^2}{2} + \frac{k}{k-1} \cdot \frac{p}{\rho} = \frac{k}{k-1} \cdot \frac{p_0}{\rho_0}$$

并考虑到

$$\rho = \rho_0 \left(\frac{p_0}{p} \right)^{-\frac{1}{k}}, \quad \frac{p_0}{\rho_0} = RT_0$$

可直接解得

$$V = \sqrt{\frac{2k}{k-1} RT_0 \left[1 - \left(\frac{p}{p_0} \right)^{\frac{k-1}{k}} \right]} \tag{3.2.47}$$

这是喷管内与压强 p 相对应的任意截面上的气流速度。对出口截面而言，$p = p_e$（出口截面上的压强），$V = V_e$（排气速度），则有

$$V_e = \sqrt{\frac{2k}{k-1} RT_0 \left[1 - \left(\frac{p_e}{p_0} \right)^{\frac{k-1}{k}} \right]} \tag{3.2.48}$$

从上式可看出，RT_0（火药力）越大，V_e 越大；p_e/p_0（膨胀比）越小，V_e 越大；此外，k 值的变化对 V_e 的影响很小。

2）喷管的排气流量

如本书 2.2.3 小节所述，它也直接关系到发动机推力的大小。

考虑到

$$\rho = \rho_0 \left(\frac{p_0}{p} \right)^{-\frac{1}{k}}$$

和式（3.2.47）所示的 V，对喷管的任一截面来计算其单位时间流过的质量流量 $\dot{m}$，则有

$$\dot{m} = \rho V A = \frac{p_0 A}{\sqrt{RT_0}} \sqrt{\frac{2k}{k-1} \left[\left(\frac{p}{p_0} \right)^{\frac{2}{k}} - \left(\frac{p}{p_0} \right)^{\frac{k+1}{k}} \right]} \tag{3.2.49}$$

式（3.2.49）反映了流量与膨胀比的关系，对亚、超声速喷管都适用。

如果对喉部截面来计算流量，这时 $A = A^*$，$\frac{p}{p_0} = \frac{p^*}{p_0} = \left(\frac{2}{k+1} \right)^{\frac{k}{k-1}}$，则有

$$\dot{m} = \sqrt{k \left(\frac{2}{k+1} \right)^{\frac{k+1}{k-1}}} \cdot \frac{p_0 A^*}{\sqrt{RT_0}} = C p_0 A^* \tag{3.2.50}$$

式中，$C = \sqrt{\dfrac{k}{RT_0}\left(\dfrac{2}{k+1}\right)^{\frac{k+1}{k-1}}}$，为流量系数。

式（3.2.50）只是在喉部流速等于声速时才成立。$\dot{m}$ 取决于 RT_0，p_0 和 A^*。如果将 $\dot{m} = \rho V A$ 写成

$$\dot{m} = \frac{\rho_0}{\left(1 + \dfrac{k-1}{2}\mathrm{Ma}^2\right)^{\frac{1}{k-1}}} \cdot \frac{V}{a} \cdot \frac{a}{a_0} \cdot a_0 \cdot A$$

并且注意到 $\dfrac{a}{a_0} = \sqrt{\dfrac{T}{T_0}} = \left(1 + \dfrac{k-1}{2}\mathrm{Ma}^2\right)^{-\frac{1}{2}}$，则

$$\dot{m} = \rho_0 a_0 A \mathrm{Ma} \left(1 + \frac{k-1}{2}\mathrm{Ma}^2\right)^{-\frac{k+1}{2(k-1)}} = \sqrt{\frac{k}{RT_0}}\,\rho_0 A \mathrm{Ma} \left(1 + \frac{k-1}{2}\mathrm{Ma}^2\right)^{-\frac{k+1}{2(k-1)}}$$

$$(3.2.51)$$

式（3.2.51）就是流量与 Ma 的关系式。

如果对喉部截面计算流量，这时 $A = A^*$，$\mathrm{Ma} = 1$，则式（3.2.51）仍可转化成式（3.2.50）。

7. 喷管的流动特性

本小节只研究喷管的一维定常等熵流动特性。

1）收缩喷管

喷管截面积逐渐缩小以使亚声速气流不断加速的管道叫收缩喷管，如图 3.31 所示，接在高压容器壁壳上的收缩管道就是一个收缩喷管，其出口截面积为最小。这种喷管在航空喷气发动机上应用广泛。其内部及出口截面上的流动状态显然取决于高压容器内气体的状态（ρ_0，T_0，p_0 等）、喷口以外的气体状态（p_b 等）以及喷管的形状 $A(x)$。

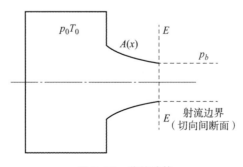

图 3.31　收缩喷管

图 3.31 中的 p_b 是喷口以外（不包括喷口）的环境压强，也称为背压、反压，一般就是大气压强 p_a，也可以是喷口外接的某一大容器内的压强（包括真空）。p_E 是出口截面上的压强（下标 "E" 表示出口截面参数），它一般不等于环境参数，只在某些特定条件下，出口截面的某些参数等于环境参数，如亚声速流中的压强。图 3.31 中，射流边界对无黏气流而言是一个切向间断面。该面两侧除压强必须相等外，其余参数可有任意的间断。当出口速度为亚声速时，由于亚声速流中不可能出现激波（法向间断面），故出口截面的流动必须连续，亦即必定有 $p_E = p_b$。至于其他参数，如温度、密度等则需视具体情况而定。如温差射流，自不待言，其出口温度和密度是不等于环境参数的。对低亚声速冷自由射流而言，由于其 ρ 可视为常数，它就可能等于环境参数，从而温度也等于环境参数。但对于高亚声速冷自由射流来说，由于其 ρ 是变化的，自然温度也要变化，而且都将不同于环境参数。

在收缩喷管的内部可以出现 3 种流动状态：

（1）亚临界流动状态。

此时在最小截面上的压强 p_E 等于 p_b，而且 $\mathrm{Ma}_E < 1$。相应地，其排气速度和排气流量用式（3.2.48）和式（3.2.49）即可分别求得。注意，式中 $p = p_E = p_b$，$A = A_E$。

（2）临界状态（壅塞状态）。

此时，$p_b = p^*$，$p_E = p_b$，$\mathrm{Ma}_E = 1$；相应地，其排气流量为

$$\dot{m} = \dot{m}_{max} = Cp_0 A^* = Cp_0 A_E$$

式（3.2.51）中，出口压强和截面积恰好等于临界参数。因为在出口截面上已经出现了 $V = a$，此时和此后若继续减小膨胀比（p_b/p_0）（保持 T_0，p_0 不变而减小 p_b），其质量流量不会再增加，因而此时的流量是最大流量，故称临界状态为壅塞状态或声速阻塞现象。这是因为在这种情况下，p_b 的减小已对出口截面之前的流动不再产生任何影响，当然也不会引起流量的改变。但若 T_0，p_b 不变，靠增大 p_0 而使 p_b/p_0 不断减小，直至 $p_b/p_0 < \left[(k+1)/2\right]^{k/(k-1)}$，但 Ma_E 仍保持为 1，由流量公式可看出，在此情况下，质量流量将随 p_0 成正比地增加。

（3）超临界状态。

此时，$p_b < p^*$，$p_E = p^*$，$\mathrm{Ma}_E = 1$；相应地，其排气流量仍为 $\dot{m} = \dot{m}_{max} = Cp_0 A_E$。

2）拉瓦尔喷管（收缩－扩张喷管）

拉瓦尔喷管是一种具有最小截面的收缩－扩张喷管，用来产生超声速气流，在飞机、火箭和导弹上应用广泛，在超声速风洞和超声速扩压器上也要用它。

　　拉瓦尔喷管的内部流动特性，大致可分为以下几种情况：

（1）收缩段 Ma < 1，扩张段 Ma < 1；

（2）收缩段 Ma < 1，最小截面处 Ma = 1，扩张段 Ma > 1；

（3）收缩段 Ma > 1，扩张段 Ma > 1；

（4）收缩段 Ma > 1，最小截面处 Ma = 1，扩张段 Ma < 1；

（5）喷管内有正激波等。

　　所有上述情况的决定因素都是喷管两端进、出口的压强比 p_b/p_0 和喷管内壁形状 $A(x)$，实际内部流动状况随压强比 p_b/p_0 的变化过程比较复杂，仅是收缩段 Ma < 1 的情况就有图 3.32 所示的某些流动现象和图 3.33 所示的各种流动状况。

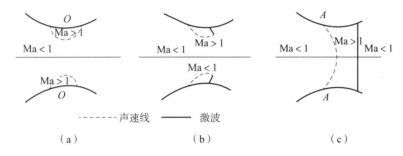

图 3.32　拉瓦尔喷管的某些流动现象

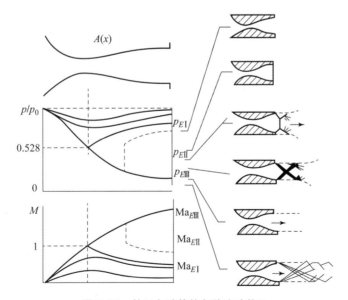

图 3.33　拉瓦尔喷管的各种流动状况

拉瓦尔喷管的收缩段，其流动状况与前述收缩喷管无异。因此，仍可将流动状态分为三大特定状态，即亚临界状态、临界状态和超临界状态。只是在超临界状态中，扩张段的流态是复杂的，但可以找出其中几个主要流态给以注意和研究。

（1）亚临界状态。

当 $p_b/p_0 = 1$ 时，管内无流动是自不待言的。当 p_b/p_0 略小于 1（增加 p_0 或减小 p_b 或两者都有），管内有所流动，但全管内 Ma < 1。由喷管进口到最小截面，Ma 逐渐增加，最小截面处 Ma 最大，但仍小于 1。随后经扩张段 Ma 下降直到喷口。当 p_b/p_0 进一步下降时，将在最小截面处首先达到声速。事实上，最大速度点最先发生在喉部壁面的凸点 O 处，而且随着 p_b/p_0 的不断下降，O 点附近逐步形成局部超声速区 [图 3.32（a）]，若此区继续扩大，则因局部超声速区受其下游亚声速流的压缩干扰而伴生出它的尾激波 [图 3.32（b）]。它们的最终发展将一方面使上、下壁面的超声速区相接，形成穿过整个截面的声速线 $A-A$ [图 3.32（c）]；另一方面使上、下壁面的尾激波相接，形成超声速区的正激波 [图 3.32（c）]。

在即将形成喉部的声速线时，亦即在即将达到临界状态之前，整个喷管还处于全亚声速状态，这时有 $p_b > p_{EI}$（临界状态所对应的出口压强，如图 3.33 所示），$p_E = p_b$，$Ma_E < 1$，喷管出口排气速度和流量仍可按式（3.2.48）和式（3.2.49）分别求得。

（2）临界状态（壅塞状态）。

喉部的当地速度达到了声速，亦即在最小截面处形成了声速线及其后面的超声速区。此时及此后，声速线上游的流态及气流参数（Ma，p/p_0，ρ/ρ_0 等）就不再随 p_b/p_0 变化了。工程上一般把临界状态时的全喷管流动全部视作亚声速等熵流动。这时有

$$p_b = p_E = p_{EI}, \quad Ma_{EI} < 1$$

$$\dot{m} = \dot{m}_{\max} = Cp_0A^*$$

此外，根据一维定常等熵流动的面积比公式可求出 Ma_{EI}，对此有

$$\frac{A_{EI}}{A^*} = \left(\frac{2}{k+1}\right)^{\frac{k+1}{2(k-1)}} \cdot \frac{1}{Ma_{EI}}\left(1 + \frac{k-1}{2}Ma_{EI}^2\right)^{\frac{k+1}{2(k-1)}} \tag{3.2.52}$$

当然，求 Ma_{EI} 时要给定 Ma_{EI}/A 值。有了 Ma_{EI} 还可求得 $(p_b/p_0)_I$：

$$\left(\frac{p_b}{p_0}\right)_I = \left(\frac{p_E}{p_0}\right)_I = \left(1 + \frac{k-1}{2}Ma_{EI}^2\right)^{\frac{k}{k-1}} \tag{3.2.53}$$

这就是说，对于给定的 A_E/A^*，只要 $p_b/p_0 = (p_b/p_0)_I$，则管内流动必然是

临界状态。$p_b/p_0 > (p_b/p_0)_{\mathrm{I}}$，整个管内流动为亚声速流动，最小截面处达不到声速；$p_b/p_0 < (p_b/p_0)_{\mathrm{I}}$，则喉部是声速截面，喉部下游出现超声速区，并在喉部与出口截面之间有正激波。这种情况下有：$p_E = p_b$，$\mathrm{Ma}_E < 1$。

（3）超临界状态。

在达到临界状态以后，扩张段的气流将随 p_b/p_0 的逐渐下降，先是为平衡进、出口压强比而出现正激波后移，接下来就是正激波移至喷管出口截面上。正是这时，喷管出口的压强为 $p_{E\mathrm{II}}$，而全管内自进口到出口的波前，气流为等熵流动，且在收缩段为亚声速流动，喉部出现临界截面，在扩张段为超声速流动。

当正激波恰好处于出口截面时，可以认为 p_E 为波前压强，而 p_b 为波后压强。因此，$p_E \neq p_b$，而且 $p_E < p_b$，$\mathrm{Ma}_{E\mathrm{II}} > 1$。这种情况称过膨胀状态。正因此时全管内流动为等熵流动，且喉部上、下游分别为亚、超声速流动，所以，仍可由面积比公式算出出口截面（波前）的 $\mathrm{Ma}_{E\mathrm{II}}$，即

$$\frac{A_E}{A^*} = \left(\frac{2}{k+1}\right)^{\frac{k+1}{2(k-1)}} \cdot \frac{1}{\mathrm{Ma}_{E\mathrm{II}}}\left(1 + \frac{k-1}{2}\mathrm{Ma}_{E\mathrm{II}}^2\right)^{\frac{k+1}{2(k-1)}} \quad (\mathrm{Ma}_{E\mathrm{II}} > 1) \quad (3.2.54)$$

由 $\mathrm{Ma}_{E\mathrm{II}}$ 可计算 $(p_E/p_0)_{\mathrm{II}}$：

$$\left(\frac{p_E}{p_0}\right)_{\mathrm{II}} = \left(1 + \frac{k-1}{2}\mathrm{Ma}_{E\mathrm{II}}^2\right)^{-\frac{k}{k-1}} \quad (3.2.55)$$

而 $p_{E\mathrm{II}}$ 与 p_b 之间的联系由正激波关系式确定：

$$\frac{p_b}{p_{E\mathrm{II}}} = \frac{2k}{k+1}\mathrm{Ma}_{E\mathrm{II}}^2 - \frac{k-1}{k+1} \quad (3.2.56)$$

于是有

$$\left(\frac{p_b}{p_0}\right)_{\mathrm{II}} = \frac{p_b}{p_{E\mathrm{II}}} \cdot \frac{p_{E\mathrm{II}}}{p_0} \quad (3.2.57)$$

至此，可作出以下几点论断：

①对于给定的 A_E/A^*，只要 $p_b/p_0 = (p_b/p_0)_{\mathrm{II}}$，则喷管内流动必定是正激波正处于喷口处的情况；

②若 $p_b/p_0 > (p_b/p_0)_{\mathrm{II}}$，则为喉部与出口截面之间有正激波；

③若 $p_b/p_0 < (p_b/p_0)_{\mathrm{II}}$，出口正激波蜕化为出口斜激波，且随 p_b/p_0 的逐渐下降，先是在喷口截面上出现"马赫结构"的激波系（图 3.33 右侧从上而下第三图），而后出现"X"形激波系（图 3.33 右侧从上而下第四图）；

④若 p_b/p_0 再下降，"X"形激波的强度逐渐减弱直至消失，这时斜激波已蜕化为马赫波。当出口斜激波刚好消失而蜕化为马赫波时，在出口截面上既无激波也无膨胀波。因此，$p_E = p_b$，而且 $\mathrm{Ma}_{E\mathrm{III}} = \mathrm{Ma}_{E\mathrm{II}} > 1$。该情况称为计算状态

或设计状态（图 3.33 右侧从下而上第二图），这是发动机工作产生推力最大的一个状态，是很重要的一个工作状态。这时有

$$\left(\frac{p_b}{p_0}\right)_{\text{III}} = \left(1 + \frac{k-1}{2}\text{Ma}_{E\text{III}}^2\right)^{-\frac{k}{k-1}} \tag{3.2.58}$$

从此可断言，对于给定的面积比 A_E/A^*，只要 $p_b/p_0 = (p_b/p_0)_{\text{III}}$，则管内流动必定是计算状态，整个流动，包括出口截面之外，都为等熵流动。当 $p_b/p_0 > (p_b/p_0)_{\text{III}}$ 时，则出口截面有斜激波；当 $p_b/p_0 < (p_b/p_0)_{\text{III}}$ 时，则出口截面产生膨胀波，气流通过膨胀波在出口外进一步加速（图 3.33 右侧自下而上第一图）。这时有 $p_E > p_b$，$\text{Ma}_E > 1$，该情况称为欠膨胀状态。

从以上讨论可看出，由给定的喷管截面积分布 $A(x)$ 和进、出口压强比 p_b/p_0，即可按面积公式和压强比常用公式确定出喷管流动的压强分布 $p(x)/p_0$ 和马赫数分布 $\text{Ma}(x)$。还可看出，当 $p_b/p_0 \leq (p_b/p_0)_{\text{II}}$ 之后，喷管内部流动参数如 $p(x)/p_0$ 和 $\text{Ma}(x)$ 等就不再随 p_b/p_0 变化了。

3.2.3 射流的计算方法

作为流体力学的一个分支，与流体力学一样，射流的研究方法主要有 3 种，即试验研究、理论分析和数值模拟，有时人们也将理论分析和数值模拟统称为理论分析或理论研究，这里理论分析指单纯使用流体力学基本理论研究射流的方法。

试验是自然科学的基础，理论如果没有实验的证明是没有意义的。力学是以试验为基础的科学，流体力学中绝大多数重要的概念和原理都源于试验。但是，试验往往受到模型尺寸、流动扰动、人身安全和测量精度的限制，有时可能很难通过试验方法得到结果。此外，试验还会遇到经费、人力和物力的巨大耗费及周期长等许多困难。

理论分析方法的优点在于所得结果具有普遍性，各种影响因素清晰可见，是指导试验研究和验证新的数值计算方法的理论基础。但是，它往往要求对计算对象逐项抽象和简化，才有可能得出理论解。对于自然界中普遍存在的非线性情况，只有极少数流动能给出解析结果。

作为数值模拟工具的计算流体力学（CFD）方法有效地克服了前面两种方法的弱点。CFD 的长处是适应性强、应用面广，其不受物理模型和试验模型的限制，计算周期短，经费投入少，灵活性高，很容易模拟那些试验中只能接近而无法实现的理想条件，并得到满足工程需要的数值解。当然，CFD 也存在一定的局限性，主要体现在对人员经验与技巧的依赖性和对计算机计算能力的高度依赖性上。但随着计算机计算能力的飞速发展，CFD 的计算精度和计算效率

已经有了显著的提高。

半个多世纪以来，特别是第二次世界大战末期以来，在火箭与导弹、航空与航天以及火炮武器等技术领域，经常遇到燃气射流问题，因此它在各种具体条件下的流场计算问题早为有关专业人员所关心。但由于它在很多情况下的流动结构极其复杂而且多变，给理论分析与计算造成了很大的困难与麻烦。因此，在燃气射流动力学发展早期（暂称它为第一阶段），除一些极其简单或被高度简化的射流可找到其理论计算方法外，一般以试验为主预估射流流场的参数及其对流经物体与周围环境的作用。

随着航空航天科技的发展，燃气射流动力学问题已到了急需更好地解决的时候，迫使人们不得不在某些限定条件下经过大量简化，从而提出一些较为系统的计算方法，但这往往会使计算精度大为降低。为弥补此缺陷，工程上往往尚需辅以较多的试验以对计算结果进行适当的修正。这种办法一般称为燃气射流的工程计算方法。这一时期称为燃气射流动力学发展的第二阶段。这个阶段的特点是计算与试验相结合，试验的目的是修正工程计算的算法和计算结果。

计算机和计算流体力学获得高度发展以来，燃气射流的某些问题可以用数值方法来计算求解，这时求解问题的范围和精度都有很大提高。这一时期称为燃气射流动力学发展的第三阶段。在这个阶段，虽然也需做一些试验，但其目的主要是验证计算结果。目前，该阶段仍在发展之中。

本小节简单介绍射流的工程计算方法和数值模拟方法。

1. 工程计算方法

尽管工程计算方法存在精度不高的缺点，而且一般总需辅以试验，但在某些尚不具备数值计算条件和尚不能通过试验解决问题的条件下，要想取得相关工程上的某些概略数据，以适应工程设计之需，燃气射流的工程计算方法仍不失为一种有效的、可资利用的方法和手段。

1）轴对称亚声速等温自由射流的工程计算方法

气体向无限空间喷射称为自由射流；形象地看，它是被淹没在无限空间的介质之中的，所以又称它为淹没射流。严格地说，射流所射向的空间中的介质应与射流介质相同，才能称为自由射流。但一般工程计算中，只要喷向无限空间，即便介质不同，也视为自由射流。这种射流一般都是呈现为紊流（湍流）流动。

（1）亚声速自由射流的流动结构。

如图 3.34 所示，气体以均匀速度 u_0 自喷口射出，由于它具有黏性和紊流横向脉动，故它在流动过程中不断地将周围的介质粘连和裹挟走一部分，亦即射流介质与周围介质二者不断发生质量和动量交换，结果是射流的质量流量和横截面积沿 x 方向不断增加，形成图 3.34 所示的锥形流场。一般认为喷口速度呈均匀分布，记为 u_0。由于周周介质的不断混入，均匀速度场呈现为图示的 $AO'D$ 三角形，称为核心区。这时 O' 点所在截面 $BO'E$ 便称为过渡截面或转捩截面。而自喷口截面至该截面的一段称为初始段，自该截面往后的一段称为主体段。图中 ABC 和 DEF 线均称为射流外边界或外边界线。而 AO' 和 DO' 线则称为内边界或内边界线。CA、FD 二线向后延长在轴线上的交点 O 称为射流极点。$\angle AOD$ 的一半称为极角，记为 α。整个流场除去核心区的部分均称为边界层。显然，核心区内轴心线上以及全区内的速度均为 u_0，而主体段轴心线上的速度则沿 x 方向（原点为 O）不断下降，且主体段完全为边界层所占据。

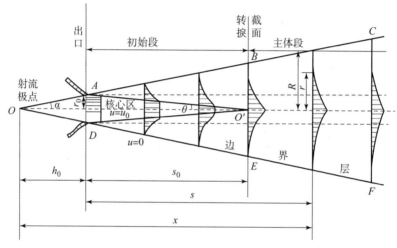

图 3.34　亚声速自由射流的流动结构

（2）流动特性参数计算。

①紊流系数 a。

紊流系数 a 是射流计算的一个关键参数，是具体表示射流流动结构的特征系数。它一般由试验确定，其值的大小与出口截面上的紊流强度有关，强度越大，则 a 值也越大。这说明射流与周围介质的混合能力强。其结果是使射流扩散角即极角 α 增大，因此被带动的周围介质增多，射流速度沿 x 轴的下降加快。此外，紊流系数 a 还与出口截面上速度分布的均匀性有关，对均匀分布射流，$a = 0.066$，若不太均匀，当 $u_{max}/\bar{u} = 1.25$（$\bar{u}$ 为平均速度）时，则 $a = 0.076$。

在工程计算中，a 的近似取值如下：

对于轴对称收缩喷管，$a = 0.066 \sim 0.071$，紊流强度和分布不均匀度小者取小值，大者取大值；对于圆柱形喷管，$a = 0.076 \sim 0.08$，取值原则同上。

a 对确定射流的几何参数起关键作用。参照图 3.34，此处所谓的几何参数指射流的外边界走向即外边界方程，射流极点深度 h_0，射流初始段长度 s_0 及射流内边界收缩角 θ。下面逐步找到它们的求解公式。

②射流外边界方程。

根据试验和理论得知，射流的内、外边界都可以认为是直线。从图 3.34 可看出，BO' 为过渡面上边界层的厚度（对轴对称射流而言，一般指圆截面半径 R），它与从 O 点计起的 x 成正比，亦即 $R = Kx$，此处 K 为外边界的斜率，在射流理论中，它是一个试验系数，对轴对称射流而言，$K = 3.4a$，而 a 是紊流系数，已如上述。

由图 3.34 可得

$$\tan\alpha = \frac{Kx}{x} = 3.4a \tag{3.2.59}$$

或

$$\alpha = \arctan 3.4a \tag{3.2.60}$$

式（3.2.59）或式（3.2.60）即射流的外边界方程。在工程计算中，通过极点 O 画极角为 α 的斜直线即得射流外边界。另外，外边界方程也可表示如下：

$$\frac{R}{r_0} = \frac{h_0 + s}{h_0} = 1 + \frac{s}{r_0/\tan\alpha} = 1 + 3.4a\frac{s}{r_0} = 3.4\left(\frac{as}{r_0} + 0.294\right) \tag{3.2.61}$$

若用 r_0 进行无因次化，又有

$$\overline{R} = \frac{R}{r_0} = \frac{h_0/r_0 + s/r_0}{h_0/r_0} = \frac{\overline{h_0} + \overline{s}}{1/\tan\alpha} = 3.4a\,\overline{x} \tag{3.2.62}$$

式（3.2.62）表明射流无因次半径与无因次距离成正比。

③射流极点深度 h_0。

由 $\tan\alpha = r_0/h_0$ 得

$$h_0 = 0.294\frac{r_0}{a} \tag{3.2.63}$$

④速度场的求解。

自模性函数的半经验表达式（以速度场的自模性函数为例）为

$$\frac{u}{u_m} = \left[1 - \left(\frac{r}{R}\right)^{1.5}\right]^2 \tag{3.2.64}$$

令 $\frac{r}{R} = \eta$，则式（3.2.64）简化为

$$\frac{u}{u_m} = (1 - \eta^{1.5})^2 \tag{3.2.65}$$

式（3.2.65）对初始段和主体段都适用，但在不同段上式中符号的意义有所不同。对初始段，参见图 3.34，式中：

r：边界层截面上任意点至内边界的距离；

R：同截面上的边界层厚度；

u：截面上边界层中 r 点的速度；

u_m：核心区速度，即 u_0。

对主体段，参见图 3.34，式中：

r：截面上任意点至射流轴心线的距离；

R：同截面上的射流半径（半宽度）；

u：r 点的速度；

u_m：同截面轴心线上的速度。

从式（3.2.64）或式（3.2.65）可看出，r/R 或 η 的值从内边界或轴心线到射流外边界的变化范围为 $0 \sim 1$，而 u/u_m 相应的变化范围为 $1 \sim 0$。利用式（3.2.65）可直接求出初始段上核心区以外流场各点的无因次速度。在此，$u_m = u_0 = $ 常数，已知 u_0 即可求得速度的真值。同理，可求主体段点的速度，但此段上的 u_m 是随 x 的增加而减小的，需要单独求解。

实际上，无因次速度的等速线就是一些由 A 或 D 点（对初始段而言）和由极点 O（对主体段而言）引出的辐射线。因为无因次速度取决于 η 值，而每一条射线上的 η 值都相等。

⑤ 轴心速度 u_m。

前已述及，当已知无因次速度值欲求流场的各点速度时，需知道 u_m 值。现根据动量守恒原理求解 u_m 的表达式。首先，亚声速射流流场各点的压强相等且等于周围介质的压强。这时，轴对称射流的动量守恒方程可这样表述，即射流出口的动量等于射流任意横截面（为简便起见，使用主体段上的横截面）上的动量，其表达式（参见图 3.34）为

$$\pi\rho r_0^2 u_0^2 = \int_0^R 2\pi\rho r_0^2 u^2 r \mathrm{d}r \tag{3.2.66}$$

以 $\pi\rho R^2 u_m^2$ 除上式两端，得

$$\left(\frac{r_0}{R}\right)^2 \left(\frac{u_0}{u_m}\right)^2 = 2\int_0^1 \left(\frac{u}{u_m}\right)^2 \frac{r}{R}\mathrm{d}\left(\frac{r}{R}\right)$$

利用式（3.2.65）可将上式右端的积分写为

$$\int_0^1 \left[(1-\eta^{1.5})^2\right]^2 \eta\mathrm{d}\eta = B \tag{3.2.67}$$

由于 η 是无因次量，积分上式可得

$$B = 0.046\,4$$

于是有

$$\left(\frac{r_0}{R}\right)^2\left(\frac{u_0}{u_m}\right)^2 = 2B = 0.0928$$

所以有

$$\frac{u_m}{u_0} = 3.28\frac{r_0}{R} = 3.28\frac{1}{\overline{R}} \tag{3.2.68}$$

将式（3.2.62）所表达的 $\overline{R}$ 代入式（3.2.68），可得

$$\frac{u_m}{u_0} = \frac{0.96}{a\,\overline{x}} = \frac{0.96}{0.294 + as/r_0} \tag{3.2.69}$$

或

$$u_m = \frac{0.96}{a\,\overline{x}}u_0 \tag{3.2.70}$$

式（3.2.70）说明，轴心速度 u_m 与无因次距离 $\overline{x}$ 成反比例变化。

⑥初始段核心区长度 s_0 及核心区边界（内边界）收缩角 θ。

如图 3.34 所示，核心区长度 s_0 可由式（3.2.69）或式（3.2.70）解出。因核心区端点 O' 处的速度仍为 u_0，而主体段轴心速度 u_m 在此点也恰好等于 u_0，所以 $a\,\overline{x} = 0.96$，但 $\overline{x} = \overline{h}_0 + \overline{s}_0$，而 $\overline{h}_0 = 0.294/a$，所以有

$$\overline{s}_0 = \frac{0.67}{a} \tag{3.2.71}$$

亦即

$$s_0 = \frac{0.67}{a}r_0 \tag{3.2.72}$$

而初始段内边界即核心区边界收缩角 θ 为

$$\theta = \arctan\frac{r_0}{s_0} = \arctan 1.49a \tag{3.2.73}$$

⑦主体段截面流量 Q。

以射流出口流量为基准，取无因次流量进行计算，这时有

$$\frac{Q}{Q_0} = \frac{2\pi\int_0^R ur\mathrm{d}r}{\pi r_0^2 u_0} = 2\int_0^{\frac{R}{r_0}}\left(\frac{u}{u_0}\right)\left(\frac{r}{r_0}\right)\mathrm{d}\left(\frac{r}{r_0}\right)$$

对上式引入

$$\frac{u}{u_0} = \frac{u}{u_m}\cdot\frac{u_m}{u_0}$$

和

$$\frac{r}{r_0} = \frac{r}{R}\cdot\frac{R}{r_0}$$

可得

$$\frac{Q}{Q_0} = 2 \frac{u_m}{u_0} \cdot \left(\frac{R}{r_0}\right)^2 \int_0^1 \left(\frac{u}{u_m}\right)\left(\frac{r}{R}\right) d\left(\frac{r}{R}\right) \qquad (3.2.74)$$

同前，将

$$\frac{u}{u_m} = (1 - \eta^{1.5})^2$$

代入式（3.2.74），则无因次积分项的值为 0.098 5，同时将式（3.2.69）所表达的 $\frac{u_m}{u_0}$ 和式（3.2.62）所表达的 $\frac{R}{r_0}$ 一并代入式（3.2.74），则得

$$\frac{Q}{Q_0} = 2.2 a \bar{x} = 2.2 \left(\frac{as}{r_0} + 0.294\right) \qquad (3.2.75)$$

或

$$Q = 2.2 a Q_0 \bar{x} \qquad (3.2.76)$$

式（3.2.76）说明，射流的截面流量是与无因次距离 $\bar{x}$ 成正比例变化的。这是因为主射流不断地从周围环境中吸入一部分介质。

2）射流对物体作用力的近似确定

火箭、导弹在采用自力发射时，不可避免地要出现燃气射流对发射装置和发射载体产生冲击载荷的情况，而在多数情况下，为了减小这种冲击载荷的危害而迎着射流加装导流器。这就引出了求解导流器所受作用力的问题。

（1）物体在正面迎面冲击下气动载荷确定的一般原理。

不管物体的形状多么复杂，只要物体相对气流方向的正面迎风面积并结合气流动压头在整个面积上的分布规律，那么，该物体垂直于气流方向的总气动载荷就可按下述办法计算出来。

轴对称燃气射流的动压头可以表示成 x 和 r 的函数，即动压头是沿射流轴线距离和环绕轴线的半径的函数。当 x 为某一确定值时，动压头仅是环绕轴线的半径的函数。如图 3.35 所示，设 F 是置于射流中的距喷口为 x 的某平板的正面迎风面积；O 点是射流轴线的投影；r 是从轴线引出的半径。由于动压头随 r 的变化规律已知，气流流动对平板的作用力随 r 的变化规律是已知的。设它们的关系式为 $\rho u^2 = q(r)$，则平板所受的总气动载荷为

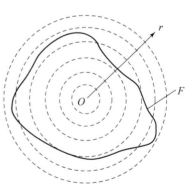

图 3.35　射流冲击平板时气动载荷的确定

$$p_0 = \iint_F q(r)\mathrm{d}F$$

若在射流中放置的是图 3.36 所示的锥形导流器，由于气流动压头是（x，r）的函数，当导流器表面上的动压头自 x_0（这时 x_0 可视为常数）往下仍能化为 r 的函数时，则锥体所受的总气动载荷仍可计算出来。此时 $\mathrm{d}F$ 仍是正面迎风微面积。若动压头化不成 r 的完整的连续函数，但可分成几个连续段，则可分段积分。除此之外，不管导流器表面的母线形状多么复杂，都可把它视作由很多层阶梯折线组成，这时每一层阶梯都对应一组相关的 x，r 和环形面积 f。因此，在每一环面上可求得一个平均动压头，以它乘以相应的环形面积则得该环面上的气动载荷。把各环面上的气动载荷加起来，就得到锥体导流器垂直于气流方向的总气动载荷。这时有下列计算式：

$$p_0 = \sum_{i=1}^{n} q_i f_i$$

式中，p_0 为锥体导流器的总气动载荷；n 为微环面的数目（包括中心圆在内）；q_i 为第 i 个环面上的平均动压；f_i 为第 i 个环面的面积。

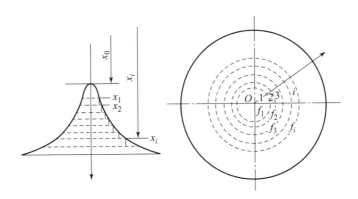

图 3.36　锥形导流器气动载荷的确定

如果导流器不是圆锥体而是多面锥体，只要仿照上述原理在每个锥面上求出各阶层的平均动压，然后乘以各相应阶层的面积，最后求和，仍可近似地求得总气动载荷。

如果要求板面的压力分布，可近似地将板面上各点的 ρu^2 乘以各点顺气流方向的切线与气流轴线夹角的正弦的平方。设夹角为 α_i，则各点上垂直于板面的压力为 $(\rho u^2)_i \cdot \sin^2\alpha_i$。还要指出的一点是，射流中物体的气动载荷随着距喷口距离的变化而变化。在某些情况下，气动载荷的最大值出现在某一定的距离或时间上，这就要求计算出不同距离上的气动载荷，从中找出最大值。

（2）典型导流器受射流冲击时气动载荷的近似计算法。

①单面楔形导流器表面作用力的确定。

图 3.37 所示是一种单面楔形导流器，其特点是气流最后以垂直于原来气流的方向导出。设发动机的推力 $p = mu$，此处 m 为燃气流每秒的质量流量，u 是燃气流的有效排气速度。对一定的火箭发动机，推力 p 是已知值，该力以气流冲击力的形式作用于导流器表面。表面直线段和圆弧段的水平分力和垂直分力分别按下列各式确定：

$$Q_1 = \frac{p}{2}\sin^2 2\omega; \quad R_1 = p\sin^2\omega \qquad (3.2.77)$$

$$Q_2 = p\cos\omega(1 - \sin\omega); \quad R_2 = p\cos^2\omega$$

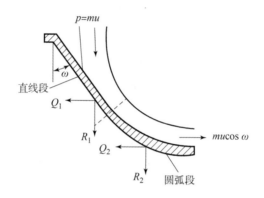

图 3.37　单面楔形导流器表面作用力的确定

有了这些力，再根据射流边界的尺寸，以及射流横截面上的动压分布规律，即可把它们分布在导流器表面的相应面积上。据此就可进行导流器的结构强度分析。

上面给出的是单面楔形导流器，因此，水平分力 Q_1 和 Q_2 将使导流器产生横移。为此，在使用中要对导流器进行约束固定。如果是双面楔形式，而且燃气流对称地作用在两面上，则横移力可互相抵消。

根据图 3.37 所给出的载荷计算原理，对多发动机（如 4 个）以及单发动机其燃气流从双面楔形的顶部对称地喷下等各种情况，都可以类似地确定导流器所受的载荷。

②双面楔形平直导流器表面作用力的确定。

图 3.38 所示是一种双面楔形平直导流器及其受力情况。在某些发射装置上，为减小燃气流对发射装置及其后方设备的冲击和烧蚀作用，有时采用这种导流器。按实际作用，也可称它为分流器。其特点是气流被一分为二，而且各

自折转的角度正好等于楔顶角的一半。其所受载荷的确定可按下述原则进行：

发动机推力分成两部分，分别作用在导流器的两个平直板面上。按公式即可算出 Q 和 R。注意这时要用 $p/2$ 代替原来的 p。同时，因为导流板面没有弯曲段，燃气流的部分，即 $(1/2)\,mu\cos\omega$ 沿板面一直冲向导流器的后部空间，可以把它看作对导流器不产生作用力，因此没有类似图 3.37 所示的 Q_2 和 R_2 诸分力。

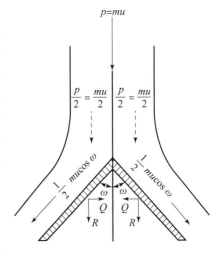

图 3.38　双面楔形平直导流器表面作用力的确定

2. 数值模拟方法

目前燃气射流的研究方法主要采用数值模拟方法，所以采用合适的分析模型和数值方法研究更符合燃气射流实际情况的流场，这仍然是重要的研究课题。篇幅所限，本小节仅对数值模拟方法作简单介绍。

燃气射流的计算方法大致可分为以下几种：特征线法、空间推进法、时间相关法和自适应网格法。用特征线法求解时，略去了黏性混合效应、化学动力学效应及两相流效应，控制方程简化为无黏双曲型方程，进而用特征线法求解。由于它只适用于双曲型方程，故应用受到了限制。20 世纪 70 年代末 80 年代初，燃气射流的计算大多采用空间推进法，用该法求解时，首先把Navier – Stokes 方程（简称为 N – S 方程）对应于流向坐标抛物化，得到抛物化的 N – S 方程。空间推进法对射流远场应用得很成功，但它无法模拟射流近场的复杂波系结构。时间相关法可直接对整个射流流场内的 N – S 方程进行数值求解，可以很好地模拟射流的近场流动，并可以对非定常流动进行计算，但它对计算机要求较高。自适应网格法适用于网格总数不变的情况，物理梯度大的地方网格能自动加密，物理量变化缓慢的地方网格相应变疏。针对燃气射流流场的数值计算，国内外工作者已做过大量的研究工作。

1）控制方程离散

流体力学基本方程可以通过不同的方式离散。最常用的是有限差分法、有限元法以及有限体积法，目前主流的计算流体力学软件包均采用有限体积法。

有限差分法是将求解域划分为差分网格，用有限个网格节点代替连续的求解域，然后将控制方程的导数用差商代替，推导出含有有限个未知数的差分方程组，求差分方程组的解，也就是微分方程定解问题的数值近似解，这是一种直接将微分问题变为代数问题的近似数值解法。这种方法发展较早，比较成熟，较多用于求解双曲型和抛物型问题，用它求解边界条件复杂，尤其是椭圆形问题不如有限元法或有限体积法方便。

有限元法是将一个连续的求解域任意分成适当形状的许多微小单元，并于各小微单元分片构造插值函数，然后根据极值原理（变分或加权余量法），将问题的控制方程转化为所有单元上的有限元方程，把总体的极值作为各单元极值之和，即将局部单元总体合成，形成嵌入指定边界条件的代数方程组，求解该方程组就得到各节点上待求的函数值。有限元法具有广泛的适应性，特别适用于几何及物理条件比较复杂的问题，而且便于程序的标准化，对椭圆形方程问题具有更好的适用性。但是其求解速度较有限差分法和有限体积法慢。

将求解域划分为有限小体积单元的思想也可以引入有限差分解法中，使之更适合求解复杂几何形状边界的流场。但在每个单元内不妨只做简单的积分，而不必像有限元法那样进行较烦琐的加权积分。这种离散法称为有限体积法。

有限体积法和有限单元法一样，可用于任意形状的体积单元，它无须有限差分法所要求的结构化计算网格，这使它具有应用的广泛性和灵活性；而有限体积法的基本方程表述了单个体积内的力学守恒关系式，它比有限单元法所采用的加权余量法更贴近力学连续介质的运动规律。

2）流场数值计算方法

（1）算法。

流场计算的基本过程是在空间上用有限体积法或其他类似方法将计算域离散成许多小的体积单元，在每个体积单元上对离散后的控制方程组进行求解。流场计算方法的本质就是对离散后的控制方程组的求解。对离散后的控制方程组的求解可分为耦合式解法（coupled method）和分离式解法（segregated method），归纳后如图 3.39 所示。

（2）线性化方法。

无论是用分离式算法还是用耦合式算法求解，离散的非线性控制方程首先要被线性化以获得每个计算网格内的独立变量的线性方程组。通过求解线性方程组，获得最新的变量值。线性化的方法有两种，即隐式（implicit）方法和显式（explicit）方法。

隐式方法指的是对于一个给定的变量，使用相邻网格单元内的已知和未知变量求解每个网格单元内的未知量。这样一来，每个未知变量将会出现在不止一个方程中。因此，这些方程必须同时求解以获得未知量的值。

显式方法指的是对于一个给定的变量，每个网格单元内的未知变量的计算

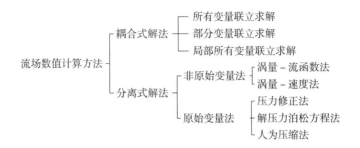

图 3.39　流场数值计算方法分类

只使用相邻网格单元内的已知变量。因此，每个未知变量将只出现在一个方程中。因此，一次可求解一个方程以获得未知变量的值。

3）初始条件和边界条件

初始条件的给定和边界条件的选取是求解流体力学问题的必要条件。边界可以分为物理边界和人工边界两种。物理边界由问题的性质决定，从而是固定的；人工边界是由于计算所采用的范围永远小于实际区域而人为引入的。下面给出部分初始条件和边界条件。

（1）初始条件。

在对射流进行数值计算时，初始条件可以按以下方法给出：

①对于包含具体形状喷管的流动，可以直接取燃烧室的总温、总压值作为喷管入口的初始条件进行计算；

②对于喷管出口开始的流动情况，首先根据具体的喷管形状以及燃烧室的总温 T_0、总压值 p_0，通过一维定常等熵流动关系式，得到喷管各个截面的物理量分布，将这些值作为喷管出口的初始条件；

③在计算的其他区域，一般采用伴随流条件作为初始条件，即初始条件取上游边界值。

（2）边界条件。

在对射流进行数值计算时，涉及的边界条件有：壁面边界条件、压力入口边界条件、压力出口边界条件、轴边界条件、对称面边界条件、压力远场边界条件等。

①壁面边界条件。

火箭、导弹表面，发动机表面，导流器，发射装置等处采用壁面边界条件。在壁面边界条件中，壁面边界采用无滑移壁面边界条件，近壁面紊流计算采用标准壁面函数法处理。

标准壁面函数是基于 Launder 和 Spalding 的提议建立的一种半经验公式，

考虑了壁面和完全紊流区域之间的黏性影响，避免了修改紊流模型，并满足一定的精度要求，因此得到广泛的应用。

②压力入口边界条件。

对于不可压流，压力入口总压和静压的关系由伯努利方程确定：

$$p_0 = p_s + \frac{1}{2}\rho v^2 \tag{3.2.78}$$

对于可压流，压力入口总压和静压的关系通过如下等熵关系式确定：

$$\frac{p_0}{p} = \left(1 + \frac{k-1}{2}\text{Ma}^2\right)^{\frac{k}{k-1}} \tag{3.2.79}$$

③压力出口边界条件。

喷管射流计算过程中所取的外场区域的边界采用压力出口边界条件。对于亚声速情况来讲，只需指定一个出口静压；对于超声速情况来讲，压力远场的压力通过流场内部点的数值采用二阶外推的方法获得。

④轴边界条件。

对于轴对称几何体，其轴线指定为轴边界条件。轴上任意一点处的变量的值取其相邻网格单元的值，无须为它定义边界处的数值。

4）常用 CFD 软件

目前常用的 CFD 商业软件有 FLUENT、CFX、STAR – CD、PHOENICS 等，它们的特点是功能比较全面、适用性强，几乎可以求解工程中的各种复杂问题；具有比较易用的前后处理系统和与其他 CAD 及 CFD 软件的接口能力，便于用户快速完成造型、网格划分等工作；同时，还可让用户扩展自己的开发模块；具有比较完备的容错机制和操作界面，稳定性高；可在多种计算机、多种操作系统，包括并行环境下运行。

此外还有包括 OPENFOAM、GERRIS、BASILISK 等开源代码可供选择，这些代码已经可以提供接近商业软件的使用体验，同时用户可从底层开始开发自己的模块，灵活性更大。

3.2.4　燃气射流对导流槽和勤务塔的影响

燃气射流对各种冲击物体和周围设备的影响，主要有声、光、热、力等方面的直接或间接影响。如导流槽将直接受热荷和力荷的作用，其中主要是经受强大燃气流的冲刷、烧蚀和动力冲击作用。又如，当火箭发动机点火时，勤务塔并不撤离或不远离的情况下，它就有可能受声、光、热、力的直接或间接作用，最严重的情况是勤务塔不撤离发射平台，而火箭发动机发生点火爆炸时，即使撤离，但距离较近时，勤务塔仍有可能受声、光、热辐射和高速气流所引发的冲击波的影响。所以，在这些情况下，对勤务塔上有关设备、设施等，视必要性要对其整体或局部加以受害预估和预防措施。前面讲过，导流槽受热、受力时要进行热强度计算。由于它要遭受高温、高速热气流的冲刷作用，所以它的受冲表面要保持平滑无损。表面上若有小的坑洞，高速热气流的冲刷很快会引起大片剥蚀，这不仅使导流槽产生严重破坏，而且会出现导流不畅或沙、石飞掷，引发意外破坏。燃气射流的高温辐射或光辐射会波及勤务塔，若勤务塔上有仪器设备，受热、受光有影响或有损时则必须采取防护措施。燃气射流会引发强烈的噪声，声压级有时很高，这也会损坏勤务塔上的某些仪器设备。总之，勤务塔在火箭发射时，若能撤离最好，若不能撤离（如发射载人宇宙飞船时，勤务塔上为装设救生滑篮或逃生通道，而出现勤务塔不能撤离的情况），上述有关预防措施就应有所考虑。

3.2.5 燃气射流气动噪声的产生机理和控制方法

1. 喷气噪声的产生机理和相关计算

物理学上所谓的噪声一般是指不同频率和不同强度的声音无规律地组合在一起而形成的一种声音，因为听起来有嘈杂之感故名噪声。按物理性质分，有气动噪声、机械噪声和电磁噪声；按噪声来源分，有自然噪声、城市噪声、交通噪声、工业噪声、建筑噪声、兵器噪声（包括燃烧噪声、爆炸噪声、发射噪声和装甲车辆噪声等）；按噪声状态分，有稳态噪声和非稳态噪声（瞬时噪声）。持续时间很短（单脉冲持续时间小于 1 s，多脉冲持续时间可能大于 1 s）的间断噪声称为脉冲噪声。火箭发射多数属于脉冲噪声。从物理性质来说，振动在空气等弹性介质中的传播即声波，因此，噪声与振动有着密切的关系。而燃气射流气动噪声的形成则是由于能量很大的高速燃气与外部周围相对静止的空气介质急剧扰动和掺混并从而形成强烈脉动的紊流而引发的。一般而言，喷气速度越高，噪声越大。喷气式飞机和火箭发动机都会产生声功率极高的高速喷气噪声，它们一般属于非稳态气动噪声（起伏大于 10 dB 的连续噪声和脉冲噪声）。此外，压缩机、内燃机的排气口也会产生喷气噪声。

概括而言，喷气噪声包括有亚声速噪声（紊流噪声）、超声速噪声和喷气啸声（由于冲击波的自激效应而辐射的强啸叫声）3 种，其中亚声速噪声具有明显的方向性，在前方约 30° 方向的噪声最强，在喷射的上游方向最弱。关于亚声速噪声和超声速噪声的声压级 L（dB）的计算可按下式进行：

$$L = 80 + 20\lg\frac{(R-1)^2}{R-0.5} + 20\lg D \tag{3.2.80}$$

式中，$R = p/p_0$，$R - 1 = 0.1 \sim 100$，p 为气室或燃烧室压力，p_0 为环境大气压力；D 为喷口直径。

为了进一步概括了解燃气射流喷气噪声的形成机理，给出火箭燃气射流的气流特性和由它所引发的噪声特性的相关性示意，如图 3.40 所示。

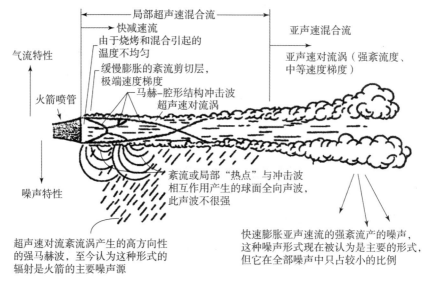

图 3.40   火箭燃气射流的气流特性和由它所引发的噪声特性的相关性示意

射流中的声源一般可视为是运动的，其效果显示为向下游方向去的噪声是较强的，频率也随之增大，而向上游方向去的则与此相反。

强烈和长时间的喷气噪声（机械噪声亦然）不仅会影响人们的健康休息和工作，甚至会造成危害，而且还会引发火箭、导弹等飞行器结构的疲劳破坏和仪器设备失效，甚至导致战斗力的降低。噪声的强度（声压级）用分贝（dB）表示，而分贝数等于 $20\lg(p/p_r)$，此中 p 为噪声压强，p_r 为可听最小声压。在距离声源 $1 \sim 2$ m 处，喷气飞机发动机的噪声为 $130 \sim 150$ dB，火箭发动机的噪声高达 160 dB 以上，而 152 mm 口径火炮炮手位置的脉冲噪声峰值可达 190 dB，均远远超过人耳对连续噪声和脉冲噪声的耐受能力。

火箭燃气射流的喷气噪声和空气压缩机、内燃机、锅炉等的漏气、排气噪声，其声功率虽然差别极大，可以说小至毫瓦，大至亿瓦，但它们的产生机理却都是相同的，即都是由流体（此处更确切地说是气体）喷注产生的。

喷气噪声的大小，一般认为与马赫数的二次方成正比。

在工程中经常遇到喷气噪声总声功率的估算及声压级的空间分布问题，下面针对不同情况给出一些估算公式和相关的图示。在喷气速度较小的情况下，或者说在亚声速情况下，喷气噪声所辐射的总声功率与喷气出口速度的 8 次方

成比例。具体的表达式为

$$W = h_0 \frac{\rho_e^2 u_e^8 d_e^2}{\rho_0 a_0^5} \tag{3.2.81}$$

式中，W 为噪声的总声功率；h_0 为常数，一般可取 $(0.3 \sim 1.8) \times 10^{-5}$；$\rho_e$ 为出口的喷气密度；u_e 为出口的喷气速度；d_e 为喷口直径；ρ_0 为周围环境介质的密度；a_0 为周围环境介质的声速。

从定性的角度来讲，上式很好地说明了影响喷气噪声的各个因素及其与总声功率的关系。

当气流喷入流动速度为 u 环境介质中时，即伴随流动的情况下，式（3.2.81）中的 u_e 应代之以 $u_e - u$。

此外，当喷气速度为低亚声速时，喷气噪声的辐射总声功率将近似与喷气出口速度的 6 次方成正比。而当喷气速度为超声速时，喷气噪声的总声功率则一般认为与喷气出口速度的 3 次方成正比。

除上述外，尚有一些经验公式可用于喷气噪声辐射总声功率的估算。如大型火箭噪声的总声功率 W（kW）可表示为

$$W = 3\,100D \tag{3.2.82}$$

或

$$W = 5.5T \tag{3.2.83}$$

式中，D 为喷口的有效直径（对于多喷管火箭，例如有 n 个喷管，则此处的 D 为单个火箭的喷口直径乘以 $\sqrt{n}$）；T 为火箭总推力（kN）。

当飞机或火箭在飞行中时，其喷气噪声辐射总声功率要乘以

$$\left(1 - \frac{v_e}{u_e}\right)^4 \tag{3.2.84}$$

式中，v_e 为飞行速度（m/s）；u_e 为出口喷气速度（m/s）。

关于火箭发射时，火箭喷气噪声声压级的空间分布可参考图 3.41。图中的数据具有实用参考价值。

2. 射流噪声控制简述

噪声控制是一门专门学问，射流噪声控制也是如此。不过概略地讲，射流噪声控制可通过降噪、隔噪和吸噪的途径实现。在降噪方面，可采取主动地降低噪声源的噪声或用小孔消声原理等方法来实现。其中，小孔消声是指当射流出口直径很小时，噪声频率将很高，超过人耳的可听范围频谱的大部分将不再起干扰作用，从而起到一定程度的消声作用。在隔噪方面，对于某些不得经受强噪声影响的局部空间，可采用防止噪声传播的方法（如隔声壁、隔声室等）

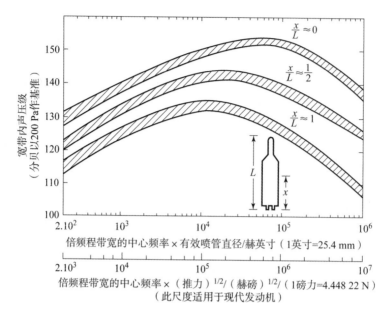

图 3.41　大型火箭静态点火试验或起飞之前的不同位置上的声压级

将噪声拒之"门外"。在吸噪方面，可在局部空间内布置吸声材料，将噪声吸之"门内"。

|3.3　弹射内弹道学基础|

3.3.1　弹射技术

运载火箭的发射方式是指由不同的发射基点，以不同的发射动力、发射姿态、发射设施装备等将运载火箭发射出去的形式和方法。根据发射动力划分，运载火箭的发射方式可分为自力发射和弹射发射。

以箭上自身发动机或助推器所产生的推力为发射动力的，称为自力发射。在自力发射过程中箭上第一级发动机已经点火工作，运载火箭是"热"的，因此自力发射通常也称为热发射。对于运载火箭，大多采用依托塔架的自力发射方式，如图 3.42 所示。

自力发射时，第一级发动机或助推器产生的高温高速尾喷流，使发射场环境变得恶劣，需要设置导流槽等设施将尾喷流导向指定的方向，或设置喷水设施等对尾喷流降温。

图 3.42 大多数运载火箭采用依托塔架的自力发射方式

弹射方式在各类导弹武器发射中得到较多应用，运载火箭也可以采用弹射方式发射。例如，因美俄裁减进攻性武器条约的实施，俄罗斯的重型洲际弹道火箭"R-36M"（"SS-18撒旦"）改为"第聂伯号"火箭进行商业航天发射，即沿用了地下井弹射方式发射，如图3.43 所示。

以运载火箭自身以外的压强源，如燃气、压缩气体等形成发射动力的，称为弹射，也称为外力发射。在弹射发射过程中，箭上发动机不点火工作，运载火箭是"冷"的，因此弹射发射通常也称为冷发射。弹射发射过程结束，运载火箭飞离发射装置一定距离之后，箭上第一级发动机再点火推动运载火箭继续飞行。

图 3.43 "第聂伯号"运载火箭采用地下井弹射方式发射

不同于火箭的自力发射，采用弹射发射的火箭一般存贮于发射筒内，在平时可得到良好的保护，非井下发射时可通过移动测试发射平台独立完成火箭转场、卫星环境保障和快速测试发射，无须导流槽等设施，对发射场依赖程度低，配合箭上的固体火箭发动机能够实现火箭的密集发射，可有效满足商业卫星，特别是小卫星的发射需求。地下井弹射发射示意如图3.44 所示。

采用弹射发射技术后，发射动力转而由发射装置提供，从而减轻了箭上发动机的负担。有资料表明，弹射发射可以使运载火箭第一级发动机节省 10% 以上的燃料，由此节约出来的发动机质量则可用来增加有效发射载荷。

3.3.2 弹射器的工作原理与基本组成

弹射发射方式是通过压强推进原理来发射火箭的，以常用的燃气式弹射发射为例（图 3.44），高压室内的火药（推进剂）点燃后，生成的高温高压燃气经由喷口流到低压室内，经膨胀，作用于承压表面（隔离尾罩底面）形成弹射力，传递给火箭，从而推动火箭运动，完成发射过程。从能量转换的角度看，弹射发射过程实质上是火药的化学能在极短的时间内（数百毫秒）经过燃烧，转变为燃烧产物的热能，然后通过燃烧产物膨

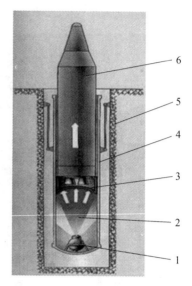

图 3.44 地下井弹射发射示意
1—高压室；2—低压室；
3—隔离尾罩；4—发射筒；
5—发射井；6—火箭（导弹）

胀做功又转变为火箭、燃气以及发射筒等的运动动能的过程如图 3.45 所示。火药是使火箭、发射筒运动起来的能源。

图 3.45 弹射发射原理示意

各类弹射器的具体结构不尽相同，但仍可概括出它们的基本组成，包括：发射筒、高压室、低压室、隔热装置、止动装置、冷却装置等。

1. 发射筒

弹射器多为底部封闭的圆筒，即发射筒。发射筒易于密闭气体，从而形成所需要的弹射力，并对运载火箭起支承作用，在发射过程中对运载火箭进行导向。

此外，发射筒可兼作包装筒，给运载火箭提供所要求的温度、湿度环境，在贮存、运输过程中使运载火箭得到良好的保护，简化维修保障工作，有利于提高可靠性，并可减少发射前检测工作，使用简便，能够提高连续发射能力。

2. 高压室

以燃气为工质的弹射器通常具有两个工作室，即高压室和低压室，以同时满足火药正常燃烧和运载火箭发射过载要求——高压燃烧、低压推动。

火药的正常燃烧需要一定的压强环境，当压强低于临界压强时，火药可能产生不完全燃烧现象，因此弹射器设置高压室，以保证火药得到正常燃烧所必需的压强环境。火药正常燃烧后产生的燃气通过高压室的喷管排送到低压室中。

高压室也称作燃气发生器，是弹射动力源，本质上是一个半封闭的火药燃烧室，由壳体、点火装置、装药、挡药装置、固药装置、喷管等组成，如图 3.46 所示。

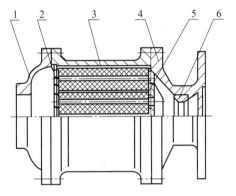

图 3.46　高压室示意
1—前盖；2—挡药板；3—壳体；
4—喷管；5—装药；6—喉衬

3. 低压室

低压室是形成弹射力的密闭空间，一般指发射筒内的运载火箭后部空间。高压室流出的燃气在低压室建立起弹射运载火箭所需要的压强，作用在承压面上后便形成了弹射力，在保证运载火箭不超过限定发射加速度的条件下，达到规定的初始速度。

运载火箭控制系统的光电元器件及火箭结构本身不能承受较大过载，而且弹射结束后，一级发动机还要点火推动运载火箭继续飞行，故运载火箭在弹射过程中的加速度和初速度相对都不高，因此，形成弹射力的气体压强较低，亦即"低压推动"。

随着运载火箭在发射筒中的运动，低压室的容积不断扩大。

4. 隔热装置

低压室内的燃气温度仍然很高，为了防止高温燃气直接作用于运载火箭造成箭体损伤，在运载火箭后方设有隔热装置，即隔热尾罩（也称为活塞或活动底座）。隔热尾罩与运载火箭尾部连接，一方面隔离燃气，另一方面形成密封，承受弹射力，并将弹射力传递给运载火箭。

隔热尾罩在弹射结束后需与运载火箭可靠分离。当隔热尾罩在发射筒口处通过止动装置与火箭分离时，会对发射系统造成冲击；当隔热尾罩随运载火箭一起飞离发射筒，在空中分离时，需控制隔热尾罩落点，使其落下后不危害周围设备和人员。

5. 止动装置

隔热尾罩在筒口止动时需要设置止动装置，利用材料的弹性或塑性变形来吸收隔热尾罩的运动动能。止动元件可用压延性大的金属材料如铝、铅等制成的锥面件或楔形条，使隔热尾罩逐步止动，以避免过大的撞击力。也可采用非金属材料如橡胶或蝶形弹簧作缓冲止动元件。

当隔热尾罩随运载火箭一起飞离发射筒，在空中分离时，则无须设置止动装置。

6. 冷却装置

为了减轻甚至去掉隔热尾罩，免去隔热尾罩分离带来的问题，也可在低压室内设置冷却装置，即采用燃气－蒸汽式弹射器，如图 3.47 所示。燃气－蒸汽式弹射器在大型战略导弹弹射发射中得到较多应用，如美国的"北极星 A3""海神 C3"

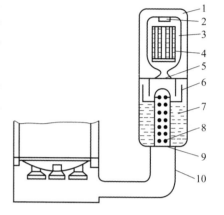

图 3.47　燃气－蒸汽式弹射器示意

1—弹射器；2—点火器；3—高压室；
4—装药；5—喷管；6—分流圆筒；
7—水室；8—立管；9—膜片；
10—弯管

"MX"等。与一般燃气式弹射器不同，高压室流出的燃气不直接流入低压室，而是先流入冷却室。冷却室亦称水室，其中贮有作为冷却剂用的水。高温燃气与水进行热交换，通过水室后温度降低，而水则被汽化，从而形成温度较低的燃气－蒸汽的混合工质来推动运载火箭在低压室内运动。燃气－蒸汽式弹射器使运载火箭在弹射发射过程中所处的环境条件大为改善。

由于燃气经过降温，该类型的弹射器热效率低，反应速度相对较慢。此外，冷却水需有保温措施，以防在低温环境下结冰。

3.3.3　弹射内弹道学

内弹道学是弹道学的一个重要分支，是从研究火炮等身管武器的性能而发展起来的，主要研究武器在射击或发射过程中发生的各种物理化学现象和过程规律性。针对不同的发射系统，内弹道学又可分为枪炮内弹道学、无后坐力炮内弹道学、迫击炮内弹道学、火箭（发动机）内弹道学、弹射内弹道学等，其中最基本、有明显区别的是基于压强推进原理的枪炮内弹道学和基于反作用原理的火箭内弹道学，弹射内弹道学则是在这两种内弹道学的基础上发展而成的。

对弹射器工作原理和性能的研究被称为弹射内弹道学，主要研究弹射发射过程中高压室内的火药燃烧规律、燃气流动规律和压强变化规律以及低压室内的压强变化规律、能量转化规律和运载火箭运动规律等。

弹射内弹道学的任务是有效地控制弹射发射过程，以便改进现有的弹射器和创制出性能优良的弹射器。这就需要从理论和试验两个方面来研究弹射发射过程中装填条件、弹射器内部结构诸元与高压室压强、低压室压强、运载火箭速度等之间的关系，找出它们之间的规律，并将这些规律应用到弹射器的设计中去。其中装填条件是指弹射器高压室火药的种类、形状、尺寸和质量，以及运载火箭质量（弹射质量）等，结构诸元是指高压室初始容积、低压室初始容积、发射筒（低压室）直径、发射筒全长、运载火箭在筒内的全行程长等。

具体而言，弹射内弹道学包含两个基本任务，即内弹道性能计算和内弹道参数设计。

内弹道性能计算又称正面问题或解法问题，是在已知装填条件和结构诸元的条件下，求得高压室压强变化规律、低压室压强变化规律及运载火箭的运动规律，特别是高压室最大压强、低压室最大压强、运载火箭最大发射加速度和运载火箭离筒速度等重要的内弹道参数。

内弹道参数设计又称反面问题，是求得合理的装填条件和结构诸元方案，以使规定质量和直径、长度的运载火箭在不超过允许发射加速度的条件下获得规定的离筒速度。

在对新的弹射器进行内弹道设计时，是以正面问题为基础的，即利用弹道解法所提供的内弹道公式，设计出能满足运载火箭发射系统总体给定条件（运载火箭的质量、直径、离筒速度、发射加速度允许值）的弹射器结构参数和装填条件。而能满足给定条件的内弹道设计方案不是唯一的，可以有多个，这就需要在设计过程中对它们进行分析比较，选择其中最合理的方案。对于设计出来的内弹道方案，还要求出正面问题的解，即计算出相应的压强曲线和速度曲线等。这样求得的内弹道设计方案以及压强曲线和速度曲线等将是进一步设计高压室、低压室、发射筒等的重要原始数据，并为运载火箭结构设计提供参考。

在经典内弹道学范畴内，内弹道方程组由一阶常微分方程和代数方程组成，而在现代内弹道学范畴内，考虑了气体的多相、非定常、三维流动，弹射内弹道方程组含有偏微分方程。无论经典内弹道方程组还是现代内弹道方程组，均无法给出解析解，需要借助计算机，采用数值方法对内弹道过程进行计算和模拟。

在内弹道设计过程中，常常需要借助计算机和优化方法对方案进行优化。

3.3.4 弹射内弹道基本方程

1. 基本假设

弹射器的工作过程和现象比较复杂，很难建立完全真实的物理模型和数学模型，或者可以建立较准确的模型而解算困难。为解决实际工程计算问题，对于燃气式弹射器，常作以下基本假设，从而建立经典内弹道模型：

（1）火药遵循几何燃烧定律，即火药是按平行层或同心层规律燃烧的。

（2）高压室和低压室内的燃气具有高温特性，压强一般不是很高，可按理想气体处理。

（3）由于高压室中的气流流动速度远小于喷管中的气流流动速度，故可以认为燃气在高压室中无流动，各处燃气的压强、密度、温度等是均一的，即不考虑高压室压强等沿空间的分布，只考虑其随时间的变化规律。严格地说，火箭是在其底部压强或活塞底部压强的作用下向前运动的。由于火箭在弹射器内运动速度相对很低，燃气流动速度也很低，故可不考虑燃气在低压室内的流动，亦即不考虑低压室压强在空间上的分布，各内弹道方程中的压强一律采用瞬时平均压强来代替。这一假设也称为"零维"假设，是建立经典内弹道模型的根本假设。

（4）燃气在高压室喷管内的流动为一维、准定常、等熵的。

（5）燃气的成分，物理化学性质认为是固定不变的，这样与火药性质有关的量如爆温 T_0、定压比热 c_p、余容 α 和绝热指数 k 等均可看作常量。

（6）在高压室内部火药燃烧过程是绝热的。实际计算中，常用热损失修正系数 χ_1 来考虑热损失。χ_1 的大小与高压室的材料和结构有关，且在高压室工作过程中应该是变化的。但由于散热损失只占装药能量的极小部分，其变化对内弹道计算结果影响甚微，因此对某个确定的高压室而言，可以认为 χ_1 为常数，一般为 0.9 ~ 0.95。

（7）在装药燃烧阶段，高压室燃气温度变化不大，可认为高压室燃气温度 T_1 是常量，且 $T_1 = \chi_1 T_0$。

（8）对因低压室壁热传导而引起的燃气能量损失（热散失）不进行直接计算，而是用降低流入低压室的燃气温度的办法予以考虑。

（9）低压室密闭性能良好，无漏气。

在以上假设条件下，弹射器性能计算将大为简化。虽然计算结果具有一定的近似性，但具有相当的合理性，在不要求特别高的精确度时，尤其适于工程上作快速计算。

2. 基本方程

1）高压室燃气状态方程

根据基本假设，高压室按理想气体考虑，状态方程为

$$p_1 = \frac{m_b - m_{t1}}{V_1} R T_1 \qquad (3.3.1)$$

式中，m_b 为时间 t 内装药已燃去部分的质量，等于生成的燃气质量；m_{t1} 为时间 t 内高压室燃气的总流出量；p_1 为某瞬时高压室燃气压强；T_1 为高压室温度，$T_1 = \chi_1 T_0$，其中 χ_1 为高压室热损失修正系数，T_0 为装药定压爆温。

设 V_{10} 为高压室的初始容积，即高压室内无装药时的容积；ρ_p 为装药密度；m_p 为装药质量；设 $\psi = m_b/m_p$，则某瞬时高压室中未燃火药的质量为 $m_p(1 - \psi)$，则已生成燃气可充满的自由容积 V_1 为

$$V_1 = V_{10} - \frac{m_p}{\rho_p}(1 - \psi) \qquad (3.3.2)$$

2）燃气生成速率方程

根据几何燃烧定律（即火药按平行层或同心层燃烧），可得出燃气生成速率为

$$\dot{m}_b = \rho_p S_b u$$

式中，$\dot{m}_b$ 为每秒燃去的火药质量，即每秒燃气生成质量，也称为燃气生成速率；ρ_p 为火药密度；S_b 为某时刻火药所有参与燃烧的表面积，简称燃面；u 为火药燃烧的线速度。

3）燃面变化方程

对于不同形状的火药，其燃面变化规律不同，需根据具体情况列出初始燃面和燃面变化方程。例如，对于两端面和外侧面包覆的多根单孔管状火药，有

$$S_{b0} = n_p \pi d_p L_p$$

$$\frac{\mathrm{d}S_b}{\mathrm{d}t} = 2 n_p \pi L_p u$$

式中，S_{b0} 为 $t = 0$ 时刻的初始燃面；L_p 为火药长度；n_p 为火药根数。

当 $\dfrac{\mathrm{d}S_b}{\mathrm{d}t} = 0$ 时，火药在燃烧期间燃面保持不变，称其为恒面燃烧；当 $\dfrac{\mathrm{d}S_b}{\mathrm{d}t} > 0$ 时，则为增面燃烧；当 $\dfrac{\mathrm{d}S_b}{\mathrm{d}t} < 0$ 时，则为减面燃烧。

4）燃速方程

根据高压室常用的压强范围，火药采用指数燃速定律，燃速方程为

$$u = ap_1^n$$

式中，u 为火药燃速；a 为燃速系数；n 为燃速指数。

5）燃气流量方程

高压室燃气流量是指每秒通过高压室喷管出口流到低压室的燃气质量。根据气体连续方程，在喷管任一截面上的燃气流量是相等的，而喷管喉部为临界截面，在适当的条件下，该截面处气流速度恰为声速，即马赫数 $\mathrm{Ma}_t = 1$，这使流量表达式较为简洁。根据燃气在高压室喷管内的流动为一维、准定常、等熵的假设，有

$$\dot{m}_{t1} = K_0 \frac{p_1 S_{t1}}{\sqrt{RT_1}} \tag{3.3.3}$$

式中，$\dot{m}_{t1}$ 为高压室喷管喉部燃气流量，即高压室燃气流量；S_{t1} 为高压室喷管喉部截面积；K_0 为与燃气比热比 k 相关的常量：

$$K_0 = \sqrt{k \left(\frac{2}{k+1}\right)^{\frac{k+1}{2(k-1)}}}$$

式（3.3.3）表明，高压室燃气流量的大小取决于高压室压强、喷管喉部截面积和火药性能。当火药选定后，则流量只取决于高压室压强和喷管喉部截面积。

若令

$$C_D = \frac{K_0}{\sqrt{RT_1}}$$

称为流量系数，则

$$\dot{m}_{t1} = C_D p_1 S_{t1} \tag{3.3.4}$$

式（3.2.4）是在喷管没有摩擦和热损失的条件下导出的理想流量，因此与实际流量存在一定误差。这种误差可以通过引入流量修正系数予以修正，即

$$\dot{m}_{t1} = \varphi_{21} C_D p_1 S_{t1} \tag{3.3.5}$$

式中，φ_{21} 为高压室喷管的流量修正系数。

需要注意的是，拉瓦尔喷管内气体的流动状态还与外界反压有关。由于低压室内具有一定的工作压强 p_2，高压室喷管在具有较高反压的环境下工作，尚需根据反压比的大小判断其流动状态，从而确定其流量。

设 $p_r = \left(\frac{2}{k+1}\right)^{\frac{k}{k-1}}$，称为临界压强比。当 $(p_2/p_1) > p_r$ 时，气体在整个喷管内作亚声速流动，喉部处马赫数 $\mathrm{Ma}_t < 1$，有

$$\dot{m}_{t1} = \dot{m}_{e1} = \frac{p_1 S_{e1}}{\sqrt{RT_1}} \sqrt{\frac{2k}{k-1}\left[\left(\frac{p_2}{p_1}\right)^{\frac{2}{k}} - \left(\frac{p_2}{p_1}\right)^{\frac{k+1}{k}}\right]}$$

其中下标"$e1$"代表高压室喷管出口截面，S_{e1} 为高压室喷管出口截面面积。

在弹射器设计中，均保证高压室的工作压强为低压室工作压强的数倍，即使 $(p_2/p_1) \leqslant p_r$ 的条件在弹射器工作阶段能够得到满足，只有在高压室的排气阶段才可能出现 $(p_2/p_1) > p_r$ 的情况。

将上述两种情况统一写成

$$\begin{cases} \dot{m}_{t1} = \varphi_{21} K_0 \dfrac{p_1 S_{t1}}{\sqrt{RT_1}} & 当\dfrac{p_2}{p_1} \leqslant \left(\dfrac{2}{k+1}\right)^{\frac{k}{k-1}} \\[4mm] \dot{m}_{t1} = \varphi_{21} \dfrac{p_1 S_{e1}}{\sqrt{RT_1}} \sqrt{\dfrac{2k}{k-1}\left[\left(\dfrac{p_2}{p_1}\right)^{\frac{2}{k}} - \left(\dfrac{p_2}{p_1}\right)^{\frac{k+1}{k}}\right]} & 当\dfrac{p_2}{p_1} > \left(\dfrac{2}{k+1}\right)^{\frac{k}{k-1}} \end{cases} \quad (3.3.6)$$

当高压室采用收缩喷管时，亦有亚临界、临界和超临界状态。虽然收缩喷管内的流动状态与拉瓦尔喷管中有差别，最后表达式与式（3.3.6）相同。

6）低压室燃气状态方程

在弹射器中，由于火箭不断向前运动，低压室容积不断扩大，属于变容情况，只能建立某瞬时的状态方程。低压室燃气视为完全气体，其状态方程为

$$p_2 = \frac{m_{t1}}{V_2} RT_2 \quad (3.3.7)$$

式中，m_{t1} 为流入低压室的燃气质量；T_2 为低压室燃气温度；V_2 为低压室容积：

$$V_2 = V_{20} + S_2 l$$

其中，V_{20} 为低压室初始容积（简称初容），即火箭未运动时的低压室容积；S_2 为低压室承压面积；l 为火箭在弹射器内的行程。

7）火箭运动方程

在低压室压强大于起动压强后，火箭开始运动，此时火箭所受沿运动方向的外力包括弹射力、摩擦力等：

$$\sum F = F_e - F_f - F_g \quad (3.3.8)$$

式中，$\sum F$ 为火箭所受沿运动方向的合外力；F_e 为弹射力；F_f 为摩擦力；F_g 为弹射质量的重力。

F_e 是火箭在弹射器内受到的最主要的作用力，它是使火箭在弹射器内运动的推动力，可称为弹射力，由低压室压强形成，其大小为

$$F_e = S_2 p_2$$

摩擦力 F_f 的大小需根据发射筒、隔热尾罩或适配器等所选用的材料属性

和配合关系，根据经验近似求得，或经过试验测得。

根据牛顿第二定律，火箭运动方程可表示为

$$m\frac{\mathrm{d}v}{\mathrm{d}t} = F_e - F_f - F_g \qquad (3.3.9)$$

式中，v 为某瞬时火箭在弹射器内的运动速度。

火箭速度方程为

$$\frac{\mathrm{d}l}{\mathrm{d}t} = v \qquad (3.3.10)$$

8）低压室能量方程

弹射器本质上是一种热机，低压室内的燃气对外膨胀做功，温度不为常量，需根据热力学基本定律求得其变化规律。

热力学第一定律的基本能量方程为

进入系统的能量 − 离开系统的能量 = 系统中储存能量的增加

$$(3.3.11)$$

它是系统变化过程中能量平衡的基本表达式，任何系统、任何过程均可据此原则建立其能量平衡式。根据式（3.3.11）和基本假设，可得

$$c_p T_1 \dot{m}_{t1} - \varphi m v_m \frac{\mathrm{d}v_m}{\mathrm{d}t} = c_V \dot{m}_{t1} T_2 + c_V m_{t1} \frac{\mathrm{d}T_2}{\mathrm{d}t} \qquad (3.3.12)$$

式中，c_p 为燃气定压比热；c_V 为燃气定容比热；φ 为次要功系数或称虚拟质量系数。

3.3.5　弹射器内弹道性能定性分析

根据弹射器和火箭的装填参数和构造诸元，以数值方法解算以上内弹道方程，即可得到某一特定弹射器的内弹道性能。

对以上内弹道方程进行分析，则可了解弹射器内弹道性能的一般规律。

1. 高压室内弹道性能

由高压室燃气状态方程，忽略小项 δ（$\delta = \rho_1/\rho_p$，在常用高压室压强范围内，$\delta \ll 1$），有

$$\frac{\mathrm{d}p_1}{\mathrm{d}t} = \frac{RT_1}{V_1}(\dot{m}_b - \dot{m}_{t1}) \qquad (3.3.13)$$

可以看出，高压室压强随时间的变化率取决于火药性质、高压室结构尺寸、燃气生成速率与流量之差。

事实上，$p_1 - t$ 曲线是 $\mathrm{d}p_1/\mathrm{d}t$ 在 t，p_1 平面上过点火压强点（0，p_{ig}）的一

条积分曲线，在每一点（t，p_1）上的切线斜率就等于 dp_1/dt 的值。在某区间，若 $dp_1/dt > 0$，p_1 是增函数，即高压室压强 p_1 是上升的；当 $dp_1/dt < 0$ 时，高压室压强是下降的；当 $dp_1/dt = 0$ 时，高压室压强取得极（大）值，若能在一定区间内保持 $dp_1/dt = 0$，则高压室压强保持极（大）值不变，处于平衡状态。

因为 $RT_1/V_1 > 0$，故决定 dp_1/dt 大于零、小于零还是等于零的因素是燃气生成速率 $\dot{m}_b$ 和燃气流量 $\dot{m}_{t1}$ 之差，即决定高压室压强处于上升、下降或平衡状态的因素是 $\dot{m}_b$ 和 $\dot{m}_{t1}$ 之差。燃气的生成使高压室压强升高，燃气的流出使高压室压强降低，两者对压强变化趋势的作用是相反的，当燃气生成速率大于燃气流量，即 $\dot{m}_b > \dot{m}_{t1}$ 时，高压室压强上升；反之，当燃气的生成速率小于燃气流量时，高压室压强下降；当燃气生成速率和燃气流量达到平衡时，高压室压强亦处于平衡状态。

对于设计合理的高压室，装填恒面燃烧的火药时，若燃速压强指数 $0 < n < 1$，$\dot{m}_b - p_1$ 曲线和 $\dot{m}_{t1} - p_1$ 曲线关系如图 3.48（a）所示，对应的 $p_1 - t$ 曲线如图 3.48（b）所示。

在点火压强 p_{ig} 下，火药被瞬时点燃，燃气开始大量生成，同时燃气开始流出，此时燃气的流量小于燃气生成速率，因而 $dp_1/dt > 0$，高压室压强由点火压强开始上升，在图 3.48（b）的 $p_1 - t$ 曲线上对应为上升段。随着 p_1 的升高，$\dot{m}_b$ 与 $\dot{m}_{t1}$ 之间的差值逐渐减小，dp_1/dt 的值随之减小，在 $p_1 - t$ 曲线的上升段表现为先急升后缓升。随着 p_1 的进一步升高，$\dot{m}_b$ 与 $\dot{m}_{t1}$ 之间的差值进一步缩小，直至二者相等，$\dot{m}_b - p_1$ 曲线和 $\dot{m}_{t1} - p_1$ 曲线相交于 A 点 [图 3.48（a）]，此时 $dp_1/dt = 0$，高压室压强达到平衡，对应于图 3.48（b）中 $p_1 - t$ 曲线上的平衡段（水平段），此时的高压室压强称为平衡压强 p_{eq}。当火药燃烧结束后，燃气没有生成，只有流出，此时 $dp_1/dt < 0$，在 $p_1 - t$ 曲线上表现为压强急剧下降，称为压强的下降段或排气段。

当燃速压强指数 $n \leqslant 0$ 时，亦可得到形如图 3.48（b）所示的高压室压强曲线。

可以证明，燃速压强指数 $n < 1$ 是高压室压强稳定的必要条件。而当燃速压强指数 $n \geqslant 1$ 时，则无法得到稳定的高压室平衡压强，是不可用的。

火药性质如 R，T_0，ρ_p，u 等、高压室结构尺寸如 V_1，S_{t1} 等，在高压室压强上升段影响其上升的快慢，火药能量大（即 R，T_0，ρ_p 大）、燃速高、高压室结构尺寸小（V_1 小），则上升段较陡，压强上升快，较为理想，反之上升较慢，不够合理。在高压室压强平衡段，这些因素影响平衡压强的大小。

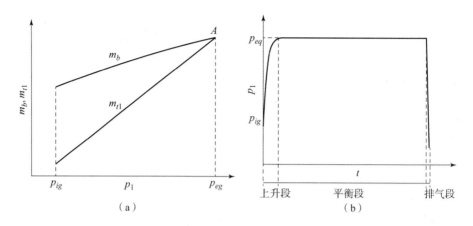

图 3.48　恒面燃烧火药的高压室压强 （0 < n < 1）

（a）燃气生成速率与流量随高压室压强的变化；（b）高压室压强曲线

根据高压室压强平衡的条件 $dp_1/dt = 0$，即 $\dot{m}_b = \dot{m}_{t1}$，并令 $K_N = S_b/S_{t1}$，称为面喉比，可得平衡压强：

$$p_{eq} = \left(\frac{\rho_p a K_N}{\varphi_{21} C_D}\right)^{\frac{1}{1-n}} \tag{3.3.14}$$

若不考虑各种干扰，当火药恒面燃烧时，K_N 为定值，平衡压强不随时间改变，在 $p_1 - t$ 曲线上为水平段。

影响平衡压强的因素很多，其中一类是火药的性能参数，如密度 ρ_p、燃速系数 a、燃速压强指数 n 等；另一类是高压室的结构参数和装填参数，如喷管喉部截面积 S_{t1}、火药燃烧面积 S_b 等，流量修正系数 φ_{21} 也与高压室结构有关。决定平衡段时间长短的主要因素为火药的燃速和肉厚。

在火药性能参数中，特别需要注意的是燃速压强指数 n 对平衡压强的影响。

一般 φ_{21} 为常数，将平衡压强表达式两边取对数并微分，可得

$$\frac{dp_{eq}}{p_{eq}} = \frac{1}{1-n}\left(\frac{d\rho_p}{\rho_p} + \frac{da}{a} + \frac{dK_N}{K_N} - \frac{dC_D}{C_D}\right) \tag{3.3.15}$$

式（3.3.15）表明了各主要影响因素的相对变化量对平衡压强的相对变化量的影响程度。在 $0 < n < 1$ 的情况下，$1/(1-n) > 1$，即各主要影响因素的变化对平衡压强的影响都被放大了。n 值越大，放大系数 $1/(1-n)$ 越大，平衡压强对各主要影响因素的变化就越敏感，某一影响因素的微小变化就会引起高压室平衡压强的较大变化，因此在高压室设计过程中应尽量选用 n 值比较小的火药。当 $n = 0$ 时，火药具有平台效应，$1/(1-n) = 1$，各主要影响因素

变化对平衡压强的影响不再被放大。而当 $n < 0$ 时，火药具有麦撒效应，$1/(1-n) < 1$，各主要影响因素的变化对平衡压强的影响将被缩小，高压室压强曲线的重复性更好。

　　实践表明，初温对高压室平衡压强有很大影响。对于确定的高压室和火药，初温越高，平衡压强越大，工作时间越短；初温越低，平衡压强越小，工作时间越长，如图 3.49 所示。这种变化对高压室本身及整个弹射器的性能和可靠性都有较大影响。大型的弹射器常常自身带有保调温系统，可以免去初温的影响；而其他不能保温的弹射器，则必须考虑环境温度的影响，并通过高、低温试验来确定其实际影响程度。

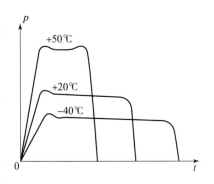

图 3.49　初温对高压室压强的影响

　　增面燃烧火药的燃气生成速率 $\dot{m}_b$ 逐渐增大，将引起高压室平衡压强的变化（增大），如图 3.50 所示。

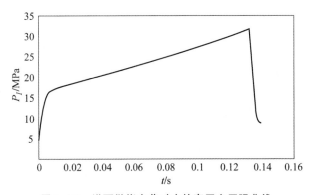

图 3.50　增面燃烧火药对应的高压室压强曲线

　　若令

$$p_{eq} = \left(\frac{\rho_p a K_N}{C_D} \right)^{\frac{1}{1-n}}$$

称为瞬时平衡压强，有时也简称为平衡压强。可以看出，增面燃烧火药下与恒面燃烧火药下的高压室平衡压强的表达式形式上完全一致。由于燃面 S_b 是随时间不断增大的，面喉比 K_N 不断增大，故瞬时平衡压强也随时间不断上升。而增面燃烧火药的高压室工作压强为

$$p_1^{1-n} = p_{eq}^{1-n} - \frac{C_D V_1 a}{K_0^2 S_{t1}} \cdot \frac{\mathrm{d}p_1}{\mathrm{d}e} \tag{3.3.16}$$

不再等于平衡压强。在一般计算中也可用 p_{eq} 代替实际工作压强 p_1。

2. 低压室内弹道性能

类似于对高压室压强曲线的分析，忽略相对小量，可得低压室压强变化率为

$$\frac{\mathrm{d}p_2}{\mathrm{d}t} = \frac{k}{V_{20} + S_2 l}(\chi_2 R T_1 \dot{m}_{t1} - p_2 S_2 v) \qquad (3.3.17)$$

因为 $\dfrac{k}{V_{20} + S_2 l} > 0$，故决定低压室压强处于何种状态（上升、下降或平衡）的因素是 $\chi_2 R T_1 \dot{m}_{t1}$ 和 $p_2 S_2 v$ 之差。前者主要代表了高压室流入低压室的能量输入率，使低压室压强升高；后者主要代表了对火箭做功的功率，使低压室压强降低。从另一个角度看，$S_2 v$ 实质上是低压室的容积增加率，低压室容积变大，低压室压强也趋于降低。

在弹射前期，火箭不动，即 $v = 0$，$l = 0$，而此时高压室已向低压室排出燃气，即 $\dot{m}_{t1} > 0$，故

$$\frac{\mathrm{d}p_2}{\mathrm{d}t} = \frac{k \chi_2 R T_1 \dot{m}_{t1}}{V_{20}} > 0$$

低压室压强是上升的。

当低压室压强上升到启动压强 p_{20} 后，足以克服摩擦力、重力等阻力，火箭开始运动。在火箭运动初始阶段，火箭速度 v 很小，仍有 $p_2 S_2 v < \chi_2 R T_1 \dot{m}_{t1}$，则 $\dfrac{\mathrm{d}p_2}{\mathrm{d}t} > 0$，因此低压室压强继续上升。$p_2 - t$ 曲线如图 3.51 所示。

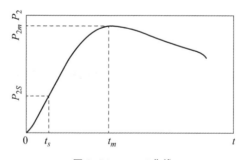

图 3.51　$p_2 - t$ 曲线

随着低压室压强的上升，火箭运动速度越来越大。当火箭速度继续增大，使 $p_2 S_2 v = \chi_2 R T_1 \dot{m}_{t1}$ 时，$\dfrac{\mathrm{d}p_2}{\mathrm{d}t} = 0$，$p_2$ 达到瞬时平衡，取得极大值，有

$$p_{2m} = \frac{\chi_2 R T_1 \dot{m}_{t1}}{S_2 v}$$

其后，火箭运动速度进一步增大，使 $p_2 S_2 v > \chi_2 RT_1 \dot{m}_{t1}$，则 $\dfrac{\mathrm{d}p_2}{\mathrm{d}t} < 0$，低压室压强开始下降，此为第一时期。

高压室火药燃烧结束直至弹射过程结束为第二时期。第二时期很短，有时甚至没有。

影响低压室压强的主要因素有高压室火药特性、高压室流量特性、低压室初始容积、低压室横截面积、火箭的运动特性等。

在其他条件不变的情况下，高压室火药能量高（火药力 RT_1 大），则低压室压强上升快、最大压强高。火药燃气比热比 k 对低压室压强的影响较小。

在相同条件下，高压室流量大，则低压室压强上升快且最大压强大。高压室流量特性对低压室压强是否能保持相对恒定产生直接影响。

低压室初容对低压室压强影响很大。在低压室压强上升过程中，火箭的运动速度和行程都很小，影响低压室压强上升快慢的主要是初容，若初容较大，则 $\dfrac{\mathrm{d}p_2}{\mathrm{d}t}$ 较小，低压室压强上升较缓，且最大压强 p_{2m} 较小，图 3.52（a）所示。反之，若初容较小，则低压室压强上升较快，且最大压强 p_{2m} 较大，即低压室形成初始压强峰，如图 3.52（b）所示。

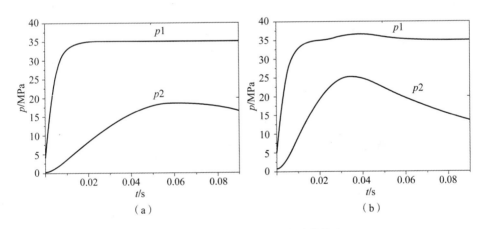

图 3.52　低压室初容对压强曲线的影响

（a）较大初容；（b）较小初容

低压室初始压强峰对整个弹射器不利。为了安全，低压室壁厚需要相应增大，这使发射系统变得笨重，机动性变差。更为严重的是，p_{2m} 的增大使高压室工作在反压较高的环境中，当 $\dfrac{p_{2m}}{p_1} > \left(\dfrac{2}{k+1}\right)^{\frac{k}{k-1}}$ 时，高压室喷管喉部不能维持临界流量，流量降低，而流量的降低使高压室压强升高，影响高压室工作的稳定性，进而影响整个弹射器工作的稳定性，是不允许出现的。

在低压室压强的下降过程中，若初容较大，则火箭运动后低压室增加的容积 $S_2 l$ 相对较小，$\dfrac{\mathrm{d}p_2}{\mathrm{d}t}$ 的绝对值较小，因此低压室压强下降缓慢［图 3.52（a）］；反之，初容较小时，火箭运动使低压室容积增加较快，低压室压强下降较快［图 3.52（b）］。

总之，初容大对弹射器工作有利，但往往由于发射系统尺寸的限制，初容亦受到限制，在结构允许的条件下尽可能取大一些。

低压室横截面积大，则火箭运动后，低压室容积增加量 $S_2 l$ 和容积增加率 $S_2 v$ 都大，则低压室压强上升较缓而下降较快，最大压强较小。

火箭运动使低压室容积增加量 $S_2 l$ 和容积增加率 $S_2 v$ 变大，火箭运动速度越大，则低压室压强上升越缓而下降越快，最大压强较小。

低压室压强在上升到最大压强后若能保持恒定，即类似高压室那样有所谓的平衡压强，则火箭在弹射发射过程中大部分时间作匀加速运动，运动平稳；而低压室强度设计时亦无须考虑压强峰值的影响，有利于减小发射装置质量。

$$p_{2m} = \frac{\chi_2 R T_1 \dot{m}_{t1}}{S_2 v} \tag{3.3.18}$$

对于特定的弹射器，χ_2、R、T_1、S_2 为常量，而火箭运动速度 v 是变化（增加）的，因此若要保持 p_{2m} 不变，则高压室喷管流量 $\dot{m}_{t1}$ 需与火箭速度 v 同步增加，而

$$\dot{m}_{t1} = \varphi_{21} C_D p_1 S_{t1}$$

其中，φ_{21}、K_0、R、T_1、S_{t1} 为常量，故若要高压室喷管流量 $\dot{m}_{t1}$ 增加，则高压室压强 p_1 应是随时间增加的，相应地，高压室火药应是增面燃烧的。

将 $\dot{m}_{t1}$、$p_1 = \left(\dfrac{\rho_p a}{\varphi_{21} C_D} \cdot \dfrac{S_b}{S_{t1}} \right)^{\frac{1}{1-n}}$ 等相关表达式带入式（3.3.18）并整理，有

$$\frac{S_b}{v^{1-n}} = \frac{\varphi_{21} C_D S_{t1}}{\rho_p a} \left(\frac{p_{2m} S_2}{\chi_2 \varphi_{21} C_D K_0^2 S_{t1}} \right)^{1-n} \tag{3.3.19}$$

当高压室火药燃面按照式（3.3.19）的规律随着火箭速度同步增加时，可保持低压室压强基本恒定，如图 3.53（a）所示。

大增面比火药设计有一定困难。选择适当增面比，可减小高压室火药设计难度，而低压室压强不致下降过快［图 3.53（b）］，也是可行的。

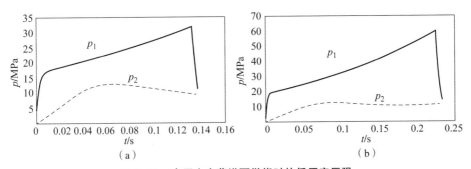

图 3.53　高压室火药增面燃烧时的低压室压强

（a）低压室压强基本恒定；（b）低压室压强略下降

3.3.6　弹射器内弹道参数设计的一般步骤

弹射器内弹道参数设计也即弹射内弹道学的反面问题——求得合理的装填条件和弹射装置内部结构诸元方案，以使规定质量和直径、长度的火箭在不超过允许发射加速度的条件下获得规定的初始速度。

满足给定条件的设计方案实际上存在多个，必须在设计过程中进行分析比较，在满足某些限定条件（如限定发射筒长度等）下，从中选择合理的方案，或者通过优化方法得到最优方案。

进行弹射器内弹道设计的基本假设为：火箭在低压室平均压强的作用下（大部分时间）作匀加速直线运动，这样设计出来的弹射器使火箭受力均匀、运动平稳，且可减小低压室壁厚，从而减小弹射器的质量和体积。

内弹道正面问题的求解是由高压室开始的，而反面问题的求解则需从低压室入手。

1. 低压室内径的选取

低压室内径即发射筒内径，选定了发射筒内径则低压室承压面积即可确定。火箭在筒内处于待发射状态时的最大直径是已知的，从结构方面考虑，发射筒内径只要能将火箭最大直径包含进去就可以了。另一方面，弹射力为 $S_2 p_2$，故低压室内径需与低压室压强的选取一并考虑。

2. 低压室压强 p_2 的选取

低压室压强的选取主要考虑两方面的要求，一是满足出口速度（出口动能）的要求，即

$$p_2 S_2 l_g > \frac{1}{2} m v_g^2$$

二是满足火箭加速度的要求，即

$$p_2 \leqslant \frac{\varphi m \, \bar{a}_{mn}^*}{S_2}$$

式中，$\bar{a}_{mn}^*$ 为常温下实际的平均发射加速度允许值。

$$\bar{a}_{mn}^* = \frac{\eta_g}{A_1(1 + \delta_{p2})} a_m^*$$

式中，a_m^* 为给定的发射加速度最大允许值；$A_1 = 1.1 \sim 1.25$，为考虑温度影响的修正系数；$\eta_g = 0.65 \sim 0.9$，为充满系数，是对匀加速直线运动假设的修正；$\delta_{p2} \approx 5\%$，为考虑加工误差等引起的低压室压强跳动量。

p_2 和 S_2 的选取是一个反复的过程，一般根据经验在限定范围内选取，在后续设计中进行调整。

3. 火箭在发射筒中运动时间 t_g 的确定

对于选定的 p_2，可计算出对应的平均发射加速度 $\bar{a}_m$ 的大小：

$$\bar{a}_m = \frac{p_2 S_2}{\varphi m}$$

根据基本假设，火箭在弹射器中作匀加速直线运动，有

$$t_g = \frac{v_g}{a_m}$$

4. 高压室火药燃烧结束时间 t_k 的确定

一般地，取

$$t_k = \partial t_g$$

式中，$\partial = 0.9 \sim 0.95$。

即高压室火药应在火箭离筒之前燃烧完毕，否则造成火药的浪费；但火药燃烧也不能过早结束，否则第二时期的压强冲量将不能使火箭的速度由 v_k 增加到 v_g。

5. 低压室初始容积 V_{20} 的选取

弹射初期，初始容积 V_{20} 越小，则 p_2 越大，低压室压强曲线上升得很快，可能出现初始压强峰；当火箭开始运动以后，弹后空间不断增加，V_{20} 相对于 $S_2 l_m$ 变为小量，对 p_2 的影响越来越小。

V_{20} 的选取受结构限制，其值不能过大。根据经验可初步取

$$\frac{V_{20} + S l_g}{V_{20}} \approx 2.5 \sim 9$$

在设计过程中再作进一步调整。

6. 火药的选择

选择火药种类时，应遵循以下基本原则：能量适中而爆温较低、燃速较高、燃速压强指数和燃速系数较低、侵蚀性小、临界压强低、生产成本低，经济性好、力学性能好、物理化学安定性好、安全性好、燃烧产物无烟或少烟。

弹射器高压室较多选用双基药和改性双基药，以及一些燃气发生剂，有时也选用复合火药。

火药选定后，与火药性能相关的所有参数都随之确定，包括能量性能参数如密度、爆温、爆热、火药力、燃气比容、燃气平均分子量、特征速度等，燃烧性能参数如燃速系数和燃速压强指数、燃速温度敏感系数等，以及其他相关参数如燃气比热比等。

7. 高压室工作压强的选取

高压室工作压强指的是常温下（20 ℃）高压室的平衡压强。高压室工作压强的大小不仅影响高压室工作的正常与稳定，而且影响火药尺寸、工作时间及高压室的结构质量。高压室工作压强越高，火药工作时间越短，高压室壁厚越大，壳体质量也越大。

选取高压室工作压强的基本原则是：必须保证火药在高压室内能正常燃烧，同时必须保证高压室喷喉流动的临界状态。

对于发射运载火箭的大型弹射器，低压室压强相对较低，则高压室工作压强可在 7～20 MPa 范围内选取，对于增面燃烧火药，其终了压强宜控制在 30 MPa 以下。

8. 高压室喷管喉部直径的确定

根据内弹道设计的基本方程式：

$$\bar{p}_1 S_{t1} = \frac{p_2\left(V_{20} + \frac{1}{2} \cdot \frac{S_2^2 p_2^2}{\varphi m} t_k^2\right)}{\varphi_2 K_0 \tau_2 \sqrt{RT_1} t_k} \tag{3.3.20}$$

已经确定了 R、T_1、K_0、p_2、V_{20}、S_2、t_k 等参数后，对于选定的 $\bar{p}_1$，即可确定 S_{t1}。

确定了高压室喷管喉部面积后，即可确定高压室喷管喉部直径：

$$d_{t1} = \sqrt{\frac{4S_{t1}}{\pi}}$$

9. 火药燃面的确定

若选用恒面燃烧火药，则根据选定的工作压强，由平衡压强公式可求出面喉比

$$K_N = \frac{\varphi_{21} C_D \bar{p}_1^{1-n}}{\rho_p a}$$

而火药燃面

$$S_b = k_N S_{t_1}$$

若选用增面燃烧火药，则可根据点火压强及式（3.3.19）初步确定初始燃面和终了燃面，在后续设计中逐步调整。

10. 火药设计和点火药设计

确定了燃面后，再根据燃烧时间确定火药肉厚，进而确定火药量，便可继续火药设计和点火药设计。火药设计包括火药的排列方式、火药尺寸等，具体可参阅"固体火箭发动机设计"方面的书籍。

特别需要注意的是，火药设计要满足通气参量的要求，以免造成有害的"侵蚀燃烧"，引起不必要的高压室的初始压强峰，如图3.54所示。

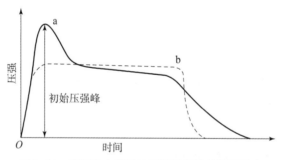

图 3.54　高压室火药设计不当引起的初始压强峰

常用点火药种类主要有黑火药、烟火剂型点火药和均质火药等，可单独使用，也可组合使用，如黑火药与烟火剂型点火药的组合、黑火药与均质火药的组合等。

3.3.7　电磁弹射技术概述

电磁弹射概念的提出已有百余年，其在武器方面的应用主要针对电磁炮，其目的是提高炮口动能，研究曾主要集中于车载电磁坦克炮与反坦克炮、机载电磁炮、舰载电磁炮等，目前在航空母舰–舰载机弹射、天基防御拦截、航天

发射、空间轨道转移等方面也已进行了很多研究。

与以火药为能源的弹射器相比，电磁弹射器具有以下优势：

（1）电磁弹射可提供更大的动力，具有更大的发射动能，可使火箭达到更高的初速度；

（2）能量转换效率更高；

（3）电能释放更易于控制，弹射器工作稳定，几乎不受外界环境温度的影响，内弹道性能更为优良，可重复快速发射；

（4）电磁弹射成本低；

（5）操控安全、可靠、适应性强。

进入 21 世纪，随着储能、电力电子、直线电机以及控制技术的发展，美国正式启动了真正实用化的电磁弹射飞机系统，用于航母弹射舰载机。2010年 12 月，美国海军成功弹射"F/A - 18"舰载机，标志着电磁弹射技术的成熟化和实用化，并在"福特"级航母"CVN78"上安装了该电磁弹射系统。

美国桑蒂亚国家实验室和洛克希德 – 马丁公司开发的多级脉冲感应线圈式电磁弹射器用于弹射导弹，为满足海军大部分导弹发射的需要，其驱动线圈和发射线圈设计成方形。导弹位于发射线圈（电枢）上，弹射时，驱动线圈依次通电，将发射线圈及导弹弹出发射箱，其后发射线圈与导弹分离，导弹离开发射箱一定距离后，弹上发动机点火，继续飞行，如图 3.55 所示。此类弹射器也可用于运载火箭的发射。

图 3.55　试验中的导弹电磁弹射器

NASA 曾尝试修建一个长 700 m、仰角为 30°、口径为 500 mm 的电磁线圈巨炮，将 2 000 kg 的火箭加速到 4 000 ~ 5 000 m/s，推送到 200 km 以上的高度，以期使用这个系统重复发射小型卫星或者为未来兴建大型近地空间站提供廉价的物资运输。美国桑蒂亚国家实验室设计了一种线圈型电磁发射装置，由 9 000 级驱动线圈组成，发射装置长 960 m，倾角为 25°，拟将 600 kg 的电枢和 1 220 kg 的飞行器加速到 6 000 m/s，加速度高达 2 000g。

NASA 正在开展工程应用前期论证，研究"电磁 + 火箭"复合发射方式，已看到初步应用前景。

目前，具备高储能密度及快速充放电特性的高功率脉冲电源仍是制约电磁发射技术的关键因素。储能密度较低，功率密度亦较低，使电源体积和质量过大，不利于快速机动发射。

在航天发射方面，应重点开展电磁推射总体技术论证与研究，进行纯电磁发射、火箭与电磁复合发射等方案的研究及关键技术梳理；在此基础上，研究超高速同轴悬浮线圈推进技术，分段供电电源技术、同步控制技术，发展感应供电和其他非接触供电技术。

参 考 文 献

[1] 张泽明. 发射技术（上）[M]. 北京：国防工业出版社，2004.

[2] 赵承庆，姜毅. 气体射流动力学 [M]. 北京：北京理工大学出版社，1998.

[3] 姜毅，史少岩，牛钰森，于邵祯. 发射气体动力学 [M]. 北京：北京理工大学出版社，2015.

[4] 姚昌仁，唐国梁，宋廷伦. 火箭导弹发射动力学 [M]. 北京：北京理工大学出版社，1996.

[5] 姜毅，魏昕林，陈苗. 发射动力学 [M]. 北京：北京理工大学出版社，1996.

[6] 袁曾凤. 火箭导弹弹射内弹道学 [M]. 北京：北京工业学院出版社，1987.

[7] 谭大成. 弹射内弹道学 [M]. 北京：北京理工大学出版社，2015.

[8] 马伟明，鲁军勇. 电磁发射技术 [J]. 国防科技大学学报，2016，38 (06)：1 − 5.

[9] 苏子舟，张涛，张博，范薇. 导弹电磁弹射技术综述 [J]. 飞航导弹，2016 (08)：28 − 32.

第 4 章

发射装置设计基础

随着火箭、导弹等技术的进步，发射技术得到了快速发展，作为火箭、导弹武器系统重要组成部分的发射装置，也得到了不断的改进和发展。发射装置性能的优劣将直接影响火箭、导弹武器系统的作战效能、生存能力和全寿命周期成本，因此，需从火箭、导弹武器系统工程的全局出发，统筹考虑发射装置的研制问题。本章给出发射装置设计的基础知识。

| 4.1　总体设计 |

4.1.1　发射装置的战术技术要求

　　发射装置的战术技术要求由导弹武器系统总体任务书规定，是发射装置设计的基本依据，是设计结果的评价准则。战术技术要求一般包括战斗性能、勤务使用、经济性等方面的内容，主要要求如下。

1. 发射精度

　　射击准确度和密集度是指导弹对预定目标射击时的偏差和散布大小，是无控导弹武器的重要性能指标。提高准确度与密集度是无控导弹发射装置设计的关键。发射装置的初始瞄准误差、弹 – 架系统的振动，导弹的滑离速度或旋转速度直接影响这一性能，设计发射装置时要从瞄准、调平与标定方式，定向器的结构型式，弹 – 架系统的动态特性，导弹的发射速度与发射顺序等多方面来保证滑离速度和控制初始扰动，以满足发射精度要求。

　　导弹滑离时的初始扰动会影响导弹进入可控域的过程，可能造成导弹失控，因此某些导弹也要求提高发射阶段的精度，以满足导弹起控要求。

2. 机动性

　　发射装置的机动性是导弹武器的重要性能指标，是提高导弹武器生存能力的关键。它也是无控火箭武器的重要设计指标。

机动性通常分为战役机动性、战术机动性和快速反应能力。战役机动性是指利用铁路、海运或空运进行远距离运输和转移。战术机动性是依靠设备自身的动力实现快速行驶，在本作战区域内转移。快速反应能力指发射装置放列、变换射向、发射及撤收的能力。

战役机动性要求发射装置能顺利进行铁路运输，设备的外形尺寸应满足机车车辆的限界。如果要求空运则需符合空运尺寸和质量限制。

战术机动性的主要指标是行驶速度、越野性能、续驶距离等。机动性较好的发射装置满载时的最大行驶速度在公路上达到 60 km/h 以上，在土路上达到 25 km/h 以上，在田野中达到 10 km/h 以上，续驶距离超过 600 km。在选择运载车辆时要考虑公路上行驶时的通过性，车辆外形尺寸应能通过规定等级公路的路面宽、极限最小半径、桥梁高度等限界。质量也要满足规定等级公路的桥梁限重。

在考虑发射装置的机动性时应与其他设备协调一致，不能孤立地提高某一设备的机动性，这样做并不意味着整个导弹武器系统机动能力的改善。对导弹、制导技术及其他设备进行研究，使它们体积小、质量轻，用一辆车可装 2~3 种设备，形成多功能设备，因此减少运载车辆、缩短行军队列是提高机动性的最好例证。

为了提高快速反应能力应该提高发射装置的自动化水平，简化射前准备及发射程序，减小放列及赋予射向、跟踪目标的时间。

3. 环境的适应性

发射装置应具有良好的环境适应能力，在规定的环境条件下应能正常工作，在特殊环境条件下不被破坏，且有足够的耐受环境载荷的能力。

自然环境包括：温度、湿度、风力、沙尘、淋雨、盐雾、霉菌、辐射、电磁干扰等。对舰载发射装置要求在温度为 −30 ℃ ~ +60 ℃，风速为 20 ~ 30 m/s，相对湿度为 95%（温度为 30 ℃ 时），太阳辐射强度为（1 120 ± 10）W/m²，淋雨强度为 5 ~ 6 mm/min，盐雾二级，电磁干扰强度为 200 V/m 的条件下能正常工作。对地面发射装置要求在温度为 −40 ℃ ~ +50 ℃，相对湿度为 98% 的条件下能正常工作。

诱导环境包括：振动、冲击、噪声、舰艇摇摆等。战场使用环境包括：核爆炸、生物、化学、水下爆炸等作用与污染。发射装置也应有耐受这类环境载荷的能力。

4. 可靠性

设计发射装置时应根据当前的可靠性信息，对发射装置的可靠性作出预估，并提出可靠性大纲，使结构具有良好的维修性，做到可达、可用、可靠。

5. 具有多种功能

要求将贮存、运输、发射或运输、起竖、发射、保温等多种功能综合成一体，用一种设备完成多种功能。

6. 经济性

发射装置要便于生产，成本低，零部件要通用化、标准化，材料来源有保障。

前面所述是发射装置设计的一般技术条件，实际设计时的具体要求是经使用部门或系统总体单位论证，在导弹研制任务书和地面设备系统任务书中规定的。把一般性条件具体化为下列设计要求：即发射方式、结构形式、发射精度（或滑离速度、初始扰动值）、瞄准参数、环境条件、弹–架系统协调要求、发射装置与载体（车辆、舰艇、飞机）协调要求、发射装置与相关设备（装填设备等）协调要求等。

4.1.2 发射方式的选择

一般把导弹的发射地点、发射动力、发射姿态综合形成的发射导弹的方法称作发射方式。发射方式根据不同的分类方法可分为不同的类型，请参考 1.2 节相关内容，此处不再赘述。研究和确定导弹的发射方式是导弹武器系统总体设计的重要内容，也是发射装置设计的首要任务。

1. 发射动力的选择

按照导弹的发射动力，发射方式有弹射、自力发射、投射和复合发射等。发射动力由导弹以外的动力提供时称为弹射；发射动力由导弹发动机提供时称为自力发射；投射是外动力发射的一种，是机载导弹利用地球引力作用使导弹离开飞机，随后发动机点火；复合发射是指由外动力和自推力两种动力复合起来的发射方式。选择发射方式时首先要确定发射动力。

自力发射是使用最普遍的一种发射方式，陆基、海基、空基发射的导弹大都采用这种方式，其也是最早使用的一种方式。其特点是技术成熟，发射装置比较简单，发射也很方便，可靠性高。

自力发射的主要问题是燃气流的排导问题。在地下发射时需要解决排焰烧蚀、井下噪声等一系列复杂问题；在空中发射时要解决燃气流进入载机发动机进气道导致发动机熄火的问题；舰面发射时要防止对舰上设备的烧蚀；水下发射目前还未见使用自力发射方式。

弹射发射时，导弹离开发射装置时已具有一定的初始速度，而后主发动机点火，这有利于提高发射精度，缩小杀伤区近界，提高近距离作战能力。一些反坦克导弹采用弹射发射正是利用这一优点。无控火箭也欲利用弹射增加离筒速度，提高发射精度。

弹射发射的另一突出优点是燃气流对发射区的影响不大，不需要复杂的导流与防护设备。由于这种方式对发射环境和设备的适应性较好，因此非常适合水下发射、井下发射、森林区及发射点有易燃物地区的导弹发射。空中发射也利用外动力将导弹推出一段距离，然后点火，以确保载机的安全。

弹射发射的缺点是：（1）发射装置结构复杂，质量大；（2）需要设置隔离器，在发射时将工质（气体或液体）与导弹分开，导弹离开发射筒后需要可靠分离，还要求隔离器落下后不危害周围设备，这也是要解决的特殊问题；（3）重新装弹不方便，所以小型导弹的发射筒一般都是一次性使用的。

2. 发射姿态的选择

现有导弹的发射姿态基本上都是倾斜和垂直，水平发射应用得很少。不同发射姿态，发射装置的结构也不同。在导弹武器系统可行性研究阶段，除了确定发射动力外，还要确定发射姿态。

倾斜发射是各种战术导弹大量采用的一种发射方式，无控火箭采用的全是倾斜发射（探空火箭例外）。垂直发射过去仅用于攻击固定目标的弹道导弹，而现在攻击活动目标（对空、对舰、对坦克）的导弹也采用垂直发射方式。由于垂直发射有许多明显的优点，在导弹的控制和制导技术被突破以后，许多导弹都选择了这种发射方式。

两种发射方式优、缺点的比较如下。

1）快速反应能力

导弹倾斜发射时要进行瞄准，把发射方向指向目标，因此从发现目标到导弹发射需要较长的时间。而导弹垂直发射时无须瞄准，大大缩短了反应时间，提高了快速反应能力。

2）装弹量

垂直发射的导弹垂直存于弹库中，占用的空间很少，载弹量多，可以从装载位置直接发射导弹，因此，在一次作战中，能做到无须补弹而连续发射，使武器能对付饱和攻击。垂直发射时的发射率一般为 1 ~ 2 s/枚，而倾斜发射时每枚导弹的发射时间则在数秒以上。

3）攻击范围

垂直发射的导弹在空中可以转向任意方位，实现全方位打击，消除了由发射设备限制所造成的攻击死区。倾斜发射为避免燃气流的危害，考虑导弹的飞行安全，要受到地形、雷达天线及周围设备与建筑物的影响，瞄准范围经常受到限制，存在攻击死区。

垂直发射的导弹，引入段较弯曲，增大了杀伤近界及导弹拦截目标所需的飞行时间，对近界作战空域有影响。

4）发射系统的结构

垂直发射系统不需要复杂的实现高低与方位瞄准的机构、随动系统及指挥仪等，不需要由弹库向发射装置装弹的再装填设备，因此设备简化、结构简单、体积和质量小。这使整个系统的成本降低，可靠性提高，而维护人员减少。

导弹单独装在发射箱中，占据的空间小，可集装或分装在大小舰艇、商船甲板的不同位置上，或装在车上。其装载适应性强，受空间限制少。

倾斜发射要考虑瞄准的需要，要避开燃气流的危害，占据的空间较大，装舰或装车受到限制。

5）阵地布置

倾斜发射的发射装置与其他设备之间一般留有 70 ~ 100 m 的距离，以防止燃气流的危害。而垂直发射的发射装置与其他设备之间的距离可以缩小，这既方便了阵地选择，又有利于隐蔽、伪装。

综上，垂直发射有许多优点，但是导弹必须解决推力矢量控制、捷联惯导及亚声速下的大攻角气动耦合等一系列关键问题，才能考虑选用这种发射方式。

3. 战斗部署的选择

从导弹武器的战斗部署看，导弹发射可以采用固定发射和机动发射两种方式。

固定发射的发射点是固定的。对弹道导弹可以是地面、半地下、地下固定发射。固定发射点的坐标可准确测量，所以目标方位、距离及发射点周围的重力场也都可以准确测量，有利于提高导弹的命中精度。这种方式的主要问题是发射点很容易被侦破而受到攻击。

海防导弹的坑道式发射，通过事先构筑坑道，将导弹及发射设备贮于其中，发射时移至坑道口，属于半地下固定的一种发射方式，有一定的隐蔽性和防护能力。

机动发射的发射点不固定在某一位置，而是经常变换的。机动发射利用机动的方法躲避敌人的侦察和攻击，以提高生存能力。机动的方法可以是：

（1）公路机动：在公路上实施机动和转移，在预定地点进行发射准备和发射。

（2）越野机动：在非公路和无路地区实施机动、转移、发射准备和发射。

（3）铁路机动：在列车上沿铁路实施机动、转移、发射准备和发射。

（4）水面机动：在舰船上实施机动、转移、发射准备和发射。

（5）水下机动：利用潜艇实施机动和发射。

（6）空中机动：利用飞机实施机动和发射。

不同机动的方法的发射装置，其设计要求与具体结构有很大差别。

4.1.3　载运车辆方案的选择

1. 对载运车辆的要求

陆上机动发射装置的载运车辆直接影响发射装置的机动性、生存能力、战斗能力及经济性，影响发射装置的结构形式与使用，是发射装置总体方案设计时要选择的重要设备。选择的基本原则是，尽量选用定型生产的基本型或发展型车辆，或对基本型车辆加以少量改装，使其满足使用要求。这样可以缩短研制周期，节约经费，便于维护保养。具体要求是：

（1）车辆底盘的结构形式和尺寸应符合发射装置总体布置的需要，满足使用要求；

（2）车体结构有足够的强度和刚度，能承受发射时所受的载荷；

（3）具有远距离转移、公路机动、越野机动的良好能力，有必要的行程和行驶速度；

（4）装上发射装置后的车辆质心要低，保证有良好的发射稳定性和行驶稳定性；

（5）车内驾驶和操作人员有良好的工作环境，驾驶员有良好的视野；

（6）有良好的减振措施，减小导弹运输过程中受到的振动冲击载荷；

（7）车辆结构应便于采取防护燃气流冲刷和烧蚀的措施，应考虑对核武器、生物武器、化学武器的防护措施；

（8）安全可靠，操作方便，维护保养简单。

2. 车辆形式的选择

载运车辆主要有牵引式和自行式两种，其中牵引式又可分为拖车式和半拖车式两种，拖车又有多轴、双轴和单轴拖车之分，自行式可分为轮式和履带式两种形式。

1）轮式自行式车底盘

一般选择合适的越野载重汽车作为发射装置底盘，其优点是机动性好、速度快、行程远、可充分利用道路行驶。

改装汽车作为发射装置底盘时，要注意几个问题：

（1）全车高度不能超过通过性和稳定性允许的值；

（2）由于驾驶室的限制及燃气流的影响，方向及俯仰发射角将受到限制；

（3）全车质心要符合车体前、后桥载重分配的需要；

（4）根据需要可加长车身，增加燃气流防护板，由分动箱取力，驱动液压泵，为液压系统提供动力源。

2）履带式自行式车底盘

一般用坦克或步兵战车底盘改装，其优点是通过性及稳定性好，转向灵活，有装甲防护利于"三防"（防原子、化学及生物袭击）；其缺点是噪声大、耗油量高、成本高、寿命短。

以履带式自行式车作为发射装置的载运车辆得到广泛的应用。例如苏联"SA－6"及"SA－13"地－空导弹，法国为沙特阿拉伯研制的"猎鹰"地－空导弹，德、法合研的"罗兰特"地－空导弹，美国"MLRS"多管火箭系统，"苏夫劳克－7"火箭炮等都用履带式自行式车作底盘。

3）拖车

可自行设计拖车或半拖车作为载体，其优点是发射装置总体布置的要求容易满足，对质量、尺寸及射界的限制少；行驶稳定性和发射稳定性好；生产周期短，成本低。其缺点是机动性较差、放列与撤收时间较长。

3. 车载发射装置的行驶性能

选择运载方案时要作行驶性能计算，以检查选择的合理性。行驶性能包括动力性、机动性、通过性、稳定性、铁路与空运转移能力等。

1）动力性

动力性指发射车在各种运动阻力的道路上最大可能的行驶状态。其标志为最大爬坡角、最大行驶速度、最大加速度、最大行程等。

（1）最大爬坡角。最大爬坡角是在满载发射车没有加速度的条件下，发动机输出最大牵引力时，可能向上行驶的纵向坡度角。这时发动机的全部动力都用来克服道路阻力，由汽车的动力因素和道路滚动阻力系数可以算出。实际上车辆选定后，这个值是已知的。轮式自行式车最大爬坡角范围为 20°～30°，履带式自行式车最大爬坡角范围为 25°～32°。

（2）最大行驶速度。最大行驶速度是在规定的水平路面上承载时车辆达到的最大速度。公路上为 $v_{max} = 40～60$ km/h；土路上为 $v_{max} = 15～20$ km/h；碎石路上为 $v_{max} = 20～30$ km/h；旷野路上为 $v_{max} = 8～10$ km/h。其平均速度，在公路上为最大行驶速度的 60%～70%，在土路上为最大行驶速度的 40%～50%。

（3）最大加速度。最大加速度是在规定的水平路面上，发动机输出最大牵引力时，承载车辆产生的加速度。这时发动机全部动力除用来克服滚动阻力外，其余用来增加车辆的加速度。该值越大，车辆的动力性越好。

（4）最大行程。最大行程是在规定的公路上，一次加油承载车辆能行驶的里程。对于轮式自行式车，公路行驶不小于 500 km；对履带式自行式车，公路行驶不小于 300 km。

2）机动性

机动性是指在最小面积中转弯、调头和倒车的能力。其标志为最小转弯半径 R 及总轮距 B_0。它取决于汽车的转向机构和轴距，一般载重汽车的最小转弯半径为 8.0～12 m。如图 4.1 所示，由式（4.1.1）可计算外轮的最小转弯半径：

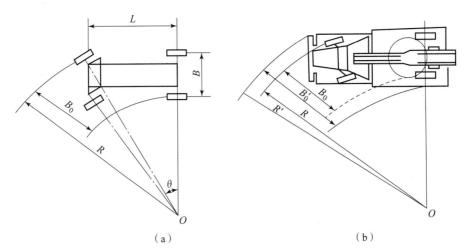

（a）　　　　　　　　　　　（b）

图 4.1　载运车辆的机动性参数

$$R = \frac{L}{\sin\theta} \qquad\qquad (4.1:1)$$

式中，L 为载运车辆的轴距；θ 为前外轮的最大转向角。最前端的转弯半径 R' 比 R 大一些。

最小转弯半径时的总轮距由式（4.1.2）计算：

$$B_0 = R - (R\cos\theta - B) = \frac{L}{\sin\theta}(1 - \cos\theta) + B \qquad (4.1.2)$$

最前端外侧与后端内侧沿半径方向的距离 B_0' 比 B_0 大一些。

选用的载运车辆必须满足规定的路面条件，R 和 B_0 应小于公路的最小转弯半径和转弯处的路面宽度。

3）通过性

通过性是指通过各种道路、旷野和障碍的能力。它主要取决于载运车辆及总布置的几何参数与力学参数。

（1）离地间隙。离地间隙是载运车辆满载时底盘最低点与路面的距离，反映了无碰撞地通过障碍物及松软土路的能力。一般轮式自行式车的离地间隙为 350～450 mm；履带式自行式车的离地间隙为 400～450 mm。

（2）通过角。载运车辆前突出点到前轮切线与地面的夹角 α_1 叫接近角；后突出点到后轮切线与地面的夹角 α_2 叫离去角。它们反映了通过壕沟及障碍物的能力。一般轮式自行式车的接近角为 20°～45°，离去角为 20～45°；履带式自行式车的接近角为 30°～45°，离去角大于 20°。

（3）涉水深度。涉水深度是载运车辆能够渗水的最高部位到地面的距离。一般轮式自行式车的涉水深度为 0.8 m，履带式自行式车的涉水深度为 1.0 m。

（4）纵向通过半径及横向通过半径（图 4.2）。纵向（横向）通过半径是前、后轮（左、右轮）及两轮间最低点相切之圆的半径，它表示载运车辆通过起伏道路、小丘、拱桥的能力。通过半径越小，其通过能力越好。一般重型轮式自行式车的纵向通过半径为 5～6 m，中型轮式自行式车的纵向通过半径为 5.5 m。

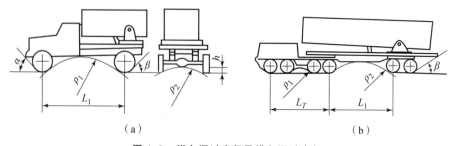

（a）　　　　　　　　　　　　　　　（b）

图 4.2　纵向通过半径及横向通过半径

（5）克服垂直障碍物的高度 H［图 4.3（a）］。

H 与驱动轮在路面的附着系数有关。对于单轴驱动汽车，$H \approx 2r/3$（r 车轮半径）；对于双轴驱动汽车，$H \approx r$。

（6）跨越沟宽 b［图 4.3（b）］。

对于单轴驱动汽车，$b \approx r$；对于双轴驱动汽车，$b \approx 1.2r$。

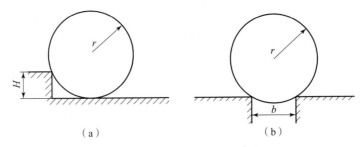

（a）　　　　　　　　　　　（b）

图 4.3　克服垂直障碍物的高度

（7）载运车辆外廓尺寸。不应超出公路运输的限制，保证公路机动性。具体限制可参考中华人民共和国强制性国家标准 GB 1589—2016《汽车、挂车及汽车列车外廓尺寸、轴荷及质量限值》。

（8）路面的平均比压 p。路面的平均比压指与轮胎或履带接触的路面上的单位面积上的平均压强，反映载运车辆通过松软地段、积雪、沙漠以及沼泽地的能力，可由式（4.1.3）计算。

$$p = mg/S \qquad (4.1.3)$$

式中，m 为车辆总质量；S 为车辆与路面接触面积。

对于轮式自行式车，p 不应大于 $0.45 \sim 0.6$ MPa；对于履带式自行式车，p 不应大于 $0.05 \sim 0.075$ MPa。

（9）比功率 N。其值可由式（4.1.4）计算。

$$N = \frac{N_{\max}}{m} \qquad (4.1.4)$$

式中，$N_{\max}$ 为发动机最大输出功率。

N 值一般不小于 11 kW/t。N 越大，车辆的动力性能越好。

4）稳定性

稳定性是汽车抵抗倾翻和滑移的能力，包括纵向稳定性和横向稳定性。

（1）纵向稳定条件。

①自行式车。

载运车辆上坡行驶时，可能出现纵向倾翻。如图 4.4 所示，绕后轮接地点倾翻的条件为

$$W_L \sin\alpha \times h \leqslant W_L \cos\alpha \times b$$

式中，W_L 为自行式重力。

$$\tan\alpha \leqslant \frac{b}{h} \qquad (4.1.5)$$

式（4.1.5）计算的 α 就是车辆出现纵向倾翻时的路面倾斜角。显然，极限稳定角为 $\alpha_t = \arctan\frac{b}{h}$。

由于路面附着力随坡度角的增加而减小，所以车辆倾翻前可能会滑移。由图4.4可知发生滑移的条件为

$$W_L \sin\alpha_\varphi < W_L \varphi \sin\alpha_\varphi$$

即

$$\tan\alpha_\varphi < \varphi \qquad (4.1.6)$$

式中，φ 为路面附着系数。

因而纵向滑移的极限稳定角为

$\alpha_\varphi > \arctan\varphi$。

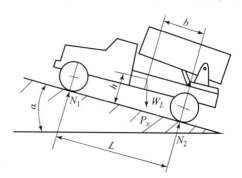

图4.4　自行式车的纵向稳定性

设计时应当增大 b 值，减小 h 值，保证有较大的稳定角。由于 $b/h > \varphi$ 时，滑移将发生在倾翻之前，$b/h < \varphi$ 时，倾翻将发生在滑移之前，所以应使 $b/h > \varphi$ 的条件成立，使倾翻之前就产生滑移，从而避免车辆倾翻。

②拖车式牵引式车。

拖车式牵引式车也是被广泛采用的载运车辆形式，其纵向稳定性与前述有所不同。如图4.5所示，拖车牵引式车的纵向倾翻条件为

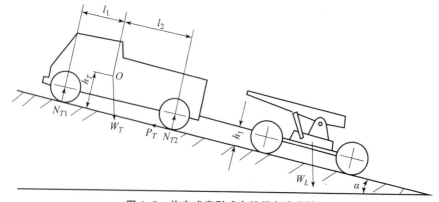

图4.5　拖车式牵引式车的纵向稳定性

$$N_{T1} + P_T h_T \geqslant W_L(h_T - h_1)\sin\alpha + N_{T2} l_2 \qquad (4.1.7)$$

式中，N_{T1}、N_{T2} 分别为拖车式牵引式车前、后轮的反力；P_T 为牵引力；h_T 为拖

车式牵引式车质心离地高；h_1 为牵引杆离地高。纵向倾翻必然发生在上坡时，此时行驶速度低，空气阻力可忽略，同时认为等速行驶，牵引力用于克服上坡阻力，即

$$P_T = (W_T + W_L)\sin\alpha \qquad (4.1.8)$$

在倾翻时，有 $N_{T1} = 0$，$N_{T2} = W_T\cos\alpha$。式中 W_T 是拖车式牵引式车的重力。将这些条件代入式（4.1.7）中，可得

$$\tan\alpha \geqslant \frac{W_T l_2}{W_T h_T + W_L h_1} \qquad (4.1.9)$$

用上式可以确定拖式牵引式车纵向倾翻的极限稳定角。

下面分析拖车式牵引式的纵向滑移条件，认为上坡时，拖车式牵引式车驱动轮的附着力全部用于克服爬坡阻力，即

$$(W_T + W_L)\sin\alpha_\varphi = \varphi W_{TH}\cos\alpha_\varphi$$

式中，W_{TH} 为拖车式牵引式车驱动轮的负载。

当上式左边大于右边，即阻力大于附着力时，拖车式牵引式车发生滑移，驱动轮滑移条件为

$$\tan\alpha_\varphi \geqslant \frac{\varphi W_{TH}}{W_T + W_L} \qquad (4.1.10)$$

由上式可确定滑移的极限稳定角。纵向稳定角应对 α 及 α_φ 比较后再定。当 $\alpha_\varphi < \alpha$ 时，滑移发生在倾翻之前，这时的最大爬坡角由纵向滑移条件决定。当 $\alpha_\varphi > \alpha$ 时，倾翻发生在滑移之前，这时的最大爬坡角由纵向倾翻条件决定。

显然，设计拖车式牵引式车时也应该保证 $\alpha_\varphi < \alpha$，以避免车辆倾翻。

（2）横向稳定条件。

横向稳定条件由在横向斜坡上行驶时载运车辆不发生倾翻及不出现滑移现象而定。

如图 4.6 所示，若载运车辆沿横向倾斜的弯曲路面行驶，车的重力分力及离心力可能使其倾翻。假设载运车辆沿着曲率不变的弯曲路面行驶，则

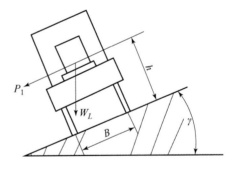

图 4.6　横向稳定性条件

$$W_L h\sin\gamma + \frac{W_L v^2}{gR}h\cos\gamma \geqslant W_L \frac{B}{2}\cos\gamma - \frac{W_L v^2}{gR}\frac{B}{2}\sin\gamma$$

所以有

$$\tan\gamma = \frac{\dfrac{B}{2} - \dfrac{hv^2}{gR}}{h + \dfrac{Bv^2}{2gR}} = \frac{\dfrac{B}{2h} - \dfrac{v^2}{gR}}{1 + \dfrac{Bv^2}{2hgR}} \tag{4.1.11}$$

式中，v 为行驶速度；R 为路面曲率；B 为车轮宽度。

由式（4.1.11）可计算横向倾翻的极限稳定角，而不发生倾翻允许的最大速度可由式（4.1.12）计算：

$$v_{max} = \sqrt{\frac{gR\left(\dfrac{B}{2} - h\tan\gamma\right)}{\dfrac{B}{2}\tan\gamma + h}} \tag{4.1.12}$$

发生横向滑移的极限条件为

$$W_L\sin\gamma + \frac{W_L v^2}{gR}\cos\gamma = \left(W_L\cos\gamma - \frac{W_L v^2}{gR}\sin\gamma\right)\varphi$$

所以有

$$\tan\gamma = \frac{\varphi - \dfrac{v^2}{gR}}{1 + \dfrac{v^2}{gR}\varphi} \tag{4.1.13}$$

由式（4.1.13）可确定横向滑移的极限稳定角，而不发生横向滑移所允许的最大速度可由式（4.1.14）计算：

$$v_{max} = \sqrt{\frac{gR(\varphi - \tan\gamma)}{\varphi\tan\gamma + 1}} \tag{4.1.14}$$

对比式（4.1.11）和式（4.1.13）可以看出，在弯曲路面上的离心力使横向极限稳定角减小；当 $\dfrac{B}{2h} > \varphi$ 时，在倾翻之前发生滑移；当 $\dfrac{B}{2h} < \varphi$ 时，在滑移之前发生倾翻。

5）铁路与空运转移能力

前面介绍的是载运车辆依靠本身动力实现快速行驶的能力。除此之外，载运车辆还要具有借助铁路、空运、海运转移的能力。

（1）铁路运输。载运车辆要能用铁路远距离运输，其外形尺寸必须在 GB 146.1—1983 规定的机车车辆限界之内。标准轨距铁路机车车辆的限界如图 4.7 所示。

（2）空中运输。载运车辆空中运输时，其外形尺寸应满足空中运输的限制。

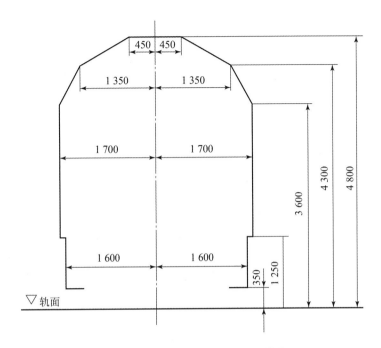

图 4.7　标准轨距铁路机车车辆的限界（单位：mm）

4.1.4　装弹方式的选择

1. 装弹方式的分类

导弹的装弹设备是导弹武器系统中的技术支援设备，主要作用是将导弹装填到发射装置内或从发射装置退出导弹。有的装弹设备还需将导弹从存放地点（技术阵地、发射阵地掩蔽所或弹库）运到装弹位，有的还要完成导弹各级的对接、弹体与助推器的对接等任务。

装弹方式关系到装弹时间的长短、装弹时的操作使用性能及安全可靠性，影响导弹武器的连续作战能力。设计发射装置时，必须同时考虑导弹的装填方法，协调好发射装置与装弹设备之间的关系，以确保完成装弹任务，并保证战斗性能要求。

装弹方式可以从以下不同的角度分类：

（1）按发射装置的装填角，可分为倾斜装填、垂直装填和水平装填；

（2）按相对发射装置的方向，可分为前装弹、后装弹、上装弹、下装弹；

（3）按装弹动力，可分为人工装弹、半自动装弹、自动装弹；

（4）按装弹设备的结构，可分为专用拖车式、专用自行式、对接与装填二合一式、弹库输弹式。

对箱式发射而言，它是将导弹装填至发射箱内，一般采用水平装填方式，可采用前装填或后装填。根据导弹与发射箱之间装填接口的复杂程度、装填导弹的质量、装填技术指标、成本等要求，合理选择装填动力。设计时，要协调解决的是导弹在装弹装置上的固定、调整、导向，以及导弹装填发射箱的快速定位等技术问题。

对架式发射而言，它是将导弹装到发射装置的定向器上，可以是单枚弹逐一装填，也可是几枚弹联装。设计时要协调解决的是装填设备的对接，导弹的导向、定位、固定等技术问题。

2. 发射装置与装填设备之间的协调

设计发射装置时，要做好其与装填设备之间的协调工作，确保安全、快速、方便地装弹。这些工作包括结构方案、尺寸公差、功能分配、阵地布置等多方面的协调，具体内容如下：

（1）保证按对接要求，使两设备的轴线对准。按 6 个自由度调整的要求，做好两种设备间的分工，定好调节方案，按两设备装弹位置要求，提出装填场地的标定与布置方案。

（2）发射装置与装弹设备对接结构应协调一致，尺寸应保证有互换性，应有固定结构。

（3）协调好装弹过程的导向与定位机构，保证导弹顺利进入装弹位置。

（4）保证装弹到位后，装弹机构立即停止工作，应设置装填到位后的信号指示或保险机构。

（5）应有向瞄准机构输出装填角和装填方位的指令，以便发射装置能由战斗位置回到装填位置。

（6）装填时间应符合连续作战要求。

4.1.5 车载发射装置的支承与调平方式的选择

1. 支承方式

车载发射装置进入发射阵地后，要用适当的方式支于地面，使发射装置由行军状态转换为战斗状态。选择支承方式的依据主要有两个，一是考虑发射时的稳定性；另一是考虑弹 – 架系统的振动特性，控制发射时导弹的初始扰动。

目前车载发射装置的支承方式有 3 种：

（1）刚性支承。发射车用 3 ~ 4 个液压千斤顶支于地面，发射时的载荷通过千斤顶传递到地面。

（2）弹性支承。发射车用前、后车轮支于地面，发射时的载荷通过前、后轮胎传给地面。车体的悬挂可以锁死，只有轮胎的弹性支承；也可以不锁死，由轮胎和悬挂的弹性串联支承。

（3）半刚性支承。发射车用前车轮和后千斤顶支于地面，形成所谓的前弹性、后刚性的支承。使用这种支承方式，发射车在由行军状态转换为战斗状态时，后面的两个千斤顶下降，着地后将全车抬起，后轮逐步减少负载，到一定值后停止。

采用半刚性支承时要解决后轮和千斤顶的载荷分配问题，可在两种方案中选择：①后车轮全部悬空，不承载，全部载荷由千斤顶承担；②后车轮承担小部分载荷，其余大部分载荷由千斤顶承担。

导弹发射车大都采用刚性支承方式，以保证发射时的稳定性，要求精确调平。对于火箭发射车，3 种支承方式都有。半刚性支承有其特殊优点，所以一些大型火箭也用它。其优点是：

（1）能较好地保持发射时的稳定性，不会出现倾翻与水平滑移；

（2）使发射车具有必要的支承刚度及阻尼，以减小或控制初始扰动，减小火箭的散布。通过发射稳定性计算及发射动力学的分析，可找到合理的刚度与阻尼的最佳范围。

采用刚性或半刚性支承的发射装置，进入阵地时要完成放列的全部程序，才能处于战斗状态。退出阵地时要完成撤收的全部程序，才能处于行军状态。放列与撤收过程中包括下列工作：

（1）放列过程：接受"放列"指令→千斤顶伸出并着地→抬起发射车，车轮卸去载荷，或解脱板簧载荷→调平→将千斤顶锁死，保持战斗状态→发出"放列完毕"指令。

（2）撤收过程：接受"撤收"指令→将千斤顶解锁→发射车下落→车轮或板簧承受载荷→收回千斤顶成行军状态→发出"撤收完毕"指令。

综上，所设计的转换支承系统必须具有下列功能：①发出"行军 – 放列"或"战斗 – 撤收"指令；②测量发射车的水平；③测量支腿承受的载荷值；④计算、判断、确定调整方案，输出执行命令；⑤执行调整命令，并保持战斗或行军状态。

2. 手动转换调平系统

这种系统的放列与撤收均靠人来完成。在放列或撤收过程中，发出或返回转换指令、检测水平度、操作执行机构等工作均由人工完成。发射车的基准面的水平度由水平仪来检测。执行机构有如下两种。

1）螺旋千斤顶

螺旋千斤顶在发射装置上的布置方式有两种：一种是布置在车架上，用人力旋转螺杆，使千斤顶下落支于地面，拾起发射车，并调整水平。另一种是布置在座架与基座之间，而基座支于地面。旋转螺杆，只用于调整水平，并不起放列作用。

2）液压千斤顶

液压千斤顶在发射装置上的布置与螺旋千斤顶相同，可以布置在车架上，也可以布置在座架与基座之间。千斤顶的伸缩是由人操作油泵及控制阀来实现的。放列与调平后，用液压锁或机械锁锁住，防止调平状态被破坏。

液压机千斤顶的优点是结构紧凑、质量轻、操作省力、比螺旋千斤顶省时。其缺点是可靠性差、容易漏油。

3. 自动转换调平系统

1）系统的功能

自动转换调平系统是完成导弹发射车行军状态与战斗状态相互转化的一个自动控制系统，其主要功能为：

（1）自动放列。接收来自主计算机或操作人员的指令，自动伸出各个液压支腿，直至各个支腿全部着地并保证一定的着地压力，并给控制器返回放列完毕的信号。

（2）自动调平。在系统完成自动放列动作后，若需要调整发射车的水平度，则控制器根据水平度检测仪测量的发射车倾斜的角度，调整各个支脚的高度使发射车倾斜的角度满足调平精度要求，然后锁紧液压缸，并给主计算机返回调平结束的信号。

（3）自动撤收。接收到撤收命令后，自动完成解锁，收回液压支脚，完全收到位后，给主计算机返回撤收完毕的信号。

（4）手动放列与撤收。在自动控制器出现故障时，可手动操作完成上述动作。

2）系统的组成

自动转换调平系统由液体摆组合、水平检测仪、调平控制器及液压系统组成，如图4.8所示。各组成部分的功能如下：

（1）液体摆组合。检测发射车水平度，输出水平状态的信号，是自动转换调平系统的敏感元件。

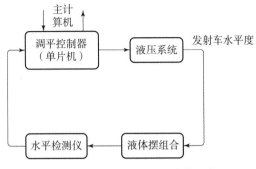

图 4.8　自动转换调平系统的组成

（2）水平检测仪。将发射车水平状态的信号放大，将模拟量转换成数字量，并显示发射车水平状态。

（3）调平控制器。接收主计算机命令及水平检测仪的信号，按一定程序控制液压系统工作，并向主计算机回令。

（4）液压系统。使液压支腿升降，达到放列、调平、撤收的目的。

4.1.6　发射装置的总体布置

发射装置的总体布置一般是在总体方案和总体性能参数确定的情况下，在发射装置总体技术协调的基础上绘制发射装置外形图，并通过必要的仿真分析，确定各组件和部件之间的位置安排以及主要尺寸、质心位置、运动部件的极限位置、运动部件的运动轨迹、扫略空间等。在此基础上协调、确定发射装置和弹体、装载对象、火控系统等有关设备之间的接口关系。

在总体布置完成后，开始组、部件设计，将各种问题具体化，矛盾也会逐渐暴露。这时，总体人员要根据任务书的要求，把握总体性能，及时协调发射装置与其他设备之间及发射装置各部分之间出现的配合问题，进一步分析各组、部件的性能指标。

在各组、部件设计基本完成的基础上，绘制总装配图，并提出总装技术要求。

发射装置的总体布置是一个持续性过程，几个阶段之间相互联系、相互制约，反复交替进行。发射装置的总体布置是方案中具有全局影响的设计过程，需要在给定空间尺寸内、给定质量约束下实现所有组、部件的布置，实现发射装置的功能指标。另外，发射装置的总体布置还影响到外形、伪装隐身性能、操作性、维修性等。在总体布局阶段，需要结合后续的使用维护等各个方面进行发射装置的总体布置设计。

1. 舰载发射装置的总体布置

舰载发射装置的总体布置要满足导弹总体及火控系统提出的战术技术要求，并且要满足舰艇条件和设备安装的协调要求。这些要求包括：

（1）执行舰艇总体给定的布置要求和装舰要素；

（2）发射时，导弹的飞行经过区域和燃气流的影响范围不妨碍舰上工作和破坏舰上设备；

（3）考虑导弹下沉、低头等姿态变化及舰艇运动引起的牵连运动对其的影响，确定上层建筑的安全距离与防护措施；

（4）考虑燃气流的排导与处理；

（5）发射装置应尽可能布置在远离舰艇上高振动和大功率发射天线区；

（6）发射装置在甲板上的各组成部分应尽可能集中布置，并考虑操作维修方便；

（7）应考虑在码头上吊装发射箱时必要的空间，在码头停靠时不与相邻舰艇碰撞；

（8）在易碎盖、爆炸螺栓或适配器的散落范围内，应避免设置其他易损设备，必须设置的设备应加装防护设施；

（9）安装在甲板下的液压系统、电气设备应尽可能布置在发射装置下的舱室内；

（10）穿越甲板的电缆、液压管路应尽量集中（危险线路除外），甲板上、下的电缆线、管路布置应合理，排列有序；

（11）发射装置的基座应固于舰体肋骨上，保证支承结构的刚度要求。

2. 车载发射装置的总体布置

车载发射装置主要由底盘车和上装设备组成，其中底盘车选型在发射装置装载平台选择和分析过程中完成，并基本确定上装设备的装载能力与布局空间，在此基础上对发射箱、发射架、导流器、驱动装置（液压驱动或电驱动）、发控舱、设备舱、控制系统、电源等上装设备进行布置。车载发射装置的总体布置的主要任务是在有限的布局空间内合理布局上装设备和运动机构，需要综合考虑发射装置的整体外形、外廓尺寸、质量、质心、维修性、保障性、人机工程等因素。由于受到支承能力、空间尺寸、使用要求等的限制，车载发射装置的总体布置有许多特点，工作时必须注意。

（1）尽量增加联装数。

由于车体承载能力及尺寸的限制，定向器的联装数是有限的。为了提高单车的火力,应尽可能多装弹。因此,设计中应尽可能简化部件结构,减小尺寸及质量,使车体有较多剩余载重和空间用来装弹。

引入结构系数 λ 来表示结构设计的优劣。设弹的重量为 W_R,装弹数为 n,车体载重为 W_E,发射装置部件重量为 W_L,则剩余载重允许的装弹量为

$$nW_R \leqslant W_E - W_L$$

令 $\lambda = \dfrac{nW_R}{W_L}$,将其代入上式可得

$$n \leqslant \frac{\lambda W_E}{(\lambda + 1)W_R} \tag{4.1.15}$$

用式 (4.1.15) 可估算允许的装弹数。现有车载发射装置的 λ 为 0.3 ~ 0.72,平均值为 0.5。

(2) 合理地确定耳轴和立轴位置。

耳轴是起落部分俯仰回转的中心,立轴是回转部分方向回转的中心,它们的位置是影响许多性能的重要因素,是布置的关键。

①确定耳轴位置时要注意的问题。

耳轴离地高度大,发射装置总高度增大,好处是转台上的空间加大,便于瞄准机的安排。在最大射角时定向器尾端有足够的距离,有利于燃气流的排导。在保证这个距离的前提下,起落部分质心可接近耳轴,以减小不平衡力矩。但耳轴过高,整个发射装置的质心高,影响行驶与发射时的稳定性,以及行驶的机动性。

耳轴离地高度小,对提高发射车的稳定性和机动性有利。但耳轴离地高度过小,则使定向器尾端离地高,不利于燃气流的排导。同时因为受驾驶室高度的限制,直前射击时最小射角值也会受到影响。

②确定立轴位置时要注意的问题。

立轴位置是指立轴在车体上的位置和相对耳轴的距离。立轴位置的布置影响车体轴荷的分配、瞄准角受驾驶室限制的程度及回转支承装置的受力状况。

立轴在车体上的位置应使车体各轴载荷分配合理。对自行式载重越野车,前轴载荷占 22% ~ 27%,后轴载荷占 73% ~ 78%。改变载荷分配将影响原型车的操纵性能、稳定性能和振动性能。

驾驶室限制发射装置的高低与方向瞄准范围,立轴后移对增大瞄准角是有利的。

立轴和耳轴距离应使回转部分质心靠近立轴,在高低极限射角时,质心应在立轴两侧。多联发射装置连续发射时,质心位置变化不应过大。

(3) 选择合适的放列、调平、撤收方案,以使操作方便,动作确实可靠,

转换时间短。

（4）保证发射稳定性。

应对横向发射时的稳定性进行计算，保证发射车不滑移、不倾翻。可选择一定长度的伸缩支腿和符合比压要求的地面支承盘或驻锄。总布置时使导弹离轨时的合成载荷造成的倾翻力矩及水平力尽量小。

（5）满足人机工程的要求

操作使用的手柄、按钮、仪表、操作窗口等应符合人体尺寸、人体力学和工程心理等方面的要求。在总布置时应合理地安排它们的位置，决定它们的尺寸、作用力、显示方式和颜色，充分发挥人和机器的最大能动性，并防止人为差错的发生。

3. 机载发射装置的总体布置

机载发射装置是现代作战机载导弹武器系统的一个重要组成部分，用于在飞机上安装和载运导弹，并按规定的发射程序控制和实施导弹的发射。机载发射装置置于飞机和导弹之间，上连载机，下挂导弹，是机载火力控制系统、外挂管理系统及飞行员座舱控制机构与导弹的桥梁和纽带。飞机和导弹只有通过机载发射装置在电气与结构上进行连接，才能形成完整的机载导弹武器系统。因此，机载发射装置的性能、构型和（电气、机械等）接口关系都将直接影响机载武器系统战技性能的发挥，并随着机载武器系统的发展而协调、同步地发展。

机载导弹都是通过机载发射装置挂到飞机上的。机载发射装置处于载机和导弹之间，通过机载发射装置，飞机和导弹相联系而形成一个机载武器系统。机载发射装置作为飞机携带和发射导弹的专用装置，是导弹武器系统的重要组成部分，具有载运与发射导弹的功能。导弹的主要用途是按载机的预定要求击中目标。机载发射装置的发射方式及质量对导弹发射的精度和可靠性，以及载机的安全性有极大的影响。

1）机载发射装置的作用

（1）实现导弹与载机的可靠连接。

导弹与载机的可靠连接包括机械、电源、气源、信息的可靠连接。机载发射装置实现导弹在载机上的悬挂，保证导弹正常可靠地随载机飞行。在导弹随载机飞行期间，机载发射装置要能承受本身和导弹所传递的各种载荷（静、动和热载荷等）的综合作用，而不能发生结构损坏和不允许的结构变形。此外，机载发射装置要在载机所有的牵连载荷下（包括载机载弹起飞和着陆过程）可靠地"锁"住导弹，而不能发生任何"释放"导弹的现象。

在导弹随载机飞行期间，导弹正常工作所需的各种能源都是由载机通过机载发射装置提供的，如载机通过机载发射装置提供直流电源、交流电源或由机载发射装置变换载机电源而提供的其他电源。

当某些导弹需要一定的气体时，由载机通过机载发射装置提供气源。例如，载机通过机载发射装置为一些导弹的红外导引头提供制冷用的高压洁净气体。

机载发射装置实现载机和导弹间的信息传输。随着航空电子技术和通信技术的发展，载机和导弹间的大量信息将以数字形式通过数据总线传输，少数以模拟形式传输。飞机和导弹的型号不同，它们之间所传输的信息的种类和数量也有很大的不同。

载机和导弹间传输的信息主要有：

①有关目标、载机的运动参数，如位置和速度信息；

②有关载机、导弹和目标的信息，如目标雷达频率、方向、类型、编号等；

③载机控制导弹的一次性指令信息，如加温、准备、解锁、发射指令等；

④载机惯导和导弹惯导坐标对准所需的信息；

⑤导弹向载机返回的信息，如"挂弹""导弹准备好""导弹离机"信号等。

（2）实现导弹与飞机的可靠分离。

对机载发射装置来说，其最主要的功能就是在发射导弹时克服载机流场的干扰作用和发射环境的有害影响，按规定的发射方式，保证导弹能安全、合格地发射离机。

安全，是指导弹从机载发射装置上发射分离时，对载机、机载发射装置和邻近的其他武器不产生碰撞、损坏和其他有害影响。

合格，是指导弹从机载发射装置上分离时，要满足导弹制导、分离姿态和弹道的要求。

机载发射装置应按预定的战术使用要求，完成导弹发射全过程。导弹发射准备阶段主要包括给导弹供电、加温、制冷，控制导弹对目标的搜索、截获和跟踪，完成对准、调谐以及自检等。导弹经发射准备阶段以后，给出"导弹准备好"信号。发射阶段主要包括启动电源并转为弹上自供电、解锁及发动机点火、导弹电气分离、导弹发射离机等。

导弹与载机分离运动的方案决定了导弹发射装置的结构，影响导弹在飞机附近安全飞行的初始参数。确定合理的导弹与载机分离参数（垂直速度、俯仰角和俯仰角速度）以及选取强制分离机构的合理的运动学方案，需要考虑以下因素：

①导弹与载机分离后，飞行中不会和载机发生碰撞；

②导弹不能在载机发动机熄火的区域分离；

③导弹的初始运动参数应符合导弹控制系统提出的要求。

2）机载发射装置的分类

（1）按相对载机的状态分类。

按相对载机的状态，可将机载发射装置分为固定式发射装置和伸缩式发射装置。

①固定式发射装置。

固定式发射装置直接连接在飞机的挂梁上，在导弹悬挂和载运过程中，相对载机处于固定不动的状态。其特点是：连接结构简单牢固，具有足够的结构强度和刚度并且在结构布局上容易采取正确合理的载荷传递路线，可使结构紧凑、轻便。目前绝大多数机载发射装置均属此类，它又可分为不可投放型与投放型两种。

②伸缩式发射装置。

伸缩式发射装置在悬挂和载运导弹时，将导弹"全埋"或"半埋"在载机机身内，而在发射导弹时，其伸缩机构能将导弹伸出机身外实施发射。

这类机载发射装置的优点是：载机装挂导弹后，能达到"保形"和降低雷达散射截面积的目的，从而减小对飞机性能的影响。其缺点是：它要占据机身内较大的空间，要解决发射时安全离机和获得预定的满足制导和弹道要求的姿态等一系列技术问题。

（2）按机载导弹发射方式分类。

机载导弹发射方式是指导弹脱离载机前的约束形式和脱离约束的作用力方式。目前，其约束形式主要有：用闭锁机构约束导弹纵向运动、用定向导轨约束导弹的横向运动并引导导弹的滑行、用挂钩机构悬挂和约束导弹的纵向运动、用防摆装置约束导弹的横向运动。机载导弹脱离约束的作用力方式主要有导弹自身重力、导弹发动机推力和弹射作用力。因此，国内外机载导弹发射方式主要包括投放式发射、自力发射及弹射3种，分别对应投放式发射装置、导轨式发射装置和弹射式发射装置。

3）机载发射装置的标准化与通用化

从现代空战的特点和需求出发，提高飞机/机载武器间的互适性，实现武器和悬挂发射装置的通用化是提高飞机综合作战效能的当务之急，而其关键的和最可行的措施就是实现武器系统接口的标准化。为此，美国空军和海军联合制定了机载武器投放接口军用标准。1982年，北大西洋公约组织的其他国家也开始采用该标准，从而全面统一了外挂武器的接口标准。例如，北大西洋公约组织研制的战斗机在结构上设置有标准的悬挂结构；机载发射装置与飞机的接口（包括机械和电器接口）均按飞机的现有机构或通用接口标准进行设计；弹射式发射装置采用标准的燃爆弹；挂架不仅能携带本国和其他国家的多种导弹，而且挂架之间可以互换。

武器系统的接口标准化不仅提高了飞机/机载武器间的互适性，也为采用综合外挂武器管理系统提供了条件。

4）机载发射装置与飞机及导弹的接口

机载发射装置与飞机及导弹的接口是指机载发射装置与飞机及导弹之间机械与电气的连接关系。其主要功能是用于机载发射装置和导弹的悬挂与连接，输送来自载机的电源、控制导弹的信号以及导弹反馈给载机的信号，并通过接口有效地控制载机综合外挂武器管理系统对导弹的检测、发射准备和发射。

目前，国外使用较普遍的机载发射装置与飞机的接口是投放型机械接口。这种接口要求机载发射装置与飞机的接口能实现投放，也就是具有应急投放的功能。国外投放型机械接口的构型主要有 3 种类型：双吊耳和臂状止动器、吊耳和前后止动器、鞍形座和自动楔形紧止动器。

机载发射装置与导弹的接口主要是导弹悬挂和释放系统，包括锁定系统和限动器等装置。锁定系统主要有以下功能：首先是独立自动上锁功能，即只要导弹吊挂从机载发射装置下面插入到位，锁定系统就能立即同时自动锁紧锁钩；如果导弹由于受到某种阻碍而不能安装到位，吊挂不能插入机载发射装置悬挂装置中的吊钩内时，任何锁止元件均不闭锁。其次是相关开锁功能，即挂弹钩在弹射机构动作前几乎能够同时开锁，相关开锁是导弹与载机安全分离的先决条件。

采用弹射式发射装置时，为防止导弹摆动，应设置限动器。限动器对称地贴合在导弹上的加强结构范围内，其设计不得对导弹施加附加载荷。导弹释放后，限动器应能自动复位，以便重新装填。

5）机载发射装置的发展趋势

（1）发展保形弹射式发射装置，实现导弹与载机的最佳"融合"，减小外挂阻力。

未来战机的特点是高机动性和高隐身性，与之相适应，机载发射装置要朝小型、内藏的方向发展。国外已着手研制更加先进的保形机载挂架，主要内容是在飞机上设置导弹舱或半埋的机身槽。载机机动飞行时，导弹位于导弹舱内；发射导弹时，机载发射装置的支架伸出导弹舱，将导弹弹入自由气流中。

美国空军系统部负责研制的先进弹射式发射装置（AMELT）的弹射作动

机构，就是能旋转向下的 Y 型平面杠杆系统。它在液压驱动部件作动下，将导弹从导弹舱或机身槽中向下弹出机外，在获得所需的俯仰姿态后进入自由气流中。这种弹射作动机构的弹射装置已用于"F – 102"飞机弹射发射"猎鹰"导弹。

英国研制了一种 X 型联动杠杆系统的弹射式发射装置，采用了与 AMELT 相似的技术。该机载发射装置已用于"狂风"飞机弹射发射"天空闪光"导弹。

俄罗斯也发展了多种新型弹射式发射装置，用于发射中距拦射导弹，如"R – 27"空 – 空导弹。

（2）发展向后转向的机载发射装置。

机载发射装置能转向，可以减轻导弹的负担，节省时间。因此，可研究导弹大离轴发射技术，实现"越肩发射"，或者还可研究一种可转向的机载发射装置。

（3）使用新的弹射能源，开发新型弹射式发射装置。

常规的弹射式发射装置使用的弹射能源是燃爆弹产生的高压燃气，利用这种燃气直接推动导弹离机，但是这种方法存在着明显的不足。目前，国内外都在积极研制以高压气体（如氮气）或高压流体作为新的弹射能源以取代高压燃气。

法国阿尔肯公司研制以高压氮气（压强为 35 MPa）作为弹射能源。导弹在弹射时的俯仰角可在液压气体发送器的中心控制点上进行预置。

美国空军还研制了一种采用液压油（压强为 56 MPa）作为弹射能源的弹射式发射装置。

（4）研制模块化和组合式机载发射装置。

为提高飞机综合作战效能，提高机载发射装置的战术机动性和使用灵活性，提高导弹武器系统的装机互换性和使用通用性，许多国家都在研制和发展一种"双模式机载发射装置"。美国空军系统部拟订了 3 项近期发展计划，其中就包括"双模式机载发射装置技术"（DML），该装置在先进的弹射式发射装置的基础上增加了导轨发射器。英国弗雷泽纳什公司所提出的设计方案就是在采用 X 型杠杆机构的弹射式发射装置的基础上加装一个导轨发射器。

模块化机载发射装置现已进入研究和设计阶段，如美国休斯公司为中距空 – 空导弹研制的一种模块化导轨发射装置，英国范堡罗皇家航空中心也在研制带有附加组件的模块化导轨发射装置。可以预见，双模式和模块化机载发射装置由于具有很大的战术机动性与使用灵活性，将会有广阔的发展前景。

|4.2　轨式定向器设计|

4.2.1　概述

定向器是发射装置中与导弹直接联系的组成部分。它的功能是：①在发射之前支承导弹，并在其上做好发射准备工作；②发射时提供成功发射的必要条件，使导弹按预定的初始弹道飞行。

定向器的结构与导弹的用途、结构形式及所使用的发射方式有关，设计时的基本要求如下：

（1）保证有成功发射导弹所必要的初始条件。不同的导弹要求的初始条件是不同的，有的导弹要求有一定的滑离速度和较小的初始偏差角和角速度，以保证导弹按制导系统所允许的弹道进入控制飞行。若制导系统对发射初始散布的要求并不十分严格，则无须提出过高的要求。有的导弹要求发动机点火后，经过一定时间导弹才从定向器上滑离，使发动机在导弹滑离前能全部点火并达到稳定工作状态。这点对配置有多个助推器的导弹尤为重要。

要满足这一要求，起落部分应当有一定长度的导轨，保证导弹有必要的滑离速度，以增加抗初始干扰的能力；应当有适当的刚度和强度，合理的配合间隙，以减小结构引起的初始偏差；应当有良好的排导燃气流的结构外形，例如制成光滑封闭的外形，或专门设置导流装置，以减小燃气流的作用和避免出现反射气流。

（2）保证能安全顺利地发射导弹。要满足这一要求，起落部分的结构不能妨碍导弹运动，不能使导弹受到有害的作用，例如，不能给导弹突然加上或去掉载荷，以免产生激震，因为激震会使某些制导系统作用失常；还应当能顺利投弃失效的导弹，或为了保护载体的安全需要投弃导弹，而不管这导弹是否失效。

（3）战斗勤务简单和迅速。往定向器上装弹（或退弹）应方便、迅速和准确，并能使导弹固定在一定的位置上；必要的地面管路及电路要做到在各种情况下都能顺利与导弹接通，并确实保持联系。

作为贮运箱的定向器，还要给导弹提供必要的环境条件，例如保持一定的温度和湿度、有必要的减振措施，还要求往发射装置支座上安装与更换导弹方便。

（4）结构紧凑，重量轻。定向器主要是用来完成上述要求的，其结构应当简单、可靠、安全。目前导弹比较多的是采用自力发射，即利用导弹发动机或加上助推器从发射装置上发射导弹。使用这种发射技术所用的定向器，其结构大致由 5 种类型的部件组成：

①支承定向部件。供支承导弹并给予初始发射方向之用，包括导轨（或支承件）及定向器本体（又叫连接架）。多联装的发射装置中常有两个以上定向器，每一定向器上装有 1 ~ 2 枚导弹。有些定向器平时还兼作贮运箱，发射时装在起落部分支座上，发射后将它丢掉或收回再用。

②安全保险部件。主要用途是保证安全可靠地发射导弹。属于这一类的部件有让开机构、闭锁挡弹器、投弃机构。还有引信保险的解脱机构，导流装置以及防止燃气流、灰尘和雨水侵蚀的护盖等。

③电气接通部件。主要是电分离器，它使地面电源与电气信号能和导弹快速接通并使导弹能自动脱落。

④装弹部件。提供装弹（或退弹）时的定位、对接和传递动力。装弹部件可不设在起落部分上。

⑤其他勤务需要的轴助部件。例如：供行军用的固定器、手动机构用的转换器、各种勤务需要的标牌、排气排水用的构件等。这类部件其结构往往并不独立，只附属于前几类部件之中。

上述各类部件，只表明了要执行的各种任务，并不是说每个定向器都必须有这些机构。其中①项是基本部件，其他部件根据发射和勤务需要设置。本小节介绍各主要机构的设计问题。

4.2.2　直轨式定向器设计

设计定向器时，要选择总的结构方案，同时设计导轨的长度，计算导弹的滑离参数，分析和计算结构承受的载荷，以及进行结构的强度和刚度设计。

1. 定向器结构方案选择

选择定向器的结构方案时，要对导弹、发射技术及发射装置的要求等进行综合考虑和必要的估算。定向器结构方案选择的基本内容如下：

1）选择基本结构形式

用自推力发射导弹时，定向器的基本结构形式有两种：一种是导轨式，另一种是支承式。可以根据发动机的推重比（推力与导弹起飞重量之比）、发射配置方式，以及制导系统对发射初始散布的要求来选择。

（1）导轨式定向器。由定向器本体和导轨组成。发射时，由于导轨的初始导向作用，能确定并控制导弹的发射方向。这种形式适用范围比较广泛，多用于各种有翼导弹的倾斜发射，也用来发射弹道导弹。

（2）支承式定向器。其导轨长度为零，故又称为零长式定向器。它只能确定导弹的起始方向，不能控制飞行路线。如果导弹起飞时的推重比较大，导弹的自动驾驶仪在整个发射阶段都能进行控制，或者与发射散布关系不大，就可使用这种定向器。如图 4.9（a）所示的发射配置方案，导弹在定向器上时成水平姿态，导弹支于助推器的接合件上，助推器喷管倾斜一定角度，推力的竖向分力很大，使导弹一开始就可起飞，故可用支承式定向器，当串联或并联的助推器推力较大，又采用较大的高低角发射时，也可用支承式定向器。

在使用支承式定向器时，必须保证前、后支承要同时解除约束，还要保证导弹与定向器之间有足够的间隔，以免导弹下沉后与定向器相碰；闭锁力的大小也必须满足要求。

2）确定导轨结构

定向器上的导轨可以有一至数根，导弹上的定向元件，可以用 2 ~ 4 个。导轨和定向元件的数量及配置的方式主要应保证导弹在定向器上的姿态稳定，特别是对舰载发射装置来说尤为重要。另外还应考虑装弹方便。导轨可以使导弹同时滑离的，也可以使导弹不同时滑离。当制导系统不允许导弹有较大的头部下沉，而且滑离速度又较低时，则应选用使导弹同时滑离的导轨。

导轨一般都是平直的，但在有些特殊情况下，导轨的前端也可做成曲线形状。如图 4.9（b）所示，助推器装在导弹的下方，推力线与导弹纵轴有一夹角，导弹滑离后，其推力垂直于地面的分量与导弹重力平衡，导弹质心飞行轨迹的仰角（即飞行路线仰角）小，俯仰姿态不变，此时导轨可以短些。但当导弹滑离时，飞行路线仰角与导弹在导轨上的仰角不一致，约束作用会突然消失，从而产生激震。当这个值的影响较大时，可以使导轨前端弯曲，以便使导弹在导轨上的仰角逐渐改变成与离轨时的飞行路线仰角一致。

导轨截面形状有 T 形、匚形、双 Γ 形等，应与定向元件的形式相适应。对其的要求是要保证有适当的配合间隙、导向平稳、加工方便。

3）确定导弹在定向器上的位置

导弹可以挂在定向器的下方，叫下挂弹；也可安放在定向器的上面。采用下挂弹，比较容易解决导弹下沉后的碰撞问题，但使起落部分的耳轴位置增高。在舰载发射装置上，发射助推器串联导弹时［图 4.9（c）］，多采用下挂弹。因为这种发射配置方式使用的定向器长，导弹下沉量大，加上舰艇摇摆，更有可能产生碰撞，而采用下挂弹所要求的耳轴高度在舰艇上容易保证。对机载发射装置来说，由于在飞机上位置的关系，也多采用下挂弹。

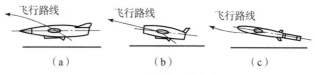

图 4.9　助推器配置方式

4）确定定向器的联装数

为了提高发射时的火力，常采用多联装的定向器，无控火箭及小型导弹一般均采用多发联装形式。大型导弹舰载发射时，可用 2～4 联装的定向器。大型导弹地面机动发射时，一般不采用联装形式，因其结构较大，运输不便。由于导弹的直径、翼展和质量大小不同，每台发射装置的联装数量及布置形式也不相同。要考虑发射车总的质量限制及运输时外廓尺寸的限制。联装的形式如图 4.10 所示。定向器联装数及发射间隔见表 4.1。

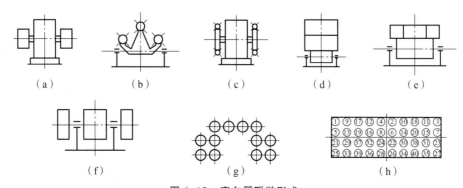

图 4.10　定向器联装形式

（a）双联；（b）3 联；（c），（d），（e）4 联；（f）8 联；（g）12 联；（h）14 联

表 4.1　定向器联装数及发射间隔

型号	MM－39	ARML	BMII－20	BM－24	BM－14	BM－21	H－211	H－212	MLRS
联装数/发	4	4	4	12	17	40	12	19	12
发射间隔/s	2～5	1	2	0.5～0.7	0.5～0.7	0.45～0.3	0.5～0.65	0.5～0.6	4.5
连发时间/s	6～15	3	6	6～8	9～13	18～20	6～7	9～11	50

多发联装定向器的轴线一般都是互相平行的，因此导弹的发射方向也是平行的。如果是无控火箭，为了减小散布，定向器轴线应有一个交会角。如果制导系统要求导弹的初始弹道与瞄准线间的偏差小，以使制导系统能容易捕捉导弹，不致丢失，或使捕捉时间短，以免影响最小射程，这时也应使定向器有一

个交会角。交会角的大小由制导系统允许的开始控制飞行的距离而定。

采用联装型号的发射装置在确定发射间隔和发射次序时必须考虑发射稳定性的要求，还要考虑控制初始扰动的要求。射序安排的一般原则是"先上后下，左右交替"，即先发射上排的，后发射下排的；在同一排则左右交替，如图 4.10（h）所示。发射间隔与弹 – 架系统的固有频率有关，不能与固有周期相同或成倍数。射速与射序要通过发射动力学的计算来确定最佳结果。

5）确定本体结构形式

定向器本体有由板件构成的箱形梁或槽形梁，也有由杆件（管件）构成的桁架，导轨安装在它的外面；还有一种箱式（或筒式）的，这时导轨安装在它的内部。各种结构都各有其特点，主要根据导弹的形式、导轨的结构和受力情况等来选定。近年来，多采用贮运发射箱式结构，本体是箱式构件，导轨装在箱内，两端有密封盖，在发射时自动打开。由于导弹在事先检测后装在箱内的导轨上，故发射时不用再检测，这样可缩短发射准备时间。另外，这种形式的定向器往起落部上安装也十分方便，缩短了再装弹的时间。贮运发射箱式结构的内部，有时还有保温设备，或注入惰性气体，使导弹贮存和发射的环境条件能满足技术条件的规定。

下面介绍两种国外已用的定向器，说明其结构方案设计时所考虑的一些特殊问题。

图 4.11 所示是苏联"CA – 2"地 – 空导弹地面机动发射装置的定向器。这种导弹的重量大、尺寸长，采用波束导引，要求发射的初始偏差小；作为攻击空中目标的导弹，要求装弹迅速。因此，这个定向器较长，以保证具有必要的支承长度和滑离速度。导轨采用同时滑离式结构，安装配合要求比较高，以

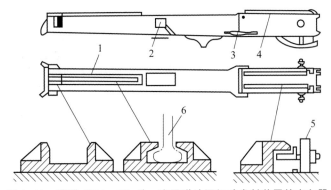

图 4.11　苏联"CA – 2"地 – 空导弹地面机动发射装置的定向器
1—前导轨；2—电分离器；3—让开机构；4—后导轨；
5—后定向元件；6—前定向元件

减小初始扰动。定向器前、后两段之间有复杂的让开机构，上表面有阶梯差，以防导弹下沉后相碰。同一种导弹，用在舰艇上时，采用下挂方式来解决碰撞问题，这时增加了耳轴的位置高度，但省去了复杂的让开机构。定向器本体是封闭的箱形梁，使装在内部的有关机构不受燃气烧蚀。其导轨的结构还考虑了迅速装弹的要求。

虽然是发射同一种导弹，但因使用条件不同，定向器的结构也相应的有变化。例如单兵携带的背箱式结构要求轻便、尺寸小，所以将导弹分成两段携带，一段是战斗部，单独放在背箱内；另一段是发动机及控制舱，装在定向器上以后放在背箱中，定向器的长度正好与发动机及控制舱的长度相当，因此背箱的长度较短。但车载反坦克导弹发射装置对定向器尺寸及质量限制较小，故定向器长度增加到大约与全弹前端齐平，这样可弥补使用短导轨发射导弹时初始偏差较大的不足。要在背箱式的定向器全长不能太长的限制下，使导弹有足够的滑离长度，故将前定向元件在导弹上的位置后移，移到全弹重心之后，这样就缩短了两定向元件之间的支承长。这种导弹用到车载发射装置上时，运行时的稳定性不好，因此又增加了一个辅助支承，专供车载时用。此支承在发动机壳体的最前端。此外，车载发射装置还增加了弹簧式的闭锁器，以保证运输时的闭锁需要。

图 4.12 所示是美国"响尾蛇"空－空导弹用定向器。定向器本体为铝制箱形梁，下面有一条槽形导轨。导弹用前、中、后 3 个定向元件挂在定向器下方，发射时不同时滑离。由于导弹较长，又在飞机上使用，为了保证必要的支承稳定性，所以前、后两定向元件之间的距离较长。为解决采用两个定向元件时，不同时滑离时的导弹头部下沉量过大的问题，所以采用了 3 个定向元件。

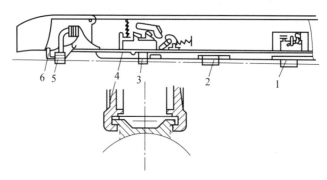

图 4.12　美国"响尾蛇"空－空导弹用定向器
1，2，3—定向元件；4—导轨；5—电分离器；6—切刀

图 4.13 所示是机载导弹发射用定向器本体常用的断面形状。这些结构最主要的特点是强度与刚度好、结构简单、尺寸小、轻便，符合机载武器的设计要求。

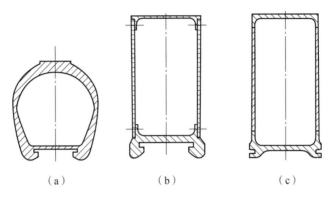

（a）　　　　　　　　　（b）　　　　　　　　　（c）

图 4.13　机载导弹发射用定向器本体常用的断面形状
（a）整体结构；（b）螺栓连接结构；（c）焊接结构

2. 导轨长度设计

导轨长度是设计时必须首先决定的问题之一，因为它影响导弹发射的初始条件及定向器的结构和力量，同时也关系到发射装置的总体布置。早期的导弹广泛使用很长的导轨，如德国"V-1"飞航式导弹，其导轨长达 15 m，苏联"海岛"导弹发射装置的定向器长达十余米。经验证明，导轨并不需要很长，导轨长度要求也并不很严格。应在满足发射和勤务要求的情况下，首先考虑采用短导轨，因为这样既有导轨式定向器的优点，又使结构紧凑、质量小。

导轨长度由 3 部分组成（图 4.14），即

$$s = s_1 + s_2 + \Delta s \qquad\qquad (4.2.1)$$

式中，s 为导轨全长；s_1 为导弹前定向元件滑离时的滑行距离；s_2 为导弹支承长，是导轨前、后定向元件之间的距离；Δs 为定向器结构上或勤务上需要而增加的长度，此长度不一定加在尾端，有时前端也可能要加长。

对同时滑离的定向器，s_1 就是导弹在导轨上的滑离长，即 $s_1 = s_l$。这段长度取决于导弹滑离时的速度要求。导弹运动到 s_1 时，其质心的速度即滑离速度（v_l），对应的时间为滑离时间（t_l），对不同时滑离的定向器来说 $s_l = s_1 + s_2$。

决定导轨长度时主要依据以下因素：

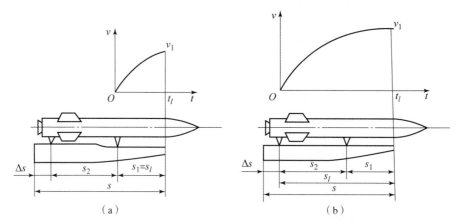

图 4.14　导轨长度组成

（a）同时滑离定向器；（b）不同时滑离定向器

（1）保证发动机全部点火。

在助推器（或发动机）点火及压力逐渐建立的过程中，应保证导弹仍在导轨上。因为在发动机点火时，其燃烧是不稳定的，横向推力变化较大，若无导轨约束，发射初始偏差则较大。根据这一时间要求，所定出的导轨滑离长度是最短的。如果导弹发射配置方式与发射技术具备使用支承式定向器的条件，这时导轨滑离长度就可为零了。在这种情况下，导弹在发动机全部点火前不滑动的要求，是由闭锁挡弹器来保证的。

（2）考虑制导系统对发射散布的敏感程度。

从导弹发动机点火到导弹开始控制飞行，这一阶段叫发射阶段。制导系统对导弹在发射阶段偏离预定的飞行路线是有一定要求的。如果导弹偏离过大，就可能使制导系统不能截获导弹，造成导弹丢失，或使制导系统开始控制导弹的时间滞后，从而限制了最小有效射程。

不同制导系统对发射偏差的要求是不同的。应根据制导系统允许的最大发射偏差值，以及截获导弹开始制导时的位置，进行无控飞行弹道的计算，从而提出导弹滑离时的参数，如滑离速度、偏差角及角速度等。根据要求的滑离速度确定导轨的滑离长度。

如果制导系统对发射散布并不敏感，则由其他因素来考虑导轨的长度。

（3）使导弹具有稳定飞行所必要的条件。

如果要求导弹刚滑离就能稳定飞行，其滑离速度必然很大，实际上这是难以实现的，所以允许导弹刚滑离时，在一段时间内有一定的不稳定度，但由飞行不稳定所造成的角偏差不能超过舵面正常工作时允许的极限值，以便导弹能够恢复稳定飞行。由这一出发点确定导轨长度，可以根据允许的不稳定度，通过外弹道计算，提出要求的滑离速度，再由这个滑离速度确定所要求的导轨长度。

（4）机载发射装置必须考虑机翼四周非均匀气流场对刚滑离导弹飞行的影响。

一般来说，由于飞机上空间的限制，其定向器的长度都特别短，但仍需要有一定长度的导轨。在确定这个长度时，必须考虑非均匀气流场的作用力。导轨长度应能保证导弹相对飞机的运动速度还很低时，导弹的运动由导轨约束，不致产生发射偏差；当导弹在非均匀气流场外层，并已有较大的速度时，才允许导弹滑离。

（5）考虑发射时的安全需要。

导弹滑离后，由于下沉可能与定向器相碰，尤其在发射条件不利的情况下，例如推力小、导弹质量大、舰艇摇摆等同时出现时，就更可能出现碰撞现象。增长导轨、加大滑离速度，有利于解决该问题。

（6）勤务和结构空间等的需要。

由上述各个因素所确定的导轨长度，是从满足发射要求的角度确定的。为了满足装弹或投弃导弹的需要，或者满足支承工作台或导流器的需要，可适当增长或缩短由上述标准决定的导轨长度。

（7）根据支承导弹的要求来确定支承段长度。

支承段长度由导弹前、后定向元件之间的距离来确定。确定定向元件在导弹上的位置时，要保证导弹在定向器上运动时姿态稳定，考虑助推器的配置，以及定向元件在导弹上连接可靠。在这些前提下，尽可能缩短支承段长度。支承段长度短，可缩短导轨全长，当不同时滑离时，还可减小导弹头部的下沉。有的导弹在纵轴方向采用 3 个定向元件，就是为了解决支承稳定性和头部下沉的矛盾。一般导弹质心均在前、后定向元件之间，这对保证姿态稳定是有利的。但有时为了缩短导轨长度，或为了便于在导弹上固定定向元件，导弹质心有可能处于前、后支承点之外。这样布置的支承点，一般来说是不好的，若装在机动发射装置上运行时，应增设辅助支承点，以保证运行时支承可靠且使导弹处于稳定状态。

导轨长度确定后，定向器的长度也可相应确定。一般大、中型导弹使用的定向器，其最大长度不宜超过导弹与助推器组合后的长度。贮运发射箱形式的定向器，其长度应能容纳全弹，或分段贮运部分的长度。

3. 定向器强度设计

定向器除了长度要满足发射和使用方面的要求外，还必须从强度、刚度和稳定性方面来考虑它的形状、尺寸和所用的材料等。定向器的强度计算包括：

（1）定向器本体的强度、刚度和稳定性计算，焊缝强度计算。稳定性包括定向器整体稳定性和构成本体的板件（或杆件）的局部稳定性。

（2）导轨强度和连接强度计算。

（3）耳轴（或轴承）强度计算。

（4）齿弧（或其他支承件）强度和连接强度计算。

定向器强度计算是在外载荷分析的基础上求出定向器所受的最大载荷条件下进行的。有关计算的基本知识，在机械设计基础课程中已有专门介绍，这里只是具体应用的问题，不再介绍。定向器本体结构设计可参看关于金属结构设计的专门书籍及规范。由于定向器影响整个发射装置的质量以及结构的紧凑性，因此在这里只简单介绍在满足强度的情况下如何减小质量，具体措施可以是：

（1）根据结构的重要性和计算方法的精确程度，选用适当的安全系数。对重要部位，取较大的安全系数，一般情况则取较小值。各部件承载能力应协调一致，避免某些部件有过大的强度裕量。例如耳轴是重要零件，材料的安全系数（按屈服极限计算）一般为 $3 \sim 5$，其他部件则为 $1.5 \sim 2$。

（2）确定合理的整体结构。利用铸件和钢板焊接成封闭的箱形结构，在安装有复杂机构的部位采用铸件（如安装让开机构、电分离器处），其余部位则用钢板，可减小质量。此外封闭结构的抗扭刚度比半封闭结构大，还可保护许多部件不受燃气流、海水侵蚀，省去专门的护罩，利用大的断面高度、小的板厚来保证必要的抗弯断面系数。因为定向器长度主要取决于导轨的长度，而宽度一般是根据支承导弹的需要来确定，所以断面的强度只能由高度、板厚和材料来确定。增加高度使断面系数增大的效果比增加板厚显著。

（3）根据具体情况选用钢板厚度。定向器本体是应用不同厚度的钢板焊成的箱形件。凡是需要固定其他零件或部件的部位，用较厚的钢板，以相应地增加其强度和刚度。其余则用较薄的钢板，例如固定导轨处，用 $9 \sim 16 \ \mathrm{mm}$ 厚的钢板，其他处用 $3 \sim 6 \ \mathrm{mm}$ 的钢板，下翼缘板和上翼缘板较厚（$5 \sim 6 \ \mathrm{mm}$），而腹板则较薄（$3 \sim 4 \ \mathrm{mm}$）。

（4）配置加强筋，以保证结构的稳定性。一个高而窄的长梁，在对称面内作用一载荷，当此载荷达到某一定值时，结构会突然出现侧向弯曲和扭转，这种现象称为整体失稳，钢板焊成的箱形结构，由于钢板厚度比其他尺寸（长、宽、高）都小得多，故称为薄板。薄板在受载后，还会出现局部失稳现象。例如：受均布压力的板件，可能在长度方向失去稳定性；受下弯曲应力的板件，在挤压区可能沿长度方向失去局部稳定性；受挤压应力的板件，在垂直方向受压，可能失稳。

为防止失稳，可加大板厚或配置加强筋。板在稳定状态下所能承受的最大应力，叫临界应力，它与板的形状、尺寸、支承情况和应力性质有关。根据理论分析，在弯曲应力 σ、挤压应力 σ_M 或剪切应力 τ 单独作用下，矩形板的临界应力可用式（4.2.2）计算。

$$\sigma_{cr} = 190K\left(\frac{\delta}{\alpha}\right)^2 10^3$$

$$\sigma_{Mcr} = 190Z\left(\frac{\delta}{\alpha}\right)^2 10^3 \qquad (4.2.2)$$

$$\tau_{cr} = 190\gamma\left(\frac{\delta}{\alpha}\right)^2 10^3$$

式中，σ_{cr}，σ_{Mcr}，τ_{cr} 为 σ，σ_M 和 τ 作用下的临界应力（MPa）；δ 为板厚；α 为矩形板短边长；K，Z，γ 为稳定系数，它们与板的尺寸、支承情况和应力分布情况有关，可查阅专门表格。

从上述几个公式可以看出，提高临界应力的办法是加大板厚或配置加强筋。配置加强筋，使板的尺寸（α）变短，这和增大板厚有同样的效果，但用配置加强筋的办法来提高稳定性，梁的结构重量往往比加大板厚时轻。

加强筋有两种，一种是支承筋，一种是间隔筋。支承筋布置在有集中载荷的地方，用以支承集中载荷，这种加强筋把载荷逐渐传给腹板，而不产生很大的挤压应力。间隔筋有横筋与纵筋，横筋将腹板分成尺寸较小的区段，使各段互不相关，增加了局部稳定性；纵筋使腹板变成较窄的条。

加强筋一定要合理布置，否则不起作用，或起反作用。布置加强筋的位置、加强筋的形状和尺寸往往根据经验和试验结果确定。加强筋的设计和稳定性计算可参考专门的钢结构书籍和规范。

（5）焊接时的热应力和变形是焊接结构的主要问题。焊缝的形式、尺寸及位置要考虑加强焊缝的强度、减小热应力和变形。例如：焊缝接头不布置在同一横断面内，以增加接头处的强度；改直线焊缝为斜线焊缝，以增大焊缝长度；利用断续焊、对称焊和塞焊等来减小变形，焊后用热处理方法去掉热应力等。

4.2.3 插头机构设计

导弹发射之前，地面（舰面）电源、控制导弹的电信号等都需要通过发射装置传递到导弹上，对导弹进行地面供电和控制；导弹发射时，又要及时而可靠地断开电路，并迅速让开一段距离，以免妨碍导弹的运动。发射装置中完成这项功能的机构就是插头机构。插头机构中的脱落插头与导弹插座插接时不可靠，会造成导弹不能正常发射，贻误战机；脱落插头与插座分离时不可靠，可能造成导弹上插座被损坏，电路短路，严重时造成导弹发射失败。因此，插头机构是发射装置中的重要组成部分，在各类发射装置中都把插头机构作为重要部件进行研究与设计。

插头机构主要由两部分组成：一是脱落插头（以下简称插头），它实现电路连接；二是插拔机构，它实现脱落插头与导弹插座的插接以及导弹发射时的可靠分离。

1. 插头机构的分离形式

插头机构的分离形式与插座在导弹上的安装方向有关，一般有轴向弹动分离、径向弹动分离、径向提前分离等。如果插座轴线与导弹轴线平行，插头的分离方向与导弹运动方向一致，可利用导弹的向前运动实现轴向弹动分离，插头与插座的插接和分离动作较易实现，插头机构的组成相应也简单些，一般只考虑导弹装填、发射时的让开通路，防止燃气流烧蚀插头等问题。

如果插座轴线与导弹轴线垂直，插头沿导弹的径向插入，插头与插座的分离方向与导弹的运动方向垂直，需要一套较为复杂的插头机构来实现这种径向分离。此时，对于插头的分离时机，分以下两种情况来考虑。

1）径向提前分离

这种分离形式是指在导弹发射前，接受插头分离指令将插头先行拔出，断开电气通路，然后再给出导弹点火发射指令。由于插头分离后导弹再点火运动，插头机构的运动与导弹运动无关，此时必须设置专门的插头解锁、分离机构来实现插头的分离，一般还要将插头分离到位的信号反馈给武器控制系统，确保导弹发射时其运动通路是畅通的。

2）径向弹动分离

这种分离形式是指插头在导弹点火运动中逐渐拔离，插头的运动是复合运动，一方面随着导弹向前移动，另一方面还要向与导弹运动方向垂直的方向远离导弹运动。由于导弹起动后有较大的加速度，导弹的运动速度增长很快，这就要求插头机构必须具有使插头迅速、安全、可靠拔出的性能。这种情况下的插头机构也是最为复杂的。

2. 插头机构的设计要求

在武器系统中，发射装置的插头机构主要用于插头和导弹插座的插接或分离，是实现弹箱电气连接的重要部件，在设计中必须满足如下基本要求：

（1）保证插头与导弹上插座准确可靠地插接，确保地面（舰面）电路与导弹电路可靠地接通；

（2）保证导弹发射时，插头与导弹插座安全可靠地分离，切断电气通路；

（3）保证导弹发射时，插头或其他组成部分不与导弹发生干涉，不能损坏导弹，避免使导弹受到附加扰动，不能妨碍导弹的运动；

（4）对多次使用的插头应设有防燃气流烧蚀与冲刷的措施；

（5）插头机构的操作应简单、安全，维护方便；

（6）在技术阵地向发射阵地转运的过程中，确保插头与导弹插座的可靠插接，不因运输冲击引起自行脱落；

（7）应具有手动分离的功能，保证不发射时能手动分离，以实施退弹操作。

在具体设计过程中，应考虑以下几个问题：

（1）插头与插座能配合的极限位置，要求纵、横及上、下均有允许的调整范围。

插头与插座极限配合，不但与发射箱本身的设计偏差有关，也与插座的设计偏差有关，因此，在设计时，要充分考虑各个因素进行尺寸链计算，确定需要的调整范围以及装配调整方法。

纵、横及上、下偏差是由插头机构制造及在发射箱内安装时的误差、导弹装在箱内时的偏差造成的。解决办法是：结构上应保证插头能顺利插入插座中，插头的最大上升高度应保证插座在极限位置时能插到位，但插座在下极限时，插头插到位即停止，不致强制上升将导弹顶坏；装配时，应留有间隙和调整环节，使插头能转动而不致卡死。

（2）插拔力范围。

插拔力是使插头插接、分离的动力，设计时要留有一定的安全系数。插拔力范围的确定要根据插针与插孔的数量、插头与插座的初始分离力以及插头机构运动本身的摩擦力来确定。要保证插针与插孔间有一定压力，使电信号不断路，但不能过多增加插入或拔出的困难。

（3）插头分离时间。

对于径向分离插头机构，要保证导弹发射时插头机构不妨碍导弹运动，需要对插头的分离时间作出规定，这个分离时间根据导弹的运动速度确定，必须小于可能与插头碰撞的弹上设备运动至插头位置的时间。

（4）插头快速分离时制动的可靠性。

根据插头的分离速度来确定制动要求，要保证插头拔出后能停在安全位置，避免撞击或反弹。

（5）插头芯线的导通性能、密封性能。

（6）环境条件变化对插头机构运动性能的影响，例如在高低温条件下，插头机构运动环节摩擦力变化对插头分离性能的影响。

3. 插头与插座

插头与插座是弹－架电连接的基本构件，其结构直接关系到插头机构的方案，设计时应考虑以下问题：

（1）芯线的数量与尺寸。由导弹发射与射前检查的内容而定。

（2）插头形式。常用的插头有 4 种类型，即钮式、剪断式、插针式、拉拔式。

关于这 4 种插头的特点简述如下：

①钮式插头。其特点是将电路接触器的两个半体分别装在导弹和定向器上，在弹簧力的作用下，使两个半体的接触点紧紧地接触，以保证弹内和弹外之间电路正常接通。其优点是结构简单、在发射分离时没有冲击载荷。其严重缺点是触点易被锈蚀，或者沾染灰尘和盐分等，使电路成为开路或半开路。这种类型现在一般较少采用。

②剪断式插头。它是在导弹起飞时，借助导弹的冲力和定向器上的切刀将插头金属盒的连接销钉切断，使整个电接头分裂为两半，一半随弹带出，另一半则留在发射装置上，以实现电路的分离。剪切后的剪断面要与弹体外表面齐平，以防破坏导弹的气动外形。在剪切过程中和剪切后，要保证插头中的导线不接触，因为它们一般还有电位。在插头的金属盒中填充易于切断的塑胶，既能保证导线互不接触，又在分离时易碎裂。在剪切缝处，插头金属盒的连接销钉都刻有剪切沟槽，以减轻切断时的冲击载荷。

剪断式插头工作可靠，但只能使用一次。

图 4.15 所示是剪断式插头的一种结构，它用在美国"响尾蛇"空－空导弹上。

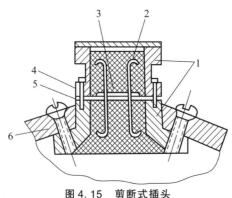

图 4.15 剪断式插头

1—铝盒；2—导线；3—环氧树脂胶；4—连接销钉；5—剪断面；6—弹体

③插针式插头。与常用的插销相似，插座与插头分别装在导弹与发射装置上，两者相互移动一段距离后才能插入或拔出，移动的距离不小于插头定位销的长度。电路是通过插针与耦合的簧片接触来接通的。

插针式插头的结构与它在导弹上的安装位置有关。若插头轴线与导弹轴线垂直，一般需设计出具有升举和收缩机构的电分离器，如图 4.16 所示。装弹时，插头垂直于导弹轴线插入插座；发射时，插头随导弹运动的同时自动拔出，从而实现分离。这种升举和收缩机构可以是四连杆机构，也可以是凸轮或模板机构。

若插头的轴线与导弹轴线平行，则电分离器较为简单。但为了便于装填导弹和防止燃气流烧蚀，以及防止污物、水分或尘土等对插头的有害作用，往往也设计有收缩机构。

插针式插头确定可靠，接通分离迅速，能多次使用，但一般来说其分离机构较为复杂。

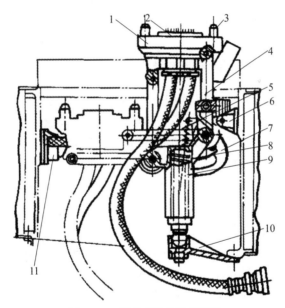

图 4.16　插针式插头电分离器

1—分离器头；2—电插头；3—定位销；4—四连杆机构；5—收缩弹簧；6—止动器；
7—横板传动机构；8—支持器；9—支持器簧；10—支座；11—缓冲器

④拉拔式插头（图 4.17）。这种形式的插头与插座由 4 个连接销连成一体，插头上的插针插入插座的孔中，孔中的簧片与插针接触，保持电路接通。连接销直径为 2 mm，但在分离面处直径为 0.5~0.8 mm。发射时，插拔机构拉销轴，连接销在细直径处被拉断，插头从插座孔中拔出，插针同时拔出，电

路被切断。

这种插头体积小，连接可靠，不会出现短路现象，装弹时电路接通方便。其缺点是只能一次性使用，每次使用后都要更换。

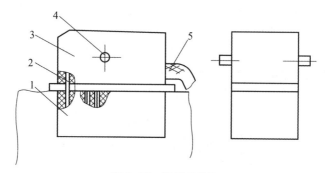

图 4.17　拉拔式插头

1—插座；2—连接销；3—插头；4—销轴；5—电缆

4.2.4　闭锁挡弹器设计

1. 闭锁挡弹器的功能和使用场合

闭锁挡弹器的作用，是在发射前和行军时将导弹锁在定向器上，保证导弹处于所要求的位置，以免在外力作用下发生移动，并保证电路插头可靠接通。闭锁作用一直维持到导弹具备成功发射的某些必要条件时才停止。

通常需要闭锁挡弹器的场合如下：

（1）机动导弹带弹行军时，需要把导弹锁住，使导弹不能相对定向器产生运动。这时闭锁挡弹器只要能克服行军时的惯性力即可。

对于车载发射装置，一般不在行军中发射，而是进入阵地或停止后才发射导弹。为了由行军状态迅速转为战斗状态，闭锁挡弹器应能自动开锁。

对于舰载（或机载）发射装置，导弹的发射都是在行驶中进行的，所以要求其闭锁挡弹器在发射前能可靠地将导弹锁住，在发射时又能可靠地自动开锁，但不允许在发射前开锁。

（2）有的导弹要求主发动机先点火，等它工作正常后，助推发动机才点火。这时需要闭锁挡弹器将待发导弹先锁住，不许因主发动机的推力作用而产生运动，因为主发动机的推力较小，一般不能保证导弹正常起飞。

（3）支承式发射装置中，在起飞发动机点火后，直到其推力到达预定值之前，仍需将导弹锁住。因为发动机刚点火时，工作不稳定，推力偏心大，使发射偏差大。

（4）在多发导弹联装的发射装置中，应采用闭锁挡弹器，以防止前一发导弹的燃气流以及振动作用使未发射的导弹移动。

2. 闭锁力的确定原则

闭锁力是设计闭锁挡弹器的主要数据。它的计算方法应根据导弹和发射装置的类型和使用条件确定。

1）机动发射装置的闭锁力

闭锁力应当能够克服运行时出现的可能使导弹移动的重力分力和惯性力。对不同的载体来说，要求的闭锁力是不同的。

（1）车载发射装置的闭锁力。

车载发射装置的闭锁力应大于行驶中制动时导弹的惯性力。由于导弹和车载发射装置的质心不重合，在刹车时，导弹除了具有和车载发射装置相同的制动加速度以外，还有因质心不重合而产生的附加加速度，因此，其惯性力包括两个部分。由于行驶时导弹的仰角一般都很小，可以认为导弹轴线与行驶方向一致，于是其闭锁力 T 为

$$T \geqslant (n_x + \Delta n_x) W_R \tag{4.2.3}$$

式中，W_R 为导弹重力；n_x 为在行驶中紧急刹车时车载发射装置的过载系数，对轮式自行式车辆来说 $n_x = 0.8 \sim 1.25$；Δn_x 为由于导弹与车载发射装置缓冲部分质心不重合，紧急刹车时导弹的附加过载系数。

车载发射装置在行驶时，除了缓冲部分质心位移外，还有绕质心的转动，于是在质心之外的导弹将产生附加惯性力，这个力的附加过载系数为

$$\Delta n_x = \frac{h_m \ddot{\varphi}}{g} \tag{4.2.4}$$

式中，$\ddot{\varphi}$ 为车载发射装置缓冲部分绕质心转动的角加速度，对于轮式和履带式自行式车辆，其 $\ddot{\varphi}_{max} = 9 \sim 13 \ \text{rad/s}^2$；$h_m$ 为缓冲部分质心到导弹纵轴的距离。

（2）舰载发射装置的闭锁力。

为了保证舰载发射装置在舰艇摇摆时，导弹能够可靠地固定在定向器上，闭锁必须大于舰艇摇摆时导弹的惯性力和风载荷，即

$$T \geqslant n_x W_R + F_W \tag{4.2.5}$$

式中，F_W 为风使导弹沿纵轴方向移动的载荷；n_x 为舰艇摇摆时，导弹纵轴方向的过载系数。

F_W 和 n_x 值可按舰艇摇摆运动规律进行计算，它与允许舰艇航行时的海情，以及与舰载发射装置在舰艇上的位置有关。如果无抗风暴机构，就应以能航行的海情下的最大摇摆参数和风速进行计算，如果有抗风暴机构，则以允许不使

用抗风暴机构时的参数进行计算。

（3）机载发射装置的闭锁力。

机载发射装置的闭锁力应大于载机着陆和机动飞行时导弹的惯性力，即

$$T \geqslant n_x W_R \qquad (4.2.6)$$

式中，n_x 为载机机动飞行或着陆时，导弹最大的纵向过载系数，此值与载机的型号及导弹在载机上的布置位置有关。

对舰载飞机来说，机动飞行和拦截着陆时，导弹的纵向过载系数差别很大，例如美国军用标准 MIL – A – 8591E 中规定，飞机翼载物的过载系数在飞行时为 2，在拦截着陆时为 9。如果根据过载系数为 9 来设计闭锁挡弹器，在发射时由导弹来克服这样大的闭锁力，可能引起导弹产生激震。因此有的采用高、低两级闭锁挡弹器，在飞行发射时用低级闭锁力锁住导弹，而在拦截着陆时则用高级闭锁力锁住导弹。在这种情况下，应设有保险装置，以保证在发射前使高级闭锁力的闭锁挡弹器处于开锁状态。

2）助推发动机点火前先开动主发动机情况下的闭锁力

发射这种导弹时，闭锁力应大于主发动机的推力，以免导弹过早移动。

$$T \geqslant P_m - \mu W_R \cos\varphi - W_R \sin\varphi \qquad (4.2.7)$$

式中，P_m 为主发动机的最大推力；μ 为导弹定向元件与导轨间的摩擦系数；φ 为发射时的高低角。

应当根据发射时的最小高低角来确定闭锁力。如果主发动机推力较小，而高低角又较大，只靠导弹的重力分力和摩擦阻力就足以阻止导弹向前移动，则可只用一个简单的闭锁挡弹器，阻止导弹下滑，保持它在确定的位置上。

3）支承式发射装置的闭锁力

对支承式发射装置来说，其闭锁力应等于或稍大于允许导弹起飞的推力。这个推力一般包括主发动机的推力，以及助推器达到一定值的推力，此外还应考虑弹重的分量，即

$$T \geqslant P_a - W_R \sin\varphi \qquad (4.2.8)$$

式中，P_a 为允许导弹起飞的推力值，如果主发动机不是在发射装置上点火，则 P_a 中不包括主发动机的推力。

4）多联装发射装置的闭锁力

对多发联装发射装置来说，前一发导弹发射时的燃气流及振动可能使待发射的导弹产生移动，这时要求闭锁力能锁住导弹。

为了保证正常发射，以及保证在发射前使导弹处于所要求的位置，闭锁挡弹器是必需的。为了闭锁可靠，在确定闭锁力时，应取一个安全系数 K，一般取 $K = 1.0 \sim 1.5$。但在闭锁力满足要求的条件下，尽可能取得小一些。因为此

力越大，在解脱瞬间所引起的激震和跳动也就越大。这个激震载荷可引起导弹制导系统失灵，同时这个振动将引起发射初始偏差增大，也可能影响多发联装发射装置的发射速率。

上述几种情况下闭锁力的确定是分别叙述的，但实际中往往是几种要求同时存在，这时的闭锁力应根据具体条件来确定。

3. 闭锁挡弹器结构设计

闭锁挡弹器的形式有抗剪销式、抗张连杆式、拉断螺栓式、弹簧式和摩擦式等。当闭锁力的大小已知时，便可选择适当形式，然后进行相关计算。

1）抗剪销式闭锁挡弹器设计

抗剪销式闭锁挡弹器结构简单，作用可靠，实际应用较多。它是用一个抗剪销锁住导弹，当发动机的推力达到所要求的闭锁力时，便将金属销剪断，导弹这时才开始运动。抗剪销的受力如图 4.18 所示。

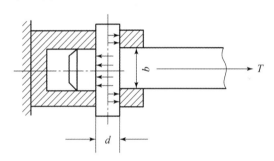

图 4.18 抗剪销的受力

在闭锁力 T 的作用下，抗剪销的两个断面受剪，同时抗剪销的表面受到挤压。根据所受的剪切和挤压应力来设计抗剪销的直径和长度。

抗剪销所受的切应力为

$$\tau = \frac{2T}{\pi d^2} \qquad (4.2.9)$$

式中，d 为抗剪销直径。

抗剪销的材料确定后，其剪切强度极限 τ_b 则已知，于是可得

$$d = \sqrt{\frac{2T}{\pi \tau_b}} \qquad (4.2.10)$$

挤压应力为

$$\sigma = \frac{T}{db} \qquad (4.2.11)$$

式中，b 为抗剪销的有效长度。

已知 T、d 和抗剪销的挤压许用应力 $[\sigma]$ 时，便可求得抗剪销的有效长度 b：

$$b = \frac{T}{[\sigma]d} \qquad (4.2.12)$$

2）拉断螺栓式闭锁挡弹器设计

拉断螺栓式闭锁挡弹器将拉杆一端固定在导弹上，另一端固定在导向梁上，导弹点火移动时，克服拉杆的拉伸力，把拉杆拉断而发射，所克服的拉断力为锁定力，如图 4.19 所示。

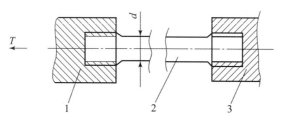

图 4.19　拉杆的受力

1—导弹；2—拉杆；3—导向梁

拉杆所受拉应力为

$$\sigma = \frac{2T}{\pi d^2}$$

$$d = \sqrt{\frac{2T}{\pi \sigma}} \qquad (4.2.13)$$

式中，d 为拉杆直径；σ 为抗拉强度极限。

3）弹簧式闭锁挡弹器设计

图 4.20 所示为弹簧式闭锁挡弹器，它是由活动挡铁、弹簧和固定挡铁组成的。导弹的后定向元件位于两块挡铁之间，活动挡铁不能顺时针转动，在弹簧力的作用下，导弹被挡铁挡住不动。在发射时，当发动机推力大于锁定力时，活动挡铁被迫向逆时针方向转动，即开始解除锁定，当转到一定位置时，锁定全部解除。

为了确定弹簧力 R 及挡铁轴的反力 R_x，R_y，取挡铁为自由体，其上的作用力示于图 4.20 中，根据静力平衡方程式，可得

$$R_x = N\cos\beta + \mu N\sin\beta + R = T(1 + \mu\tan\beta) + R$$

$$R_y = N\sin\beta - \mu N\cos\beta = T(\tan\beta - \mu)$$

$$R = \frac{T}{C}\left(a + d\tan\beta - \frac{\mu b}{\cos\beta}\right) \qquad (4.2.14)$$

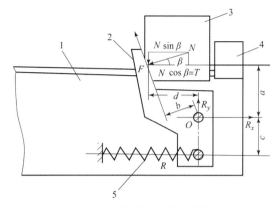

图 4.20　弹簧式闭锁挡弹器

1—导向梁；2—活动挡铁；3—前滑块；4—固定挡铁；5—弹簧

式中，N 为导弹作用在挡铁上的力，它垂直于挡铁的斜面；T 为闭锁力，它是 N 在导弹纵轴方向的分力，即 $T = N\cos\beta$；μ 为定向元件与挡铁之间的摩擦系数。

图 4.20 中的摩擦力 $F = \mu N$，R_x，R_y 为挡铁轴的反力。

a、b、c、d、β 等结构尺寸示于图 4.20 中。

当解锁力 T 和有关结构尺寸已知时，根据式（4.2.14）求出弹簧的拉力 R，进而设计弹簧；求出 R_x，R_y，设计挡铁轴。

弹簧式闭锁挡弹器一般用于闭锁力较小的情况。当闭锁力较大时，解锁瞬间激震较大。这种结构简单，可反复使用。

| 4.3　贮运发射箱设计 |

4.3.1　概述

1. 贮运发射箱的特点和应用

导弹在贮存、运输和发射时能得到有效的防护是非常重要的，只有采取措施使导弹经贮存、运输后保持完好状态，才能提高导弹武器系统的快速反应能力。早期的导弹，由于其发动机所使用的液体推进剂只有在发射前才能加注，加之导弹上的一些关键设备需经常检查、维护，因此其保护方式也必须适应这一特点。有些早期的导弹贮存在具有特定条件的库房内，在发射前才加注燃料并将其固定在发射架上，如不发射，要将液体燃料释放掉；有些早期的导弹虽平时固定在发射架上，但也必须保证装、退弹方便，以方便频繁的检查、维护操作，因此平时的保护也只是用苫布简单遮盖而已。随着导弹发动机技术的发展，现代战术导弹的发动机绝大部分可以带着燃料长期贮存，而不必在发射前临时加注燃料；随着工业技术水平的提高，导弹上的设备可靠性大大提高，其检查周期更长，检查方式也更简单了。这些技术上的进步所提供的可能性与实战要求（导弹在贮存、运输和发射时能得到有效的防护以提高导弹武器系统的快速反应能力）相结合，使导弹贮运发射箱应运而生。

贮运发射箱是能够包容导弹的特殊的多功能箱，它使导弹与外界环境隔离，在导弹的贮存、运输和发射状态，为导弹提供保持其完好的内部环境；它可以作为从外部检查导弹和导弹与外部传递信号、电力与指令的中介；它也是直接发射导弹的作战单元。贮运发射箱在近年被广泛采用。由于导弹在出厂时固装于贮运发射箱中，弹箱形成一个整体，在贮运过程中，贮运发射箱起包装箱的作用，为导弹提供良好的贮存及运输环境；导弹服役时，将贮运发射箱固定在支架上，通过其上的仪表和传输媒介可方便地对导弹定期检查、传输信号和指令；需要发射导弹时，可直接发射。因此，贮运发射箱简化了对导弹的检查与维护，提高了快速反应能力。

通常将这种用贮运发射箱进行导弹发射的方式叫作箱式发射。箱式发射具有如下特点。

1）导弹获得了更好的环境条件

（1）箱体内的自然环境条件更有利。

有些贮运发射箱的箱体有气密措施，盐雾及潮湿空气不会进入箱内锈蚀弹上器材，并充有惰性气体（或干燥空气），使导弹有良好的贮运环境条件，延长了导弹的寿命。除平时检查箱内气压和湿度外，可贮存 5 ~ 8 年无须开箱检查。

某些贮运发射箱有保温隔热措施，保持箱内温度，防止环境及高温日照引起箱内温度超过允许范围，改善固体燃料及电子元件的工作条件。

（2）箱体内的物理环境条件更有利。

贮运发射箱有屏蔽措施，能防止外界电磁辐射引起的意外事故。由于箱体的保护，导弹可避免机械打击。

（3）箱体内的动力学环境条件更有利。

在弹、箱之间或装有适配器，或装有某种形式的弹性悬挂装置，或在箱体外部设有减振装置，贮运时提供与导弹响应特性相适应的减振特性。装有适配器的系统发射时还能提供与火箭散布相适应的初始扰动特性，以提高发射精度。适配器出箱后与导弹分离，可改善导弹的气动外形。

2）提高了快速反应能力

弹、箱作为一体平时固定在贮运发射箱支架上，长期处于待发状态，随时都可发射，提高了快速反应能力。

3）提高了快速补给能力

带弹的贮运发射箱往支架上装卸迅速方便，可实现多次打击、连续作战和快速反击。这对无控火箭和防空导弹的发射尤为重要。

4）提高了密集布置能力

贮运发射箱可以保护其内部的导弹免受相邻贮运发射箱内的导弹发射时燃气流的冲击，使导弹的密集布置成为可能。应用模块化设计，可将多个标准化的贮运发射箱组合成 2 箱、4 箱和 6 箱等集装箱，也可将单个标准贮运发射箱直接装于贮运发射箱支架上构成多联装发射装置，以提高火力密度。

5）易于实现一箱多用、一架多用

可用一个标准贮运发射箱发射不同射程、不同弹径，甚至不同用途的导弹，实现一箱多用，提高设备的通用性。也可用一个标准的贮运发射箱支架固定不同用途的贮运发射箱。

由于箱式发射有上述独特的优点，国内外的火箭、导弹已广泛使用箱式发射技术。例如，飞航导弹用箱式发射的有：法国的"飞鱼"、美国的"战斧""捕鲸叉"、意大利的"奥托马特"和以色列的"伽伯列"等。防空导弹用箱式发射的有：法国的"响尾蛇""海响尾蛇"、美国的"爱国者"、意大利的"阿斯派德"、苏联的 SA－13、英国的"标枪"等。无控火箭用箱式发射的有：美国的 MLRS、意大利的"菲洛斯 25"、以色列的 60 mm 36 管火箭炮等。我国也有多种导弹使用箱式发射。

2. 贮运发射箱设计要求

设计贮运发射箱时，导弹的有关参数及对地面设备总体提出的技术要求作为设计输入。

导弹的有关参数包括：导弹外形尺寸、质量、转动惯量、质心位置、滑块（或定心部）形式与位置和配合要求、插头位置、发动机推力曲线、燃气流流场参数等。

对地面设备总体提出的技术要求中，涉及贮运发射箱的主要包括以下几方面：

（1）使用环境条件要求。

如要求在恶劣气候条件下使用导弹武器系统，贮运发射箱则应有隔热、气密性能；如要求在复杂电磁条件下使用导弹武器系统，贮运发射箱则应有电磁屏蔽性能；如导弹武器系统在服役时经常被运输或安装在动平台上，贮运发射箱应有较好的隔振性能。

（2）实现其基本功能的要求。

①满足导弹的滑离速度及初始扰动要求，保证导弹顺利发射；对无控火箭要特别注意控制初始扰动参数，以提高发射精度；

②要有足够的强度和刚度，能承受运输和发射时的载荷、相邻导弹发射时的燃气冲击力；

③箱体应设置必要的操作窗口，例如导弹锁定、插拔机构接通、引信装定等操作窗口；

④箱体应设有电器设备的转接接口；

⑤开盖动作迅速，不妨碍导弹飞行，不影响发射精度；

⑥满足使用寿命要求；

⑦满足通用性要求，即箱体结构应考虑单箱、多联装、集装箱多用途使用时的通用性。

（3）使用操作性要求。

①向发射箱内装填导弹和从发射箱内退弹要方便，固退弹机构简单、可靠；

②向发射装置上装箱要迅速，箱体要便于起吊、搬运和堆放，卸箱也要方便；

③充分考虑使用者的心理、生理因素，从设计上尽量避免误操作的发生。

（4）与系统内其他设备的协调性要求。

①与贮运发射箱支架应协调；

②贮运发射箱所用动力源尽可能选用装载平台上已有的动力源或与系统内其他设备公用动力源；

③总重不超出对其分配的比例；

④尺寸符合分配的占用空间要求。

（5）可靠性要求。

（6）维修性要求。

（7）经济性要求。

4.3.2 贮运发射箱箱体设计

1. 结构方案设计

贮运发射箱的基本类型有3种：轨式贮运发射箱、适配器式贮运发射箱、混合式贮运发射箱。设计结构方案时首先要确定它的形式。

1）轨式贮运发射箱

轨式贮运发射箱的基本特点是：箱内有发射导轨，通过滑块支撑导弹，并起导向作用。靠导轨弹性悬挂或箱外减振垫缓解运输和转载时的振动和冲击。其典型结构如图 4.21 所示，它的基本部件如图 4.22 所示。

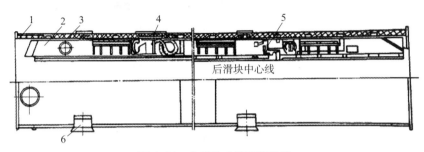

图 4.21　典型轨式贮运发射箱

1—箱体；2—发射梁；3—弹性悬挂；4—插头机构；5—闭锁挡弹器；6—支座

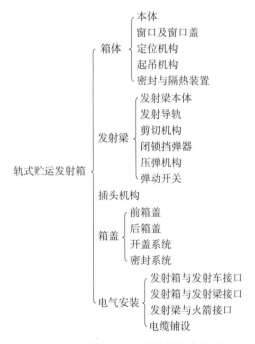

图 4.22　轨式贮运发射箱的基本部件

2）适配器式贮运发射箱

适配器式贮运发射箱的基本特点是：导弹通过前、后适配器支于发射筒内，导弹飞出箱体后适配器脱落。适配器本身有减振缓冲作用，并起导向作用。其典型结构如图4.23所示，它的基本部件图4.24所示。

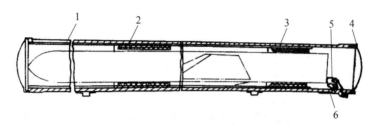

图4.23　典型适配器式贮运发射箱

1—发射筒；2—前适配器；3—后适配器；4—筒盖；5—插头机构；6—闭锁挡弹器

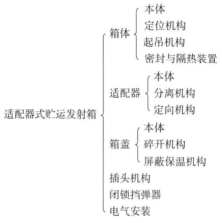

图4.24　适配器式贮运发射箱的基本部件

3）混合式贮运发射箱

混合式贮运发射箱的基本特点是：导弹前部用适配器支于发射筒内，导弹后部用定向钮支于筒内导轨上。发射时适配器和定向钮同时滑离，可消除导弹头部下沉的偏差。用集装箱外设的减振垫缓冲运输和转载时的振动与冲击。其典型结构如图4.25所示，它的基本部件有：发射筒，导轨，前适配器，闭锁挡弹器，插头机构，前、后箱盖，吊装与定位机构。

贮运设计发射箱时，首先要根据导弹参数和贮运发射箱的技术要求选择结构类型，随后确定结构方案。按不同的方法对贮运发射箱的结构类型进行分类，如图4.26所示。

圆形断面的箱体尺寸小、质量小、工艺性好，适用于弧形翼或折叠翼等横向尺寸小的导弹。例如美国的"MLRS"（弧形翼），法国的"响尾蛇"（收缩翼）、"MM40"（折叠翼）等均为圆形发射筒。可将单个圆形发射筒组合成集装箱（图4.27），既加强了火力密度、缩短了装箱时间，又克服了贮运时圆筒不易堆放和固定的弱点。如果不组合成集装箱，而是单箱贮运和装填，为便于堆放则需另加包装箱。

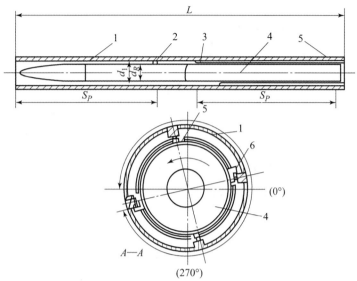

图 4.25　典型混合式贮运发射箱

1—筒体；2—前适配器；3—后导轨；

4—筒盖；5—滑块；6—闭锁挡弹器

图 4.26　贮运发射箱结构类型的分类

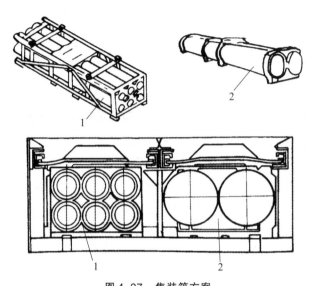

图 4.27 集装箱方案

1—"MLRS"发射筒集装箱;2—"JTACMS"发射筒集装箱

矩形断面的箱体与圆形断面的箱体相比,结构尺寸较大、质量大、结构复杂、生产工艺性较差。但它对翼展较大的导弹适用,贮运时可多个箱体叠放在一起,无须另加包装箱。

箱式发射中的滑块式导向方式与普通定向器有关内容相同。滑块可以下挂在导弹下方,也可以托于上面;可以布置有前、后滑块,也可以布置有前、中、后滑块,导轨可直接固于箱体上,也可固于发射梁上,发射梁再挂在箱体上。有发射梁的贮运发射箱往往用于重型导弹的发射。

适配器式导向方式多用于圆形断面的箱体。它的优点是:在贮运时能减缓对导弹的振动和冲击;发射时起导向作用,并能通过选择适当的结构参数控制导弹的初始扰动值;发射后适配器分离后还可改善导弹的气动外形。这种导向方式一般要求导弹的尾翼为弧形翼或折叠翼。

混合式导向方式多用于同时滑离的箱体。这种形式较好地解决了导弹前、后滑块同时滑离后,在筒内飞行时由于下沉而引起的与筒体碰撞问题。发射筒的内径前段与后段相同,避免了筒内燃气流反射对导弹的扰动。

导弹的滑离方式有两种,在箱式发射中都有应用。采用同时滑离方式,导弹滑离后无头部下沉,发射精度较高,但导弹的下沉量较大,箱体结构必须让开足够的距离,以免弹箱相碰。采用不同时滑离方式,导弹前滑块(或适配器)滑离后,后滑块(或适配器)仍沿导轨(或筒)滑动,直至前端全部脱离约束。导弹在箱中无下沉,箱体结构尺寸小,但在不同时滑离阶段导弹存在头部下沉，增加了发射的初始偏差。为了减小头部下沉偏差，可增加滑离速度，缩短不同时滑离时间；或缩短前、后滑块间的距离，但对长细比大的导弹而言，支承稳定性欠佳；所以有的采用前、中、后3个滑块，使支承距离加大，稳定性好，但中、后两滑块间距离短，不同时滑离的时间仍很短，兼顾了两方面的要求。

　　往定向架上装带导弹的贮运发射箱可以选用单箱逐一装填而构成多联装形式，如图4.28所示的4联装和图4.29所示的3联装。也可以选用集装箱式装填方式，如图4.27所示。设计时要注意，箱体结构应适应多联装的要求。同一型号的贮运发射箱结构应是统一的，不论装在联装架上的哪个位置，都应保证使用操作方便，不遮挡操作检查机构或窗口。

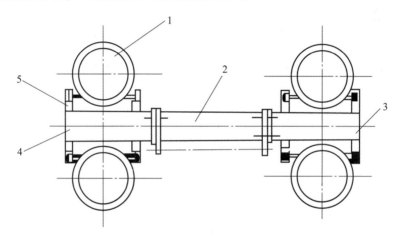

图 4.28　4 联装定向架

1—发射筒；2—联装架；3—右起落架；4—左起落架；5—发射筒导轨

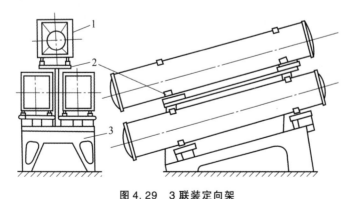

图 4.29　3 联装定向架

1—贮运发射箱；2—联装架；3—定位机构

贮运环境条件要求是由技术要求决定的，一般都要求气密、防振、有密封装置和减振机构。箱内充有氮气或干燥空气，气压为 0.1 ~ 0.3 MPa，使导弹避免潮湿、盐雾、霉菌的腐蚀。屏蔽和隔热保温要求由导弹所处的电磁环境及对温度的敏感程度而定，不是所有的贮运发射箱都要求具有这一性能。

2. 箱体结构设计

箱体是安装发射梁（导轨）、各种机构、仪表、电气设备及箱盖等的基本构件。设计的内容包括：

（1）根据导弹与贮运发射箱、贮运发射箱与定向架、贮运发射箱与装运设备之间的协调条件确定箱体外形尺寸及有关机构的位置。

（2）根据强度和刚度的要求确定承力构件的尺寸及加强筋的结构。

（3）根据环境条件设计密封装置、隔热结构、屏蔽结构、充气装置等；根据使用要求进行窗口及机械、电气接口设计。

1）箱体基本尺寸确定

箱体内部尺寸取决于导弹的外形尺寸。箱体应比导弹稍长些，使导弹封在箱内，两端留有一定间隙，如图 4.30 所示。箱体内腔横截面尺寸取决于：导弹翼展尺寸、发射梁结构尺寸、导弹下沉量所决定的让开量等。弹翼与贮运发射箱内壁之间应有一定间隙，间隙应大于导弹在箱内的下沉量，以防止导弹运动时弹箱相碰，并要考虑振动、定向钮与导轨配合间隙、装配公差等造成的偏差。箱体外壁的横向尺寸取决于结构强度、隔热保温层的厚度等的需要。为了减小箱体横断面的尺寸，法国"响尾蛇"导弹的发射筒中导轨直接固于筒壁上，并伸出筒体之外。装上导弹之后，用一个很高的罩子作筒盖，构成密闭的空间。发射时，推开罩盖，导轨前端露在筒外。导弹滑离时已出筒外，不会发生弹筒相碰现象。用这种方法解决导弹下沉后的碰撞问题，比加大发射筒的内壁尺寸要优越得多。

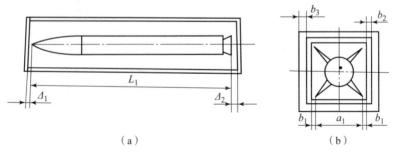

（a）　　　　　　　　　　　　（b）

图 4.30　箱体外形尺寸确定

2）承力构件设计

导弹贮运与发射时的动载荷及燃气流冲击力作用在承力构件上，设计时既要保证强度与刚度的要求，又要减小重量。一般由纵梁（或内箱体）与加强框构成框架，以满足强度要求，再加适当的纵筋与横筋增加刚度与稳定性。图4.31 所示即一种可参考的设计方案。

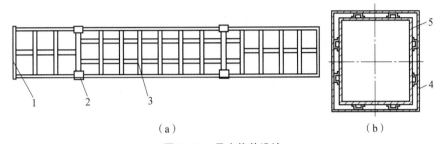

（a）   （b）

图 4.31　承力构件设计

1—法兰；2—支脚；3—加强框；4—内箱体；5—外蒙皮

贮运发射箱吊装用的吊环及安装在定向架上的支脚都是承力构件，要与加强框相连，以保证传递载荷时的强度要求。

3）密封装置设计

贮运发射箱内充有一定压力的气体。为了使箱内气体压力长期保持在允许范围，箱体必须是气密的。保证气密的措施包括：

（1）箱壁焊缝必须经过气密检查，不能漏气；

（2）前、后箱盖与法兰连接，窗口盖与箱壁连接要用专门密封圈与密封垫，并用适当数量的螺钉固紧；

（3）与箱体内壁相通的插头与插座必须是专用的气密件；

（4）要安装专用压力表，定期检查箱内气体压力，压力低于最小值时要向箱内充气。

4.3.3　贮运发射箱箱盖设计

1. 结构方案选择

箱盖是贮运发射箱的重要部件，对导弹的贮存寿命、使用维修性能、发射时的反应时间及可靠性有直接影响。所以在型号研制中，往往将箱盖作为关键部件专门进行研究。为了协调弹、箱间的要求，节省试验经费，箱盖的设计一般是与弹、箱同步进行的。

箱盖设计的基本要求如下：

（1）需要箱盖关闭时要能关得住。所谓"能关得住"是指：箱盖关闭时，有一定的强度与刚度，防止导弹遭受机械撞击；有良好的气密性能和隔热性能；对电磁场有屏蔽作用。

（2）需要箱盖打开时要打得开。所谓"打得开"是指开盖要方便、可靠，不能给导弹的发射带来不利影响。

目前在贮运发射箱中应用的箱盖有图 4.32 所示的各种形式。还有一种方式是用塑料薄膜封住筒口，起密封作用；用普通盖罩于筒口，保护薄膜不致碰破，发射时弹头冲破薄膜与盖子。

图 4.32　箱盖形式

几种开盖方式分别具有以下特点：

（1）机电式开盖。前、后盖一般用金属材料制成，用液压机构开、关盖，压缩弹簧伸张时开盖或用电动机构开、关盖。其优点是关盖确实，开盖可靠，可多次使用。其缺点是机构复杂，需要把液压机构或电动机构接入贮运发射箱中，重量大。

（2）整体抛掷。用外力把整个盖子抛出，抛出的力有两种：

①箱内气体压力。箱盖用爆炸螺栓与箱体法兰相连，发射时电点火器点燃爆炸螺栓中的火药将螺栓炸断，在箱内所充 0.1 MPa 气压的气体作用下箱盖被抛出。

②火药气体压力。在箱盖法兰处装有炸药索，发射时引爆电爆管从而点燃炸药索，在盖体与法兰间产生火药气体，使箱盖沿法兰破裂整体抛出。

（3）易碎式箱盖。这种箱盖在发射时要靠外力作用破裂成块。有的碎成几大块（4 块或更多些），有的碎成小碎块，这由发射要求而定。破裂外力有的是导弹头部撞击的结果，有的则由埋于箱盖中的炸药索爆炸产生。这种方案的优点是：

①箱盖的前盖由导弹头部冲开，箱盖的后盖由发动机的燃气流吹开，既简化了发射程序，又省去了一套开盖机构，结构简单，重量较轻，可靠性也提高了；

②箱盖的打开或关闭对相邻导弹都无影响；

③具有防潮、隔热、自熄等性能；

④制造方便，成本低，适于批量生产。

2. 电动开盖机构设计

1）结构组成

箱盖体由箱盖本体、耳轴座、铰链座及密封件等构成，如图4.33所示。箱盖是铝板加工而成，其上有密封用的沟槽、红外导引头的观察孔及防护盖。箱盖下端有两个铰链与箱体法兰相连，可绕链转动向下开盖或向上开盖。为了保证箱内所充气体不漏出，在箱盖上的沟槽内装有密封胶圈及密封胶囊。在贮运过程中，箱盖与箱体用螺栓固定，压紧密封圈，从而保证气密。进入待机发射状态，解脱固定螺栓，仅剩一个爆炸螺栓，此时由充气胶囊保证气密，而密封胶圈因螺栓去掉后未压紧不再起密封作用。爆炸螺栓保证待机发射的箱盖去掉固定螺栓后仍然关闭，由充气囊密封。

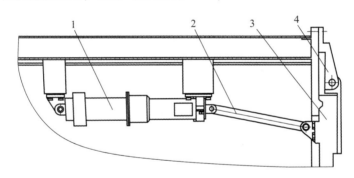

图4.33 电动开盖机构
1—电动机构；2—推杆；3—箱盖本体；4—铰链座

电动开盖机构由电动机构、推杆、电缆及插头等组成，电动机构中有电动机及减速器。电动机的旋转运动经减速后变成直线运动，使箱盖打开或关闭。推杆升出时开盖，收回时关盖。

开盖动作：待机发射时，拧掉固定螺栓，仅剩一个爆炸螺栓，按下点火指令后，发控系统使爆炸螺栓炸断，随后起动电动机，使推杆向前移动，将箱盖迅速打开，直至箱盖到位。电动机自动断电。箱盖打开速度即推杆移动速度，由于开盖的阻力不大于电动机的额定载荷，所以开盖速度不小于额定速度。

关盖动作：用电动机自动将箱盖抬起。推杆收回到位，箱盖也关到位，电动机自动断电，随后用爆炸螺栓固定。若进入贮运状态，应拧上全部固定螺栓，使贮运发射箱保持完好的长期贮存的气密状态。

2）开盖时间

在设计开盖时间时，略去箱盖转动时铰链轴的摩擦力、作用在箱盖上的空气阻力及箱内充气压力，只考虑电动机构推力的作用，受力如图 4.34 所示，箱盖运动方程为

$$J\frac{\mathrm{d}^2\varPhi}{\mathrm{d}^2 t} = Fl_F\sin(\alpha_F + \varPhi) - nGl_G\cos(\alpha_G + \varPhi) \tag{4.3.1}$$

式中，J，G 为箱盖的转动惯量及重力；F 为电动机构推力；$\varPhi$ 为箱盖打开角度，一般为 $0° \sim 90°$；l_F，l_G 为 F 及 G 到转动中心的力臂；α_F，α_G 为箱盖关紧时的初始结构角；n 为过载系数。

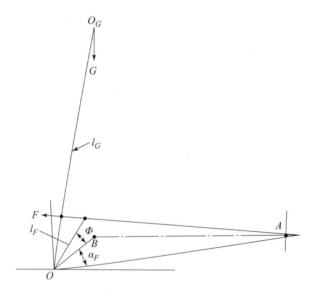

图 4.34　开盖时箱盖上的作用力

假设箱盖由 $\varPhi_i$ 开到 $\varPhi_{i+1}$，F 及 G 作用的力臂不变，因而式（4.3.1）右边为不随 $\varPhi$ 变化的函数，所以在 $\varPhi_i \sim \varPhi_{i+1}$ 期间积分，得

$$\omega = \omega_i + \frac{1}{J}[Fl_F\sin(\alpha_F + \varphi_1) - nGl_G\cos(\alpha_G + l_i)](t - t_i) \tag{4.3.2}$$

$$\varPhi = \varPhi_i + \omega_i(t - t_i) + \frac{1}{2J}[Fl_F\sin(\alpha_F + \varPhi_i) - nGl_G\cos(\alpha_G + \varPhi_i)](t - t_i)^2$$

$$\tag{4.3.3}$$

式中，t 为箱盖开始运动的时间。初始位置时，$t=0$，$\varPhi=\varPhi_i=0°$，$\omega=\omega_i=0$，随后的 $\varPhi_i$ 及 ω_i 即前一间隔末的值。

3. 易碎式箱盖设计

易碎式箱盖由盖体、法兰、承力栅格等组成，结构外形有平面形、圆锥形、半球形、半椭圆形等。按厚度分为单层、多层，但内部均有沟槽，以便于破裂。

1）易碎式箱盖破碎方案选择

易碎式箱盖破碎方案可以采用弹头冲破式、燃气冲破式和激波冲破式。

弹头冲破式是在导弹向前运动时，利用弹头将前盖冲破，这样前盖破碎过程中会对导弹头部造成一定的冲击。在设计易碎式箱盖的破碎压力时，需要考虑弹头的抗冲击能力，确保弹头冲破易碎式箱盖时不会遭受破坏。"海麻雀"导弹贮运发射箱前盖即采用弹头冲破式，如图 4.35 所示。

图 4.35　"海麻雀"导弹贮运发射箱采用的易碎式箱盖

当导弹头部装有防护罩（如鱼雷头罩）时，因防护罩本身易碎，不能再利用导弹头部冲破易碎式箱盖，此时就需要寻求其他碎盖方式，如燃气冲破式、激波冲破式。

燃气冲破式是利用导弹发射时产生的高速燃气将易碎式箱盖冲破。燃气流可以将贮运发射箱的后盖冲破，也可将同心发射筒的前盖冲破。

激波冲破式可利用导弹助推器点火产生的激波将易碎式箱盖打开，后盖被发动机喷管所喷射的燃气流冲破，前盖利用燃气冲击波在后盖发生反射而传播到前盖而将其打开。采用激波冲破式需要通过计算、试验等手段确定易碎式箱盖的开盖压力，以此作为易碎式箱盖的设计依据，同时，确保导弹及贮运发射箱能够承受在箱内传播的激波的压力，并对相关薄弱设备进行激波防护。

2）易碎式箱盖材料选择

易碎式箱盖可以选择下列材料制造：

（1）以硬质聚氨酯泡沫塑料为基材，用金属模具浇铸成型。材料表观密度为 $0.3 \sim 0.4 \ g/cm^3$，抗拉强度可达 $6 \sim 8.5 \ MPa$，抗冲击强度可达 $2 \sim 4 \ kg \cdot cm/cm^2$，其性能足以满足易碎式箱盖的强度要求。

（2）以玻璃纤维布为基材，加树脂、填料，层压固化成型。根据破碎力的要求确定玻璃布的层数、树脂配方及含量、固化温度及固化时间。

泡沫塑料质量较小，材质较软，在破碎过程中不会划伤导弹的头部。

用金属模具发泡成型，批量生产时能保证易碎式箱盖的尺寸与性能参数的一致性。金属模具使用寿命长，批量生产效率高，较经济。

法兰材料可以选择铝或玻璃钢，两者都较轻，性能都能满足要求，但设计制造时需注意不同材质的特点，采取相应的措施。

（1）玻璃钢法兰刚度较差，用螺栓固定于管口时易变形，气密性不好保证，设计时需加强刚性。铝材法兰没有此问题，结构厚度可小些。

（2）温度变化时，铝与非金属的膨胀系数不一致。黏结部位容易开裂，所以应当进行高低温试验，检查黏结牢度，保证气密要求。

3）易碎式箱盖的结构

（1）单层结构易碎式箱盖

单层结构易碎式箱盖如图 4.36 所示，可选用一种适当强度的聚氨酯泡沫塑料，模压成适于镶嵌在贮运发射箱口上的前盖，并通过一个金属框架固定在贮运发射箱上，金属框架由金属材料制成，例如由铝合金制成方框，形状与易碎式箱盖相同，但尺寸稍大，框架四边内侧有角形构件，正好同易碎式箱盖的外缘直角配合；框架凸耳上有孔，螺钉通过此孔将易碎式箱盖固定在贮运发射箱上，此时易碎式箱盖外表面突出的铝膜与铝角形构件密切配合，构成一个光滑封闭的平面，保护导弹免受电磁辐射的影响。对这种形式的易碎式箱盖，为了使其易于破裂，还可在易碎式箱盖上做出适当形状的沟槽，沟槽的截面形状一般为等腰直角三角形或者等边三角形。

（2）多层结构易碎盖。

图 4.37 所示为多层结构易碎式箱盖，盖体共 3 层，外层为泡沫塑料，中间为玻璃布，里层为铝箔。玻璃布两面涂胶，将起屏蔽作用的铝箔牢固地黏结于塑料层上，并保证有良好的密封性。

泡沫塑料层厚 14 mm，有 8 mm 深的沟槽，把全盖分成 8 块。顶部成半球形，有直径为 150 mm 的环形沟槽。底部呈圆形，有直径为 300 mm 的环形沟槽。导弹发射时，弹头与盖体相撞，先将直径为 150 mm 的圆板冲落，导弹继续运动时，盖体沿沟槽被挤成 8 块。这种结构可减小导弹撞碎易碎式箱盖时的撞击力。为防止泡沫塑料老化，泡沫塑料层上涂硫化硅橡胶，厚 $0.2 \sim 0.3$ mm。

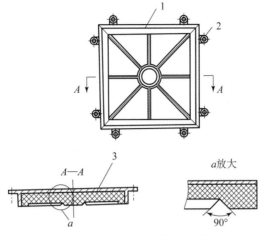

图 4.36　单层结构易碎式箱盖
1—框架；2—支耳；3—铝膜

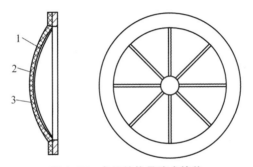

图 4.37　多层结构易碎式箱盖
1—铝箔；2—玻璃布；3—泡沫塑料

法兰是铝制圆环，厚 20 mm，有足够的刚度，其上有 8 个圆孔，用 8 个螺钉将易碎式箱盖固于发射管端，被压紧的橡胶圈起密封作用。

盖体用聚氨酯胶黏结在法兰上，按黏结工艺要求保证黏结牢固。黏结连接的主要优点是：

①不削弱受力面积；

②不发生开孔处的应力集中现象，受力性能及疲劳强度较高；

③连接点外形平滑，气密性好，连接元件的裂纹不易扩展；

④可以用于不同材料的连接，无电化学腐蚀问题。

黏结连接的主要缺点是：

①在胶缝边缘处有较大的剪应力和剥离力，易造成边缘过早剥裂，导致整个胶层破坏；

②强度分散性大，由于温度、湿度等环境因素的影响，黏结强度会降低，所以要注意黏结工艺，并要做高低温试验，以便检查黏结质量。

4. 爆破式箱盖设计

这种形式的箱盖有两种开盖方法：一种是盖体与法兰之间有导爆索，靠火药的爆轰力使箱盖破裂，并抛出一定距离；一种是盖体与箱体之间用爆炸螺栓连接，螺栓炸断之后，靠箱内气压将箱盖整体抛出。

1）设计要求

爆破式箱盖的主要设计要求如下：

（1）在正常发射条件下，导爆索点燃后，箱盖的盖体与法兰剥离，抛出距离不小于 3 m；

（2）在应急发射条件下，导弹头部能冲破箱盖；

（3）箱盖破裂后的碎片不影响导弹的正常飞行；

（4）箱盖有足够的强度，能承受运输时的振动及相邻导弹燃气流的冲击，在一定的静载作用下，箱盖不破裂；

（5）在 50 kPa 气压作用下，保持 24 h 不漏气；

（6）耐腐蚀、耐老化、耐高温、有自熄性能；

（7）环境温度为 +50 ℃ 或 −40 ℃ 时，箱盖黏结处不应脱黏，气密性不应破坏。

2）导爆索式抛掷盖结构示例

如图 4.38 所示，导爆索式抛掷盖由盖体、法兰、导爆装置组成。

盖体由玻璃纤维细布和环氧树脂制成。中间铺设 200 目的铜网，以屏蔽电磁场的辐射作用。盖体中间有圆孔，用能透过红外线的护罩罩住，有密封垫防止漏气。导弹在贮运发射箱中，通过透明的护盖接收来自目标的红外信号，盖体四周有一定高度和厚度，中间填充有泡沫塑料的环状突起部，保护导弹头部免受燃气直接冲击。

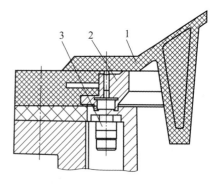

图 4.38　导爆索式抛掷盖

1—盖体；2—法兰；3—导爆装置

法兰由玻璃纤维细布和环氧树脂制成。中间铺设铜网，以屏蔽电磁场的辐射作用。铝片则用来增加法兰的抗弯刚度，使导爆索的爆轰力只撕裂盖体而不会使法兰变形。法兰四周有均匀分布的圆孔，螺钉通过这些圆孔将法兰固于箱体上，并由密封垫防止漏气。

导爆装置由起爆器、导爆索、传爆药柱及金属护罩组成。起爆器用于起爆导爆索；导爆索装在箱盖周缘护板上的圆槽内，引爆后形成爆轰力使箱盖从黏结面处脱开，并被抛出一定距离。

开盖原理：两个对称安装的起爆器爆炸后，引爆传爆药柱，并将爆轰能量传给导爆索。沿箱盖黏结面周缘敷设的导爆索被引爆，产生爆轰压力，作用于箱盖之上，使玻璃钢盖从黏结面上剥离，并将箱盖抛出。

导爆装置中的金属护罩承受导爆索引爆产生的爆压后不会破坏，使玻璃钢盖剥离，并能减弱爆炸波对弹头等的影响。试验证明：只要导爆索药量适当，火工品爆炸时弹头上的压力不大，弹头完好无损，箱盖抛出距离符合要求，法兰周边整齐，发射通道畅通，则爆炸力对本体不造成破坏。

3）爆炸螺栓式抛掷盖结构示例

法国"响尾蛇"导弹的贮运发射箱前盖是爆炸螺栓式抛盖。前盖为高655 mm的锥形铝合金旋压件，壁厚1.2 mm，形状与导弹的头部相适应，以减小前盖的尺寸和质量，如图4.39所示。前盖用爆炸螺栓连接在贮运发射箱上，爆炸螺栓结构如图4.40所示。在发射时，点火电路接通，内部炸药点燃爆炸，剪断剪切销，使螺栓分成两部分，在爆炸力和箱内压力的作用下将前盖抛出，前盖让开导弹的飞行弹道。为了保证导弹发射安全，只有当点火电路前盖开关接通，传出前盖已抛出的信号时才可以发射导弹。

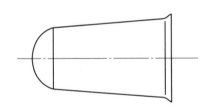

图4.39　法国"响尾蛇"导弹贮运发射箱的爆炸螺栓式抛盖结构

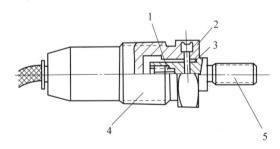

图4.40　爆炸螺栓结构

1—药柱；2—剪切销；3—密封环；4—连接体；5—螺栓

前盖开关结构安装在贮运发射箱侧板的前部，在常态下，前盖安装好，开关控制机构的拉绳与前盖相连，同时插销到位，压板由斜柱销和滚珠固定，微动开关断开，发动机点火电路不通。发射时，前盖抛出，插销拔出，斜柱销释放压板，压板在弹簧作用下压住微动开关，使其接通导弹发动机点火电路。如出现故障，前盖未抛出，点火电路不会接通，无法进入导弹发射流程，此时前盖开关起保险作用。

4.3.4　适配器设计

1. 自力发射用适配器

导弹使用圆截面的贮运发射箱来完成贮存、运输和发射任务时，在弹、箱之间往往装有称为适配器的弹性衬垫，在贮存时起缓冲减振作用，在发射时起导向作用，并控制初始扰动；导弹滑离后，适配器与导弹分离。

适配器一般用聚氨酯泡沫塑料为基材制成，以聚四氟乙烯和海绵板作衬料，此外，还有弹簧、定位销等配件。典型的适配器结构如图 4.41 所示。

之所以选用泡沫塑料做适配器，主要是基于以下考虑：

（1）泡沫塑料内部发泡，而且本身的动力特性复杂，使其在整个变形过程中处于弹性 – 塑性 – 黏弹性相交汇的流变状态，表现出强烈的非线性特性，这些都是获得良好抗冲击性能的基础。

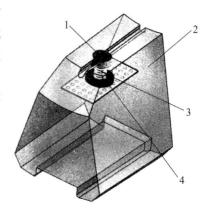

图 4.41　典型的适配器结构
1—定位销；2—适配器本体；
3—分离弹簧；4—弹簧座销

（2）可以有效地阻止多个共振峰的产生。当系统处于路面不平或海浪起伏的随机激励环境中时，对多自由度线性系统将激起许多共振峰，产生噪声或疲劳破坏。对这种环境采用以往调整刚度和质量的方法常常难以使结构的固有特性避开宽频带激励频率。对黏弹材料，因其动力特点及阻尼较大，可以有效地解决这个问题。

（3）泡沫塑料种类较多，对同一种化学成分的材料，可以通过不同的加工工艺和发泡处理得到密度、刚度、阻尼等物理参数大不相同的材料，而且易于加工成多种形状复杂的零件。

上述这些特点，使人们在设计适配器时能兼顾运输时的减振特性、发射中的控制扰动特性与滑离后的分离特性三方面的要求，合理协调各设计参数。

2. 弹射用适配器

发射筒一般有前、中、后 3 个适配器，完成支承、导向和缓冲作用。此外，后适配器还要完成密封气流的作用。3 段适配器的结构基本相同，只是后适配器有尾唇，燃气压力将尾唇压于发射筒壁，起密封燃气的作用。如果用活塞或密封环密封燃气，则不需尾唇，此时 3 段适配器结构完全一样。适配器长度取决于各段受力情况，要保证弹体的压强要求。厚度取决于弹筒间隙、形状及尺寸误差。

带尾唇的适配器如图 4.42 所示。每段可以由 4、8 或 12 块组成。每块由 3 种不同的材料黏接而成。内层由氯丁海绵胶板制成，与导弹外表面贴合，主要补偿导弹的形状和尺寸误差，此种材料与金属摩擦系数大，能减小装填时销子的受力。中间一层本体由丁腈橡胶制成，根据需要，本体上可设有若干减轻重量孔。外层黏接聚四氯乙烯薄膜，与发射筒内壁接触，此种材料摩擦系数小，可减小发射和装填时的阻力。每块适配器均有一个弹性销钉，销钉插入导弹的销孔中，使适配器在导弹上定位。销钉在销孔中可伸缩，目的是在导弹有形状和尺寸误差时，也能良好地结合。适配器前端制成有一定角度的斜面，目的是适配器出发射筒后，在弹簧力和空气阻力的作用下，保证导弹和适配器顺利分离。前、中适配器后端制成斜面，目的是当装填装置与发射筒对接产生台阶时也能顺利装填。

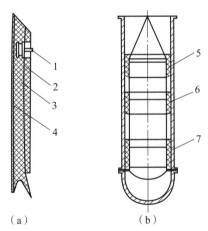

（a）　　　　　　　　（b）

图 4.42　带尾唇的适配器

1—销子；2—氯丁海绵胶板；3—丁腈橡胶本体；4—聚四氯乙烯薄膜；

5，6—前、中适配器；7—带尾唇的后适配器

后适配器尾唇设计成 V 形，目的是良好的密封燃气压力，使之不泄漏到上方，保护弹体并顺利发射。带密封尾唇的适配器能完成所要求的功能，且结构简单。由于适配器形状简单，采用橡胶材料，可用模具进行批量生产。3 种材料的黏接也无须特殊工艺，所以此种形式成本低。

后适配器是由 8 块（或 12 块，或 4 块）组成一圈进行密封，块与块之间不可能贴合得很好，总会漏气，密封效果不是最佳的。适配器出发射筒后，由于受到风力等因素影响，散落无规律，有可能散落到地面设备上，对地面设备的安全造成威胁。

为了解决发射时适配器分离可能造成的危害，常选用密度小的硬质聚氨酯泡沫塑料代替图 4.42 中的丁腈橡胶本体做适配器，而用可变形的橡胶做密封环，安装于导弹的尾罩上起密封燃气的作用。内层的硬质聚氨酯泡沫塑料是适配器的承力件，由于其密度小，具有一定的强度和弹性，由它制成的适配器质量可大大减小，且能起到缓冲作用。

密封环（图 4.43）制成 T 形，也就是通常说的单边唇形。用螺钉、压板固定在尾罩的支承环上。密封环由两种材料黏接而成，本体用橡胶材料制成，在外表面上黏接一层聚四氟乙烯薄膜。本体主要起密封作用，聚四氟乙烯薄膜用于减小发射时它与筒壁间的摩擦阻力。

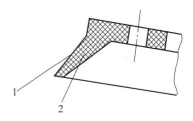

图 4.43　密封环
1—橡胶本体；2—聚四氟乙烯薄膜

密封环应有足够的厚度，否则，在导弹装填与发射时容易产生翻边。密封环应有足够的过盈量，特别是在公路机动发射、导弹运输和发射呈水平和垂直两种状态下，这时导弹和发射筒不同心，所以密封环的最大外径必须是发射筒的内径，加上导弹与发射筒的不同心度，再加上必要的过盈量。这样才能保证良好的密封性。

尾罩密封、轻质材料适配器的优点是：适配器散落在地面设备上不会造成地面设备的损坏；密封环制成整圈的，没有接缝，密封效果好；质量小，操作方便，使用性能好。其缺点是：材料强度低，操作时需小心；适配器落地后将全部损坏，不能多次使用；制造工艺较复杂，成本较高。

3. 影响适配器可靠分离的因素

导弹发射时，适配器与导弹一起在筒内运动。当适配器飞离发射筒后，则在分离弹簧的弹力、气动力和自身重力作用下与弹体分离，并在空中沿着预定的轨迹飞行，而导弹在发动机推力的作用下沿既定弹道飞行。

根据适配器分离特性分析，影响适配器可靠分离的主要因素有以下几点：

（1）气动外形和质量。当出口速度一定时，如果气动升力大，阻力系数小，适配器就能获得较大的分离距离；适配器质量小，分离后的飞行运动易受气流干扰。

（2）分离弹簧的弹力。弹力大，适配器分离初始加速度就大，在分离过程中运动距离也较大。

（3）弹簧力作用点与适配器质心的距离。弹簧力作用点的位置影响适配器分离时的运动姿态，应适当选择。

（4）风速与风向。

（5）射角。一般来说，增大射角对适配器分离是有利的。

（6）适配器出筒时的初始速度。初始速度增加，适配器分离速度加快，有利于分离。

适配器分离的基本要求是发射时适配器在与弹体分离的过程中不与弹体、展开中的弹翼、舵等部位碰撞，并且保证有一定的安全距离。

参 考 文 献

[1] 姚昌仁，张波. 火箭导弹发射装置设计［M］. 北京：北京理工大学出版社，1998.

[2] 贺卫东，常晓权，党海燕. 航天发射装置设计［M］. 北京：北京理工大学出版社，2015.

第 5 章

航天发射场设计基础

航天发射场作为航天系统工程的重要组成部分，是完成航天系统工程任务的基础要素和前提条件，是各类航天器踏上太空征程的起点。系统功能完善、能够发射各类航天器的航天发射场，是国家航天事业发展的重要标志，也是展示国家军事、经济、外交实力的重要窗口，在国家建设，特别是国防和军队建设中占有十分重要的地位。

航天发射场的设计是个庞大的系统工程，限于篇幅，本章仅给出总体设计的基础知识，而不涉及具体设施和设备的设计，对于这些知识建议读者参考相关专著。

|5.1　概述|

航天，又称为航天活动，其主要目的是探索太空奥秘，开发太空资源，并服务和造福于地球上的人类。为实现这一目标，人类必须借助航天器离开地球，进入地球外部空间，准确地在地球表面某一高度的轨道上飞行，或者直接登陆太空中的某个地外星体。该任务通常是由称为运载器的航天运载工具完成的，而将航天器及其运载器送入太空的活动统称为航天发射或航天发射试验。

5.1.1　航天器

在地球大气层以外的宇宙空间执行探索、开发或利用太空资源等航天任务的飞行器称为航天器。世界上第一个航天器是苏联于 1957 年 10 月 4 日发射的"人造地球卫星 1 号"。航天器与运载器、航天测控通信网、航天器发射场和回收设施以及地面应用系统等共同组成航天工程系统，航天器是航天工程系统的主要组成部分。

航天器的出现使人类的活动范围从地球大气层扩大到广阔无垠的宇宙空间，引起了人类认识自然和改造自然的能力的飞跃，对社会经济、军事、科学技术的发展产生了重大的影响。环绕地球运行的航天器广泛用于对地观察、全球通信、广播、导航定位、特殊环境的科学研究以及空间侦察、空间防御、空间截击和空间作战指挥等军事用途。

航天器可分为无人航天器和载人航天器，每种航天器根据用途、结构特点又可以分成图5.1所示的若干种类型。

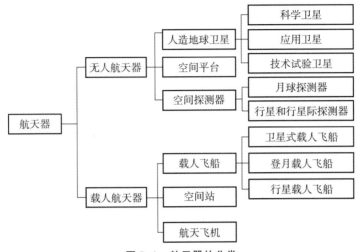

图 5.1　航天器的分类

把人造地球卫星、空间平台、载人飞船、空间站和空间探测器等航天器送入预定轨道的飞行器称为运载器，其通常为一次性使用的运载火箭，一般由2~4级运载火箭组成，高度达数十米，发动机推力达数千千牛至数万千牛，必须在专门的发射场才能发射。运载火箭大多是一次性使用的，但逐渐向部分重复使用和完全重复使用的方向发展，如美国 SpaceX 公司的"猎鹰"系列运载火箭。此外，美国的航天飞机是一种可部分重复使用的运载器，但由于发射成本过高，已经停用。

5.1.2　航天发射

航天发射是指利用航天运载工具，将包括卫星、飞船、探测器等各类人造航天器送入预定轨道的过程。发射成功的标志是航天器按预定轨道正确入轨或安全返回地面（如返回式卫星及载人航天器）。航天发射具有技术复杂、科技含量高、发射风险大、资金投入多等特点，是一个国家综合国力的集中展现和科技水平发展的标志，也是开发太空资源的前提。截至目前，世界上较为成熟和前沿的太空发射技术仍然掌握在美国、俄罗斯、中国、日本、印度及欧洲某些国家或国际组织手中。

航天发射与弹道导弹的发射有着很深的渊源。弹道导弹之所以能成为远距离作战武器，是因为其具有威力强大的运载工具——火箭，火箭能将弹头送入太空，然后重返大气层将其投送到远离发射点的目标区。随着运送弹头的火箭运载能力的提高，当其达到发射人造地球卫星的水平时，即可由发射弹道导弹转变为发射具有各种用途的航天器。随着技术的发展和航天器的多样化，用于航天器发射的运载火箭逐渐从发射导弹的型号中独立出来，形成了成熟、固定而且成系统的运载火箭系列，与之配套的专业化发射场也随之产生，形成了世界各国各具特色的现代航天发射（运输）体系，并在人类60余年的航天史上创造了诸多奇迹。

世界上早期的航天发射场基本上都是由火箭、导弹发射及试验场所及设施演变而来的。从第二次世界大战期间德国在佩内明德建立世界上第一个导弹试验靶场至今，世界各航天大国相继建成了各具特色的航天发射场和发射设施，专供发射各种导弹、卫星、空间站、载人飞船和航天飞机等使用。经过数十年的实践积累，航天发射的技术方法和运行管理日臻成熟，航天发射场也由早期的火箭、导弹试验场改扩建，演变为当前的经过精心规划与设计的现代化综合型发射场，其在航天工程系统中的地位，以及对国家航天发展战略的作用日益明显。

5.1.3　航天发射方式

所谓航天发射方式，就是指运载火箭的发射方式。根据航天器发射前进行技术准备的方式，航天发射分为固定式和移动式两种。前者是利用航天发射场进行发射的方式（包括导弹在地下井的发射）；后者则没有固定的发射场，其发射地点是机动的，航天运载工具可以通过陆基（公路和铁路）、海基或者空基机动，其是对固定式发射的补充，多用于战时或临时应急发射。显然，两种发射方式具有明显的区别，固定式发射可以配套建设较为完善的发射服务设施，能够满足各种不同类型的航天器的发射要求；而移动式发射只能适应小型航天器的发射，一般多用于军事航天器的发射。

（1）固定式发射。固定式发射以专业的场所和设施作为运载火箭发射前的技术准备条件，是最为人们所熟知的发射方式，也是本章阐述的重点。美国航天飞机发射场（美国肯尼迪航天中心）如图5.2所示。

（2）陆基移动发射。陆基移动发射以一个或多个技术准备和贮存区为起点，根据作战任务和系统生存需求，通过公路和铁路机动，选择有依托或随机的地点实施航天器发射。这种发射方式的运载器、运输设施和发射流程与导弹基本一致。俄罗斯的"START－1"运载火箭陆基移动发射如图5.3所示。

图 5.2　美国航天飞机发射场（美国肯尼迪航天中心）

图 5.3　俄罗斯的"START－1"运载火箭陆基移动发射

（3）海基移动发射。海基移动发射实际上包含两种类型：一种是利用潜艇发射潜射导弹的能力，改造后用于航天器发射，仅用于军事用途；另一种是从海上浮动平台发射，母港固定并完成大部分的技术准备工作，发射设备是船台式和钻井平台式的活动发射平台，可机动到气候良好、接近赤道的区域，以充分利用地球自转的能力提高发射载荷的质量。多国合作的海射公司的海基移动发射系统如图 5.4 所示，发射方式为常用的自力发射。图 1.12（c）所示的中国的"长征十一号"运载火箭则是在海上平台上以弹射方式完成发射。

（4）空基移动发射。空基移动发射依托于机场，由飞机携带小型运载火箭到高空后实施发射，其充分利用飞机提供给火箭的初始高度和初始速度，一般用于军事用途。美国"飞马座"空射火箭发射情况如图 5.5（a）所示，尚在开发中的"平流层发射"系统如图 5.5（b）所示。

图5.4 海射公司的海基移动发射系统

（a） （b）

图5.5 空基移动发射

（a）美国"飞马座"空射火箭发射情况；（b）"平流层发射"系统

航天发射方式根据工作流程还可以细分为更多的方式，如图5.6所示。航天器发射前需要按照一定程序进行综合技术准备和发射准备，并满足各种发射条件后才能实施发射。

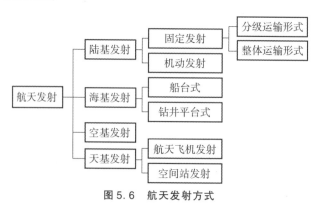

图5.6 航天发射方式

5.1.4　发射条件

发射条件也称为发射限制条件，也就是保证航天器发射成功必须满足的各种技术要求，主要包括运载火箭和航天器限制条件、地面发射控制系统限制条件、测控和通信系统限制条件、发射气象限制条件，发射窗口等。

各系统均满足发射条件要求，能够保证航天器发射成功并达到飞行目的，称为最佳发射条件。各系统基本满足发射条件要求，能够保证航天器发射成功并达到飞行目的，称为允许发射条件。

1. 发射气象限制条件

发射气象限制条件包括发射区气象限制条件和着陆区气象限制条件。执行发射任务期间，运载火箭要求提供发射区地面及高空（0 ~ 70 km）大气环境诸参数（温度、湿度、压强、密度、风速、风向）的实际测量值，并给出发射区周围半径 100 km、高度 0 ~ 10 km 区域的雷电分布。

2. 发射窗口

发射窗口又称为发射时机，即发射航天器执行某一任务所允许的发射时间范围。要使航天器按一定轨道探测某一天体，要求发射时刻选在地球与目标天体处于一定的相对位置时；某些人造卫星要求与太阳或地球保持一定相对位置，也要求有一定的发射时刻；航天器在轨道上交会对接，发射去交会的航天器取决于目标航天器在轨道上的位置。若过早或过迟地发射，则必须改变原来的飞行路线，或不能完成预定的任务，故执行某一任务时，需经过轨道计算等决定发射时间范围，如星际探测器可达数月，行星或月球探测器为几天，对航天器交会或相对地球与太阳保持一定位置为几小时，甚至更短。

5.1.5　测试发射程序

测试发射程序是指测试发射准备工作项目及其进行的先后次序。根据运载火箭和航天器的技术要求及各项工作的内在联系来制定发射程序，并以网络图的形式绘成图表或编成软件存入计算机，用以指挥发射准备工作和发射。发射程序所含内容的多少，依运载火箭、航天器的类型而异，主要内容如下：

（1）发射设备准备。

（2）起竖与安装。把运载火箭、航天器逐级或整体地安装到发射台上，并连通地面与运载火箭、航天器之间的电路、气路、液路，使运载火箭、航天器处于待检测状态。

（3）垂直度校准和定向。

（4）起动地面和飞行器上的恒温控制设备，对运载火箭、航天器的某些设备、工作舱、电池等环境温度及推进剂温度进行调节。

（5）为对运载火箭和航天器各系统进行检测和模拟飞行试验。

（6）为运载火箭、航天器安装火工品。

（7）运载火箭、航天器加注液体推进剂和充灌压缩气体。

（8）航天员进入航天舱并作最后检查。

（9）临射检查。对运载火箭、航天器进行最后检测，装定发射诸元，进行瞄准检查。

（10）发射。发射指挥控制中心下达发射指令，推进剂贮箱增压，起动火箭发动机，运载火箭飞离发射装置，航天器被送入运行轨道。同时，对运载火箭、航天器实施跟踪，测量轨道参数，接收遥测信息。发射地球静止卫星和其他需要变换轨道的航天器时，航天测控站还要完成航天器的轨道转移、姿态调整、远地点发动机起动等测控操作。

5.1.6　航天发射的特点

航天发射和导弹发射不同，导弹发射要求较高的防护能力和良好的作战性能，因此，发射设施和设备必须具备隐蔽、机动、快速的特点，发射系统要尽量简化、设备数量要少、目标小、能迅速转移和展开，并具有全方位的反现代侦察的伪装手段。

由于早期的航天器质量和体积较小，因此运载火箭往往是在导弹的基础上发展起来的，其箭体结构基本相同，所以导弹的发射系统和航天器的发射系统往往可以通用。

随着各种高性能、多用途、大推力运载火箭和各类航天器的出现，原有的导弹发射系统远远不能满足开发、利用近地空间和商业卫星发射的要求，于是出现了品种繁多的新型航天器发射系统（有时称为航天发射中心、航天发射场或航天港，本书此后称为航天发射场）。这些现代化的发射系统和以往的导弹发射场相比，具有以下显著的特点。

1. 开放性

开放性又称为公开性，指发射场和发射设施的对外开放。目前世界上大多数航天发射场都将自己的主要发射设施的技术参数编入操作手册，对外服务时供用户参考。由于开放性，发射场址可以选择毗邻中、小城镇和沿海地区而不是选择在偏远的山区，从而可以利用国家和地方的交通、电力、社会和人文资源降低发射成本，并保障工作人员生活的社会化。

2. 综合性

航天发射场和专业化的导弹发射场不同，航天发射场是个综合性的系统，除测试发射系统以外，还包括机场、码头、燃料生产、发动机试车、博物馆、生活保障和旅游等设施。因此，航天发射场往往成为集发射服务、科学研究、航天科普教育、旅游娱乐于一体的现代化综合性场所。

3. 协同性

航天发射和导弹发射不同，航天器（特别是载人航天器）的入轨（或返回）离不开其他地面系统的支持。发射成功的标志除运载火箭按预定的要求飞离发射装置外，还包括航天器准确入轨（或安全返回）。因此，航天发射同测控、通信、着陆、回收等系统结合紧密。航天发射系统同其他系统的协同性和依赖性增强，发射限制条件更为苛刻，除运载火箭、航天器和地面发射控制限制条件外，还包括测控、回收、通信限制条件，发射气象限制条件及发射窗口等。

4. 竞争性

卫星通信和卫星广播电视的产业化，带动了商业卫星发射服务的产业化。航天发射的商业化运作，进一步改善了航天发射服务的质量，提高了航天发射的可靠性，促进了航天发射服务向高效益、低成本的方向发展。

5. 规模大

如图 5.2 所示，美国肯尼迪航天中心（Kennedy Space Center，KSC）为了完成发射"阿波罗"登月载人飞船和"土星 V 号"运载火箭任务，于 1961 年征用了 34 000 公顷①陆地和水域建设中心的工业区、技术保障区和发射区，还控制了佛罗里达州的 22 600 公顷土地，建设和安装发射大型运载火箭的地面设备，在 1975 年又征用了 16 600 公顷土地，开辟卡纳维拉尔角海滨浴场，建设各种旅游设施。

美国肯尼迪航天中心发射设施的规模之大也是空前的，如垂直总装测试厂房就是举世无双的单体建筑（不在图 5.2 中）。

---

① 1 公顷 = 10 000 平方米。

6. 国际化

航天发射活动国际化主要表现为：组织的国际化，如欧洲航天局（ESA）就是一个多国航天组织，主要由法国、德国、意大利等十多个国家组成；太空研究的国际化，世界上有几十个国家和民族分别搭乘过美国和俄罗斯的航天器进行太空科学研究；发射服务的国际化，海上发射系统就是由美国的港口和供给船、挪威的海上平台、乌克兰和俄罗斯的运载火箭共同组成的。

7. 拓展性

拓展性主要指功能兼容性和功能可拓展性，是航天工程持续发展和系统工程科学在航天发射领域中应用的结果。发射设施的建设逐渐由单一化走向多元化——由一箭一塔到一塔多用，由着眼近期到兼顾长远，由单一的发射服务到航天科学研究（如发动机试验）。这也是由于发射设施的要求越来越高，地面设备越来越复杂，投资越来越大，建设周期越来越长，不得不考虑测试发射设备的通用化、系列化、组合化的结果。主要地面设备尽量能够重复使用，或稍加改造就能兼顾其他型号的发射任务。

8. 高度自动化

高度自动化主要表现为运载火箭和航天器检测的高度自动化，保证检测结果的快速性、准确性和重现性。自动化是确保发射可靠性的主要措施之一。发射指挥系统的自动化主要表现在指挥、控制、监视系统和专家决策系统的智能化，能快速决策和准确定位，科学地实施指挥。

地面设备的自动化主要指地面供电、供气、消防的自动监测和控制及推进剂加注的自动化。

9. 高效率的运行机制

国际商业航天发射市场的竞争，归根结底是运载技术、发射技术的竞争，也是管理技术和运行机制的竞争，国外已普遍把运载火箭和地面设备融为一体进行总体优化设计，在发射操作上也实现了一体化管理。优化发射工作流程可以提高发射频率，缩短发射周期，节省运行费用。

5.1.7　航天发射场

1. 航天发射场的概念

地球上的任何物体若想脱离地球引力的影响，都必须借助一定的外力以抵消地球引力作用。现代人类往地球以外空间发射的各类航天器，都需要利用各种运载工具为航天器提供足够的上升动力。现代航天运载工具以一次性使用的运载火箭为主，也有以航天飞机为代表的可重复使用的运载器。按使用的推进剂分类，现役的运载器类型包括固体运载火箭、液体运载火箭及固液混合运载火箭。未来，为了满足人类大规模开发近地空间资源、载人登月、载人登火星的需求，运载火箭将向高可靠性、大推力、可重复使用、多种推进动力的方向发展。

航天发射离不开航天发射场。航天发射场是为航天器和运载器的装配、测试、运输等发射前的准备，以及航天器发射、弹道测量、发送控制指令、接收和处理遥测信息而专门建造的一整套地面设施、设备。航天发射是一项庞大的系统工程，航天发射场与航天器、运载器的发展密切相关，其设施组成、设备配套主要取决于运载器和航天器发射任务的需要，一般包括技术区、发射区、测控系统、后勤保障系统等。载人航天发射场还包括搜索救生系统。

由于航天发射场配备有整套的地面发射设施和测控设备，需要很高的技术支持和经费投入，一旦建成，将会长期使用，不会轻易弃置或短期变动。航天发射意义重大，航天器及运载器价格高昂，通常要求航天发射场具有很强的发射试验能力、良好的安全性和可靠性，同时满足发射准备时间短、发射准时、运行效率高，以及使用维护方便等要求。

2. 航天发射场的组成与功能

航天发射场的主要任务是为运载火箭、航天器及有效载荷提供在发射场工作阶段的转运、吊装、推进剂加注、装配测试等技术准备和实施发射，以及通信、气象、计量、水暖电、消防等各种地面勤务保障和后勤支持。

航天发射场的组成可以按功能或系统分区划分。根据功能划分，航天发射场由技术区、发射区、试验指挥区、试验协作区等组成；根据系统分区划分，航天发射场由测试发射指挥监控系统、火箭推进剂加注及供气系统、通用技术勤务系统、首区测控通信系统、气象系统等组成。

3. 世界主要的航天发射场

随着各种高性能、多用途、大推力的运载火箭和各类商用与太空开发航天

器的出现及应用，早期从导弹发射场中分离出来的航天发射场已不能满足日益
广泛的发射服务要求，航天发射场逐渐向专业化、多样化的方向发展，出现了
各具特色的新型航天发射场。

世界各国开展航天活动的阶段和水平不同，因此各国航天发射场建设的现
状也不同。目前，世界上现役航天发射场主要有18个，其中大型航天发射场
有11个，主要分布在美国、俄罗斯、中国、日本、法国、印度等国家，如美
国的肯尼迪航天中心、俄罗斯租赁（位于哈萨克斯坦境内）的拜科努尔发射
场、中国的西昌卫星发射中心、日本的种子岛航天中心、法国的库鲁圭亚那航
天中心、印度的斯里哈里科塔发射场等，这些航天发射场的主要性能见
表5.1。

表 5.1　世界主要航天器发射场

名称	经纬度	射向	建立时间	主要功能	地区
肯尼迪航天中心和东部航天与导弹试验中心	北纬28.5° 西经80°	东南 39°~57°	1962年	发射"阿波罗"飞船，采用垂直整体运输和远距离测试发射方式。现改为航天飞机的发射和着陆场地。2002年，将空军的"大力神"41号发射工位改造为"宇宙神"发射工位。2001年，将"大力神"37号发射工位改造成"德尔塔"系列火箭发射工位	美国佛罗里达州卡纳维拉尔角
西部航天与导弹试验中心	北纬34° 西经120°	航天器：140°~210° 导弹：170°~301° 军用卫星：56°~104°	1958年	用于"民兵""大力神""MX"导弹发射。有16个发射井、7个航天器发射台，主要发射侦查、导航、通信、预警卫星	美国加利福尼亚州，范登堡空军基地
拜科努尔发射场	北纬46° 东经63°	轨道倾角 48°~81°	1955年	有30套综合发射设施。东发社区有导弹发射井和航天器发射台，用于发射小倾角航天器	哈萨克斯坦的丘拉坦姆

名称	经纬度	射向	建立时间	主要功能	地区
普列谢茨克发射场	北纬62°东经40°	卫星：62°~83°导弹：东、东北	1965 年	建有 30 多个发射台和发射井，发射大倾角侦察、通信、海洋监视、导航、气象等卫星	俄罗斯莫斯科北普列谢茨克
酒泉卫星发射中心	北纬41°东经100°	倾角41°~70°中低轨道	1958 年	北区发射科学试验卫星、技术试验卫星和返回式卫星。南区建有载人航天发射场，发射"神舟"载人飞船，采用垂直整体运输和远距离测试发射方式	中国甘肃省酒泉市东北地区
西昌卫星发射中心	北纬28°东经102°	27.5°~31.1°	1983 年	"CZ-3"和"CZ-2E"发射工位各一个，用于发射静止轨道卫星，多次发射美国、澳大利亚、法国等国外卫星	中国四川省西昌地区
太原卫星发射中心	—	96°~98°	1979 年	建有"CZ-4"发射工位，主要用于发射太阳同步轨道、气象、资源等卫星。曾为美国发射多颗铱星和中巴（西）合作的资源卫星	中国山西省太原市西北地区
文昌发射场	北纬19°西经110°	东南	2014 年	发射"长征五号"系列运载火箭、"长征七号"运载火箭以及正在预研制中的其他系列运载火箭，主要承担地球同步轨道卫星、大质量极轨卫星、大吨位空间站和深空探测卫星等航天器的发射任务	中国海南省文昌市

名称	经纬度	射向	建立时间	主要功能	地区
库鲁圭亚那航天中心	北纬5.2°西经52°	10.5°~93.5°	1966年	建有3个发射场，第一个发射场发射"阿里安1""阿里安2""阿里安3"运载火箭；第二个发射场发射"阿里安3""阿里安4"运载火箭；第三个发射场发射"阿里安5"运载火箭	南美法属圭亚那库鲁镇
种子岛航天中心	北纬30°东经130°	85°~135°	1986年	用于发射"N-1""N-2"和"H-1"火箭。1985年建设的吉信发射区发射"H-2""H-2A"火箭，垂直整体运输	日本种子岛南端
斯里哈里科塔发射场	北纬13°东经80°	43°~140°	1979年	1979年建成"SLV-3"发射工位，1987年建成"ASLV"固体火箭发射工位，1989年建成"PSLV"发射工位	印度马德拉斯市以北斯里哈里科塔岛

|5.2 航天发射场总体设计|

5.2.1 总体设计内容

　　航天发射场总体设计，是从国家航天发射事业发展和航天工程的顶层角度，综合考虑各种与航天发射场相关的因素，权衡航天发射场的能力需求和使用效益，系统规划和确定航天发射场发展建设方案，进而实施和实现航天发射场能力的过程。

航天发射场是一个复杂的系统，总体设计需要借助系统工程方法，通过各个分系统的有机结合，进而实现整个工程大系统的总体权衡优化。在总体设计过程中，分系统与分系统之间、分系统与大系统之间的矛盾都需要从总体层面协调解决，并通过各分系统予以实施。

航天发射场总体设计的内容主要包括以下几个方面。

1）发射任务需求分析

发射任务需求分析是开展航天发射场总体设计的首要内容。一般要根据国家航天技术发展规划和航天器、运载火箭对航天发射场的测试发射技术要求，分析航天发射场建设的任务需求。

2）航天发射场总体技术指标确定

根据发射任务需求，结合国家航天发射场发展战略和发展规划，合理确定航天发射场的发射能力、年发射次数、发射可靠性、发射安全性等总体技术指标。

3）航天发射场选址论证

根据国家地理态势和规划中航天发射型号的需求，综合地理环境、国防安全、交通周边环境等因素，确定航天发射场所在的地理位置。航天发射场选址是航天发射场工程优先启动的论证项目。航天发射场址一经确定，将对国家航天发射能力的长远发展产生影响。

4）运载火箭航区与残骸落区安全分析

运载火箭航区主要指运载火箭弹道飞行所经过的空域，残骸落区主要指运载火箭正常飞行各子级和整流罩工作结束后残骸坠落到地面上的区域。运载火箭航区和残骸落区安全的研究，主要是为了解决航天发射场首区安全控制问题，使运载火箭航区尽量避开人口稠密的大中城市、重要工业及军事地区，使残骸落区人烟稀少且利于残骸回收。通过弹道计算，必要时调整射向以保证运载火箭航区和残骸落区的安全。

5）测试发射模式选取与工艺流程制定

测试发射模式（简称测发模式）是航天发射任务中的特定术语，主要以运载火箭在发射场（技术区或发射区）测试停放状态（垂直或水平）、运载火箭各子级或部件组装成火箭系统的工作状态（垂直或水平）、运载火箭和航天器从技术区到发射区的运输状态（垂直或水平）3 种状态来区分或定义。测发模式对制定测试发射工作流程、确定发射系统的组成和主要设施的功能，乃至航天发射场设施的总体布局有着极为重要的作用。

6）航天发射场系统的组成和总体要求确定

为实现航天器和运载火箭测试发射的特定任务功能，航天发射场一般是由多个功能分区和多个系统组成的。根据确定的航天发射场总体技术指标、选取的测发模式和制定的基本测发工艺流程，进一步确定航天发射场系统的组成和功能分区，明确提出主要设施设备和各个分系统的任务功能、工作流程及主要技术指标与要求。

7）航天发射场区总体工艺布局设计

围绕航天器测试发射的任务需求，按照已经明确的运载火箭和航天器在发射前的工艺流程、所用到的航天发射场设施设备，基于危险因素分析和安全区域划分方法，结合航天发射场区的自然环境条件、射向、交通运输、勤务保障等因素，研究确定航天发射场的功能分区，确定各主要设施的地理布局。

8）总体规划与环境设计

根据总体工艺布局设计结果，进行场区功能分区规划、道路交通规划和生态发射场区规划等。

9）主要设施和系统设计

按照已经明确的航天发射场内设施设备、道路、环境、生态等要素的功能和要求，通过工程设计过程实现主要设施和系统设计。

5.2.2 总体设计要求

航天发射场是现代科学技术的结晶，鉴于航天发射任务的特殊性，进行总体设计时，必须满足技术先进性、综合性和高安全可靠性等基本要求。

1. 技术先进性

航天测试发射技术属于航天工程技术的分支，以基础科学和技术科学为基础，集中应用了多种科学技术的最新成就。同时，航天测试发射技术又是一门研究火箭和航天器发射原理、发射方式和发射设施的设计、制造、试验、使用的工程技术，是一门综合性、系统性极强的交叉学科。

航天测试发射技术是一门学科密集型技术，涉及多学科的知识和内容。例如为解决火箭测试的问题，需要研究以基础力学和固体力学为基础的火箭导弹发射动力学，以及以热力学与流体力学为基础的弹道学和燃气射流动力学；为解决发射保障技术问题，需要研究以车辆工程为基础的特大型火箭、导弹运输和安装技术，以土木工程和机电工程为基础的发射场工程设计技术等；为解决发射技术问题，需要研究以自动控制技术和测试技术为基础的火箭、导弹检测与监控技术，以深冷技术为基础的低温推进剂安全、快速、精确加注技术。因此，随着与之相关的科学技术的探索和发展，航天测试发射技术也应紧跟现代科学技术体系的发展，把最前沿的理论和技术应用于航天发射场系统的总体设计中，不断拓展学科领域，为可持续发展做好技术储备。

为了提高航天发射场总体设计的效率和质量，需要采用先进的设计方法和手段。20 世纪 70 年代发展起来的计算机辅助设计（Computer Aided Design，CAD）技术已经成为总体设计的一种先进手段，这种技术以计算数学、计算机绘图技术、计算机数据库管理和优化设计等为基础，借助计算机中贮存的大量空气动力、非标、结构力学数据和几何制图模型，辅助设计人员选用大量工程信息和专业模块快捷方便地开展总体优化设计，使总体设计的效率得以极大提高。

2. 综合性

航天发射场系统的设计，要按照总体技术指标要求，优先满足航天器和运载火箭的测试发射技术要求。同时，还要考虑经济性、通用性和适应性，尽可能地适应长远发展和多种航天测试发射的需求，同时也要兼顾国家航天发展战略和航天发射场本身运行维护的经济效益、社会影响等，统一规划航天发射场的系统设计，使航天发射场各种设施设备、功能和不同学科专业之间分工明确、协同一致，与运载火箭和航天器等其他系统之间的"接口"关系条理清晰、衔接通畅。

3. 高安全可靠性

航天发射是高风险的事业，运载火箭和航天器在发射场的测试发射过程也是关键一环，任何部件故障或人为的差错都有可能酿成事故。因此，安全可靠性对于航天发射场系统具有特殊的重要意义。

航天发射场系统的总体设计内容必须包括可靠性设计，必要时应同时考虑安全性、维修性、保障性和测试性的问题。在总体设计开始时，应把可靠性和安全性作为一项设计目标予以固定，并在整个总体设计实施过程中贯彻落实。系统总体和各个分系统都应开展安全性和可靠性设计，采取冗余、容错、环境设计、降额设计等方法，切实提高航天发射场设施设备的固有可靠性。要适时组织开展可靠性试验，对关键部位开展环境应力筛选、可靠性增长和可靠性验证试验。所有开展的可靠性和安全性工作，最终需要通过可靠性评估验收。

5.2.3　确定总体技术指标

航天发射场的总体技术要求中，一般包括发射能力、年发射次数、发射周期、发射工位占位时间、发射可靠性、发射安全性和发射成本等指标，它们是航天发射场各分系统设计的基本依据，对其功能、结构形式、工作流程、投资强度有至关重要的作用。

1. 发射能力

发射能力是指航天发射场发射航天器类型和运载火箭型号的能力，是航天发射场系统的最基本要求，主要包括以下几个方面：

（1）能够发射的航天器的类型、轨道倾角（发射方位角）、质量、外形尺寸和结构特征；

（2）能够发射的运载火箭的型号、运载能力、外形尺寸、起飞质量、推力和燃气流参数、向发射区转移的运输方式。

发射能力不仅决定了航天发射场的建设规模、发射设施设备的结构参数，还决定了航区的选择和测量控制系统的站点布置等。

2. 年发射次数

年发射次数又称为发射频率，指依据航天发射场所拥有的发射能力和当地气候、地理条件等确定的每年能够执行的发射次数或再次任务之间的最短间隔时间。发射频率与不同运载火箭、不同航天器型号的测试发射工艺流程有着密切的关系，后者决定了航天发射场系统的物流组织、资源调配和操作程序，也决定了一次任务的准备时间。一般而言，新型号的试验发射阶段通常需要较长的发射时间，当型号逐渐成熟时，相应的测试发射流程会相应缩短。

3. 发射周期

发射周期是指从航天器和运载火箭进入航天发射场，到完成发射和撤场回收的时间，也即测试发射工艺流程的时间。合适的发射周期，对于提高年发射次数、降低发射运行费用有直接影响。

4. 发射工位占位时间

发射工位占位时间指航天器和运载火箭完成技术区的前期测试准备工作后，转运到发射区开始占用发射工位直至发射所需的时间。它也是一个与测试发射工艺流程直接相关的指标。通常情况下，一个发射工位对应一种或几种火箭型号，而且相比航天发射场的其他设施，发射工位的数量相对较少，因此尽量缩短发射工位占位时间，对于提高年发射次数有着直接的影响。

5. 恢复发射周期

恢复发射周期是当运载火箭和航天器在发射台上发生重大事故的情况下，重新组织发射的时间。在商业发射中，恢复发射周期越长，经济损失越大。缩短恢复发射周期的主要措施如下：

（1）尽可能简化发射阵地。如法国库鲁第三发射场，发射台周围只有 4 个简易避雷针，钢筋混凝土台座在设计中已考虑了加固，发射台本身通过相同的备份件解决，因此，恢复发射周期不超过 6 个月。

（2）建设备用的发射工位。如苏联拜科努尔发射场，"联盟号""质子号""能源号"等都同时建设两个以上的发射工位。美国肯尼迪航天中心，为了确保"阿波罗"登月计划的完成，也同时建设了 39A 和 39B 两个发射工位。建设备份发射工位的缺点是投资较大，一般不可取。

6. 发射可靠性

发射可靠性是指按照确定的发射要求，在规定的时间内成功实施发射的程度。发射可靠性主要取决于运载火箭和航天器本身的可靠程度，以及航天发射场发射设施和设备的可靠性与可用性，试验人员的心理素质和技术熟悉程度、应对异常情况的快速响应处理能力等。随着航天产品型号的固定和成熟，产品本身的可靠性得到大幅提高。与此同时航天发射场系统也通过技术更新和训练，减少了任务中事故的发生概率，发射可靠性得以不断提升，这也是航天事业走向成熟的标志。

7. 发射安全性

发射安全性主要是指发射和准备过程中，保证人员、设备和环境不会受到伤害或重大损失的能力，国外航天发射场的管理将安全性置于首位，发射时所有在地面及在飞行过程中开展的活动，都必须保障公众、财产和环境的安全。

8. 发射成本

发射成本是指发射一次消耗的全部费用。发射费用除航天器、运载火箭（包括推进剂的采购等）的研制、生产成本外，航天发射场系统的成本主要包括发射系统投资和发射运行费用两部分。

在商业发射中，要降低发射成本、提高发射可靠性，必须实现星（卫星）–箭（运载火箭）–地（地面设备）一体化的设计，使星–箭–地总体上进一步优化。法国"阿里安 5"运载火箭的成功主要在于实现了星–箭–地的总体优化，使"阿里安5"运载火箭比"阿里安4"运载火箭的成本下降了10%，发射可靠性却由"阿里安4"运载火箭的95%提高到98.5%，改进发射操作流程，将发射周期缩短为22天，而地球同步转移轨道（GTO）运载能力却由4 200 kg提高到6 800 kg，从而使"阿里安"系列运载火箭在世界商业发射市场的占有率达到70%以上（SpaceX的"猎鹰九"运载火箭投入商业运营前的数据）。

5.2.4 测试发射工艺流程

测试发射工艺流程对于一个航天发射场的规划设计、总体布局和设施设备研制建设起着决定性的作用，是航天工程的初始顶层文件之一，是运载火箭、航天器等其他系统规划其在航天发射场相关活动的基本依据。测试发射工艺流程论证的主要内容包括：

（1）确定测发模式。测发模式是指航天任务测试发射的标准形式或样式，具体指航天产品对接、测试、转运和发射的标准形式组合。

（2）确定测发控模式。测发控模式是指航天产品在航天发射场测试和发射控制时采用的标准样式，主要有远控、近控、有线和无线模式等，由此确定了产品测试设备的分布、形式和测试电缆的设置。

（3）确定物流图。物流图规定了产品通过机场、港口或火车站，到达航天发射场后进行转载、总装、测试、转运的走向，并以此确定航天发射场的建筑规划、功能要求。

（4）确定协同关系。依据航天产品提供的初步总装、测试和发射技术方案，确定系统间的配合关系、串并行关系和协同要求。

（5）确定联合操作。重点研究航天器、运载火箭对接后开展什么联合测试，确定联合操作的项目、目的、技术状态和协同程序等。

（6）安全性分析保证。对于危险操作，需要对危险源、危险途径、后果进行分析，确定航天发射场设施设备的安全性保证措施及相关系统的设计或测试保证措施。

（7）测试覆盖性分析保证。按照"出厂覆盖发射场、地面覆盖天上、技术区覆盖发射区"的基本原则，以及测试覆盖产品的功能、性能和接口的基本要求，分析、调整和优化产品测试项目、地点，在确保覆盖性的前提下提高工作效率。

5.2.5 航天发射场论证规划

在测试发射工艺流程确定以后，需要进一步论证航天发射场的建设规划，即确定航天发射场建设的总体技术方案，主要的论证规划内容如下。

1）航天发射场的选址与安全

航天发射场选址就是科学、合理地选择新的航天发射场场址，以满足航天器及其运载器飞行试验的要求。航天发射场选址对航天发射场建设，特别是对飞行试验具有重要意义。航天发射场选址历来是重大航天工程和航天发射场规划建设总体论证中的先导性、战略性工作，对于确定航天发射场系统的总体任务能力、安全性和优化战略格局等有着重要影响。

2）运载火箭航区、残骸落区的选择与安全

航区主要指运载火箭起飞后，飞行弹道所经过的空域及其在地面投影形成的区域；残骸落区主要指运载火箭正常飞行时，运载火箭各子级和整流罩工作结束后，残骸坠落地面后的覆盖区域。对于航区和残骸落区的选择，首要问题是必须确保安全，尽量避开人口稠密的大中城市、重要工业及军事地区，残骸落区人烟稀少，则安全性容易保证。航区、残骸落区的解决需要依托运载火箭的安全控制技术，必要时通过弹道计算，调整射向以保证航区和残骸落区的安全。

3）航天发射场的总体布局与安全

一个完整的航天发射场，既要包括运载火箭和航天器进入发射场后需要开展各项测试发射准备工作的技术区、发射区，还要包括发射任务组织指挥、监视控制的试验指挥区以及生活区和办公区等。按照确定的测试发射流程以及不同发射准备工作的安全性、衔接性要求，航天发射场布局安全需要重点考虑 3 个方面：一是有利于航天产品各项工作开展时的物流顺畅，有利于工作之间的衔接；二是考虑各种危险源，相关设施设备的建设要有利于风险控制，并在发生爆炸时确保不影响其他设施设备安全；三是考虑场区内交通运输、任务保障的便捷性和效率，有利于人员和设施的和谐。

5.2.6　主要设施和系统

航天发射场的主要设施包括技术区运载器和航天器的总装测试厂房、航天器加注厂房、测发指挥控制中心，以及发射区的脐带塔、勤务塔和导流槽。

航天发射场的主要系统包括推进剂加注系统，供气系统，测发指挥监控系统，以及分布在各设施内的供配电、空调、吊装、平台和消防系统等。

航天发射场的主要设施和系统设计根据已经确定的测试发射工艺流程，产品测试需求，以及国家、军队和行业标准，开展设计工作，通过方案、图纸等将已经明确的各项要求和指标参数转化为工程实现。

|5.3 陆基固定发射|

航天发射大都采用陆基固定的垂直自力发射系统，在此主要介绍国内外几种常用的陆基固定发射方案。陆基固定发射通常采用水平分级运输、水平整体运输、垂直整体运输 3 种发射方案，以下分别进行介绍。

5.3.1 水平分级运输发射方案

这种发射方案是指运载火箭在技术区火箭准备厂房内水平测试完成后，分级（包括助推器）分别运往发射区，在发射台上用勤务塔上的吊车进行垂直组装、测试，然后与航天器对接，再进行联合测试，加注发射。我国 3 个航天发射场过去一直采用这种发射方案。这种发射方案对航天器的结构设计没有特别的要求，测试操作和产品出厂前基本一致，无须建造昂贵的垂直总装厂房和活动发射平台。

这种发射方案的主要缺点是：从技术区到发射区后，运载火箭和航天器的状态发生了变化，水平测试和垂直测试结果缺乏重现性，发射区需要进行重复测试，发射工位占用时间长，增加了发射的运行费用，限制了发射能力的提高；发射工位的环境条件较差，影响了操作和测试的质量，发射安全性和可靠性降低。这种发射方式在我国 3 个航天发射场又分别采用了 3 种不同的组合形式。

1. 龙门式勤务塔双工位组合形式

酒泉卫星发射中心 2 号发射场地采用这种形式（图 5.7）。龙门式勤务塔（以下简称勤务塔）沿重型轨道作直线运动，轨道两端各设一个脐带塔，分别和勤务塔配合，形成两个发射工位，两个发射工位相距 400 m。勤务塔完成运载火箭和航天器的吊装对接、测试，脐带塔完成加注和发射。两个发射工位可以分别设置加注系统和指挥系统，也可共用一套指挥系统和加注、供气系统。

这种组合方式的特点是：

（1）两个发射工位可以发射不同型号的运载火箭和航天器。

（2）当其中一个发射工位发生事故，脐带塔被毁时，勤务塔和另一发射工位还能继续工作，不会中止发射。

（3）可以在短时间内连续发射两枚运载火箭。

图 5.7　龙门式勤务塔双工位组合

（4）勤务塔两面开口，封闭困难，塔内操作环境差，发射可靠性降低。

2. Π 型勤务塔单工位组合形式

西昌卫星发射中心 2 号发射工位采用这种形式。移动式 Π 型勤务塔具有遮风挡雨的作用，它和脐带塔组合成一个检查测试工作区（图 5.8），塔上设有桥式起重机，可以完成运载火箭芯级及助推器组装、有效载荷吊装和罩 – 星 – 箭结合和测试等任务，运载火箭加注前勤务塔撤离一段距离，脐带塔继续完成低温推进剂加注、临射前检查和发射任务。

这种组合方式的特点是：

（1）勤务塔和脐带塔可组合成一个发射工位。

图 5.8　Π 型勤务塔和脐带塔组合

（2）勤务塔可以形成一个密封性较好的空间，塔内工作环境较龙门式勤务塔好。

（3）加注时，勤务塔撤离一段距离，安全性较好。

（4）勤务塔结构复杂，造价高。

（5）脐带塔上需设加注工作平台，塔的结构不能充分简化。

由于 Ⅱ 型勤务塔和脐带塔之间有摆杆穿过，结合面不能达到良好的密封。因此，印度斯里哈里科塔发射场"PSLV"发射工位采用了一种改进方案，将运载火箭和脐带塔全部包容在勤务塔内，勤务塔完成运载火箭和有效载荷的装配、测试、检查、加注等任务，发射前撤离到 175 m 以外。在这种改进形式中，星－箭测试环境能得到更好的保证。脐带塔上由于不设固定平台、活动平台、电梯、爬梯等，塔的结构可以充分简化。但由于勤务塔内部空间增大，塔的质量增大，结构相对复杂。

3. 双塔制固定工作塔形式

太原卫星发射中心 7 号发射工位、西昌卫星发射中心 3 号发射工位、酒泉卫星发射中心新建 2 号发射工位都是采用这种形式。固定工作塔既是勤务塔，又是脐带塔，塔顶部设悬臂吊车，塔两侧设有大型封闭式回转工作平台，两侧平台围合起来形成的空间，可以满足运载火箭和航天器的操作要求，回转平台合拢时为测试准备状态，回转平台打开时为发射状态。固定塔靠近运载火箭一侧设有电缆摆杆，因此固定塔即完成脐带塔的功能，加注、供气、消防等系统全部集中在塔内（图 5.9）。一个固定工作塔可以完成火箭和航天器的吊装对接，脱插连接，测试检查，加注、供气，发射任务。

图 5.9　双塔制固定工作塔

这种组合方式的特点是：

（1）一个固定工作塔完成发射阵地的全部工作，极大地简化了发射阵地，造价最低。

（2）两侧回转平台合拢后，可为航天器形成一个封闭区，基本满足测试检查的要求。

（3）固定工作塔的结构比脐带塔复杂，且不能撤到安全区外，发生事故时，恢复建设及重新组织发射的周期长。

（4）固定工作塔很难保证良好的密封，塔内工作环境较差，大回转平台抗大风能力差。

（5）运载火箭和航天器在发射工位上占位时间较长，发射频率较低。

5.3.2 水平整体运输发射方案

目前，俄罗斯主要采用这种发射方式。它的主要操作特征是：运载火箭的分级检查、测试，助推级组装，一、二级组装，整箭综合测试，船（星）-箭对接，逃逸塔-船对接等都是在水平总装测试厂房内水平状态下进行的。图 5.10 所示为俄罗斯"联盟号"运载火箭在技术区进行水平整体总装的情景。组装后通过铁路运输起竖车的上、下夹钳将运载火箭牢固地固定在起竖架上，起竖架下部通过铰轴固定在铁路运输车架上，起竖架可绕铰轴旋转，铁路运输车由内燃机车顶推运往发射区（图 5.11），到达发射工位后，液压作动筒推动起竖臂架，使运载火箭起竖呈垂直状态，并将运载火箭固定在发射台上，然后松开夹钳，起竖架放倒呈水平状态，内燃机车拖动铁路运输车返回厂房。

图 5.10 俄罗斯"联盟号"运载火箭水平整体总装

图 5.11 俄罗斯"联盟号"运载火箭水平整体运输

　　两半倾倒式勤务塔和脐带架相继起竖成垂直状态，环抱运载火箭和飞船，供操作人员接近运载火箭，进行检查、塔－船－箭联合测试、加注、发射（图 5.12）。"联盟号"运载火箭在发射区停留时间为 3 天，有效工作时间约 16 h。

图 5.12 俄罗斯"联盟号"运载火箭倾倒式勤务塔

　　水平整体运输发射方案的主要特点是：

　　（1）全部组装和测试工作在水平总装厂房内进行，工作环境好，发射可靠性高。

　　（2）运载火箭在发射区占位工作时间很短，发射频率较高。

　　（3）不需要建设造价昂贵的垂直总装厂房。

　　（4）由于在运输过程中运载火箭是水平状态，船（星）－箭组合体受浅层风作用而引起的低频振动比垂直状态运输小得多，因此运输时比较安全。

　　（5）塔－船－箭（或星－箭）水平安放在铁路运输车上，且塔－船呈水平状态，结构受力比较复杂，船（星）及整流罩结构设计需采取一定的措施。

　　（6）水平整体运输时，由于不能和脐带塔一同运输，因此发射工位上还必须设置脐带塔和勤务塔，发射区不能充分简化。

为了不改变航天器的支承状态，美国东部航天与导弹试验中心 37 号发射场采用了一种变通的方案，只是运载火箭（不包括助推器）水平整体运输，航天器和助推器仍在发射区对接、组装。在这种所谓的改进方案中，发射区仍需建造 100.5 m 高、4 086 t 重的勤务塔和 60.1 m 高的脐带塔，但年发射次数有很大提高（16 次/年）。

5.3.3　垂直整体运输发射方案

垂直整体运输发射方案是指运载火箭和卫星（或飞船）在技术区垂直总装厂房内进行垂直组装、垂直测试，射前垂直整体运往发射区加注发射。采用这种发射方案的主要目的旨在提高发射可靠性，也就是通过建立一个独立于发射区之外的技术准备区，使航天器和运载火箭在一个十分好的环境条件下进行各项综合技术准备和等待发射时机，把过去在发射区做的工作尽量挪到技术区来做，这样就不会因为恶劣的气象条件而延误工作计划或影响星－箭上的元器件质量。只有完全满足发射条件后，倒计时开始前数小时（或数日）才运至发射区加注发射（图 5.13）。

图 5.13　"神舟"载人飞船垂直整体运输（不带脐带塔）

从技术区至发射区，星（船）-箭组合体的运动是依靠运输工具（活动发射平台）来完成的。由于运输时的速度很低（≤0.8 m/s），轨面十分平坦，运输时作用在组合体上的载荷系数比星、箭允许的轴向和横向过载值小得多，故垂直整体运输过程中，组合体的状态不会发生变化，很多检查不必重复，因此在发射区停留的时间一般很短（8～10 h）。

在垂直整体运输过程中，塔-船-箭（或星-箭）由于组合体长细比较大，质量主要分布在头部和底部，结构频率低（这种结构有时称为低频倒立摆结构），运输时，在浅层风作用下容易产生低频振动，因此，准确预报天气和加强对浅层风的监测对运输安全极为重要。

由于组合体和活动发射平台及支承轨道组成一个多自由度的弹性体系，通常不在活动发射平台上采用隔振装置，而是选择改变它们之间的频率匹配。如增加活动发射平台的质量和刚度，提高活动发射平台的频率，将驱动机构的电动机及其他旋转体转速（频率）设计成可调节的，为了减少有规律冲击，将轨道焊接成无缝长轨等。垂直整体运输的速度一般为1.8～3.2 km/h。运行时，浅层风的风速控制在10 m/s以内，最大不超过15 m/s。

采用垂直整体运输发射方案的除美国的肯尼迪航天中心39号发射场外，还有法国的库鲁圭亚那航天中心第3发射场、日本的种子岛航天中心吉信发射区、中国的文昌发射场和重建后的美国卡纳维拉尔角41号发射场等。垂直整体运输目前有两种状态。一种是带脐带塔运输，有效载荷与运载火箭地面数据传输设备，温、湿度环境控制设备和船（星）箭组合体一同运输（图5.14），在运输过程中，地面设备一直不间断地对星、箭进行监视。由于电、气、液管线在发射区不需要进行二次连接，发射区不需要设置结构复杂的固定脐带塔，且由于星、箭始终处于监视之下，直至发射，从而提高了发射可靠性，简化了发射区操作程序。另一种是不带脐带塔运输，在发射区必须设置有活动工作合的脐带塔，电、气、液管线需重新连接，改变了原来的状态，增加了出现差错可能性，必须重新组织检测，运载火箭在发射区占位时间较长。

垂直整体运输发射方案主要有以下特点：

（1）航天器和运载火箭的准备工作和对发射时机的等待都是在条件十分好的厂房内进行，运载火箭在发射区停留的时间极短，受不良气候条件影响的概率很小，发射可靠性高。

（2）运载火箭在技术区和发射区的状态完全一致，除绝对必要的检查外，在发射区一般不需要重复检查，缩短了发射区停留时间，有利于提高发射频率。

图 5.14 "宇宙神 5"运载火箭与脐带塔一起垂直整体运输

（3）发射区的设施得到充分简化，一旦发生事故，发射区破坏损失小、恢复时间短。由于短时间内可以重新组织发射，经济效益显著提高。

（4）在垂直整体运输过程中，塔 – 船 – 箭组合体在地面风作用下，容易产生低频振动，因此运输时，需要选择适当的风速，做好天气预报，必要时，可以适当提高运输速度，缩短运输时间。

（5）垂直总装测试厂房和活动发射平台的造价高，建设投资大。

目前，航天发射技术总的发展趋势是朝整体运输、远距离测试发射、高度自动化的方向发展，以此保证航天器发射的高可靠性、高安全性及低成本的要求。

5.3.4 运载火箭的回收和再利用

"猎鹰九号"运载火箭是 SpaceX 设计制造的中型两级运载火箭系列，由同样由 SpaceX 开发的使用液氧和煤油推进剂的梅林发动机驱动。它是第一枚实现可控陆地和海上垂直着陆回收的运载火箭以及第一枚实现第一级多次重复使用的运载火箭［图 5.15（a）］，其低成本、多发并联、可多次使用、垂直回收的设计思路深刻地影响了商业航天时代的运载火箭设计，其极为低廉的发射价格也彻底改变了国际商业航天市场的格局。

"猎鹰重型"运载火箭之前称为"猎鹰九号重型"运载火箭，是 SpaceX 研发和制造的一款可重复使用的超重型运载火箭，是"猎鹰九号"运载火箭的一个衍生构型，由一个经过强化的"猎鹰九号"中央芯级和两个额外的"猎鹰九号"第一级组成［图1.11（b）、图5.15（b）］。

图 5.15 "猎鹰"系列运载火箭的发射和回收

（a）"猎鹰九号"；（b）"猎鹰重型"

1. 一级火箭的回收

和现役的其他运载火箭有本质区别的是，"猎鹰九号"是目前全球第一款，也是唯一一款实现第一级回收并重复使用的现役太空轨道运载火箭。

"猎鹰九号"在执行陆地回收程序时，第一级火箭在和第二级火箭分离后会利用氮气调整器调整姿态向后翻转，点燃9台引擎中的1台进行"回推推进"（Boostback Burn），第一级顶部的4个栅格翼会展开调整姿态。进入大气层时会第二次点燃3台引擎进行"再入推进"（Entry Burn）。接近地面时，第3次点燃1台引擎进行"着陆推进"（Landing Burn），打开着陆腿，利用略低于火箭重力的推力反向喷射，实施软着陆。而执行海上回收程序时，第一级火箭不会执行"回推推进"，而是直接进行"再入推进"。"猎鹰九号"回收过程示意如图5.16所示，对于"猎鹰重型"的着陆轨迹请参考图1.11（c）。

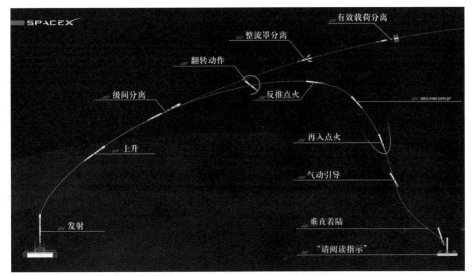

图 5.16　"猎鹰九号"回收过程示意

　　"猎鹰九号" 1.1 版曾在 4 次发射后进行海上返回试验，前两次因火箭降落速度过快或姿态控制不当而回收失败并坠毁，第三次回收则因 "CRS - 7" 任务火箭第一级爆炸而没有实施。其后 SpaceX 获得美国联邦航空局批准选择改为在卡纳维拉尔角空军基地新建的 "第一着陆场"（Landing Zone 1）（原 13 号发射复合体）进行陆地回收实测。

　　2015 年 12 月 21 日，"猎鹰九号"进行第 20 次发射，在为 Orbcomm 发送 11 颗卫星后，第一级火箭在卡纳维拉尔角空军基地第一着陆场成功着陆，陆上回收试验成功。

　　2016 年 4 月 8 日，"猎鹰九号"进行第 22 次发射，在为国际空间站进行充气式太空舱试验及货物运输补给的任务后，第一级火箭（编号 B1021.1）进行第 5 次海上着陆尝试，第一级火箭在大西洋上的驳船上成功降落，海上回收试验成功。

　　2017 年 3 月 30 日，执行 "CRS - 8" 任务的 "猎鹰九号" 第一级火箭（编号 B1021.2）再次发射，首次实现一级火箭的重复利用，并又一次成功回收。

　　2018 年 2 月 6 日，"猎鹰重型"首飞成功，3 枚推进器中的 2 枚成功回收。芯级推进器回收失败。当芯级推进器降落到大西洋时，芯级推进器用于减速的 3 台引擎中仅 1 台运作，它以约 480 km/h 的速度坠落在距离无人驾驶驳船 100 m 远的海中。

　　2019 年 4 月 11 日，"猎鹰重型"搭载阿拉伯卫星在肯尼迪航天中心 39 A

号发射工位首次商业发射成功,使用的整流罩为上次"猎鹰重型"测试任务中回收得来的,其中1枚助推器为早前执行过美国新一代载人飞船的无人试飞任务的一级火箭。3枚一级助推器全部回收成功,其中2枚侧助推器回收至肯尼迪航天中心的降落区域,中间芯级回收至无人驾驶驳船上。另外,两半整流罩也被成功回收。因此,"猎鹰重型"的成本可以控制得十分低廉,另外,此次推力相较演示任务有5%的提升,发射的阿拉伯卫星被送入更高的轨道上,因此整体使用寿命有望延长至20年左右。

2. 整流罩的回收

有效载荷整流罩传统上是一次性的,它们分离后或者在大气中烧毁,或者在着陆时被摧毁。"猎鹰九号"整流罩的成本约为每次发射600万美元,约占发射总成本的10%。2017年3月,SpaceX首次对整流罩进行了控制着陆,并在姿态控制推进器和可操纵降落伞的帮助下,使整流罩轻轻地降落在海面上,成功回收了一半的整流罩。

此后,SpaceX进一步开发了一种干式回收方法,将整流罩降落在架在一艘配备了动态定位系统的回收船的一张大网上,如图5.17所示,成功实现了整流罩的干式回收。当然,整流罩也同时升级为第2版,满足设计目标"提高发射回收时的生存能力,并在未来的任务中可重复使用"。

图 5.17　整流罩回收船

3. 二级火箭的回收

尽管SpaceX早前公开声称将努力使"猎鹰九号"的二级火箭也可重复使用,但它已无限期中止了对"猎鹰九号"二级火箭的再利用计划。这主要是因为二级火箭完成推进任务后,其飞行速度已经达到第一宇宙速度,并出了大气层,那它返回时就必然面临气动加热和减速的问题,需要开发返回式隔热罩，并额外携带减速所需的燃料。这存在比一级火箭回收难得多的技术问题，并可能极大地提高发射成本。

|5.4　海基发射|

因为发射海域根据航天器的发射要求是可以任意选择的，所以海基发射又称为海基机动发射。海基发射的载体有海上发射平台、船舶、潜艇。本节简要介绍海上发射系统。

5.4.1　海基发射的特点

在建设陆基航天器发射场的同时，一些国家寻求其他航天器的发射方式，其原因是陆地发射场受到许多条件的限制。如选择发射场的场址时首要考虑的是发射方向会受特定场地的限制，其所处纬度取决于地球旋转速度，在赤道这一速度为 465 m/s，而在肯尼迪航天中心所处的纬度，则只有 409 m/s，这就意味着运载火箭不得不自己提供更大的轨道速度。实践证明同样推力的运载火箭从库鲁圭亚那航天中心（北纬 5.2°）发射的有效载荷比从肯尼迪航天中心（北纬 28.5°）发射的有效载荷重 25%。另外发射场对周围环境的影响也是令人担忧的，会残留运载火箭的废弃物，其中包括毒性和腐蚀性很大的推进剂。

基于上述原因，为满足航天商业发射高可靠性、低费用的要求，1995 年出现了"海上机动发射"的设想，它由美国波音商业航天公司、乌克兰南方生产联合体、俄罗斯能源公司和挪威克韦尔纳公司组成的海上发射联合公司提出。海上发射系统主要由组装指挥船、海上发射平台和运载火箭组成。组装指挥船在港内可作为火箭组装、处理和测试厂房，在海上则成为监视控制所有操作的指挥控制中心。这是一条改装的滚装船，总长为 200 m，最大宽度为 32 m，总排水量约为 25 000 t，可装载 3 枚"天顶号"运载火箭，容纳海上发射工作人员和用户代表 240 人，船上还设有一个直升机停机坪和机库。发射平台由一个半潜式石油钻井平台改造而成，总长为 33 m，宽为 66 m，总排水量约为 29 000 t。

海上发射系统有许多优点。海上发射系统在外海发射，不仅发射位置可根据卫星轨道的要求选择，同时对发射方位也没有限制，使用上更具灵活性。海上发射系统除用于发射地球同步轨道卫星外，也可用于发射其他轨道的卫星。另外，该系统自成体系，具有较高的操作自主性。在海上发射时，还可远离人口稠密区，万一发射失败，也不会危及人员安全和损坏设施。

1999 年 3 月 28 日，国际海上发射平台在赤道水域用"天顶号"运载火箭将美国"银河 2 号"卫星模型送入预定轨道。利用海上发射平台发射卫星大大降低了发射成本，因此英国广播公司认为，它标志着国际商业卫星发射市场进入了一个新时代。

5.4.2　系统组成

海上发射系统的主要组成部分有"天顶号"运载火箭和 DM 舱段上面级及有效载荷整流罩、组装指挥船、海上发射平台和母港。

1）"天顶号"运载火箭和 DM 舱段上面级

海上发射系统的运载火箭是一种液体推进剂运载火箭，第一、第二级为乌克兰南方生产联合体制造的"天顶号"运载火箭。该运载火箭可靠性高、操作简便、反应时间快、发射系统自动化程度高、需要的发射操作人员少。

"天顶号"运载火箭是靠液氧和煤油作推进剂来发射的，如图 5.18 所示。第一级装有 RD – 170 发动机，它用一台涡轮泵为 4 个推力室供给燃料，在海平面上产生的推力为 737 828 kN。第二级装的是一台只有一个推力室的 RD – 120 主发动机及一台带有 4 个推力室的 RD – 8 微调发动机，它产生的真空总推力为 93 000 kN。DM 舱段上面级由俄罗斯能源公司研制，它原作为"质子号"运载火箭的第四级，可以多次起动，在每次任务中可重复点火多达 7 次，由 11D58M 发动机提供推力，采用液氧和煤油作燃料，可以产生 8 550 kN 的推力。在惯性飞行阶段，DM 舱段上面级的三轴稳定由两个微调发动机来保证。

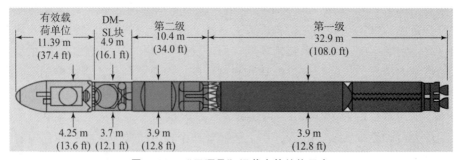

图 5.18　"天顶号"运载火箭结构示意

整流罩在飞行过程中封装保护航天器，在运输贮存过程中又为航天器提供支持及环境保障条件。整流罩和转接器由美国波音商业航天公司研制，可适应多种载荷。石墨复合材料制成的整流罩内径为 3.9 m，通过有效载荷整流罩上的舱口接近航天器。

2）组装指挥船

组装指挥船由挪威克韦尔纳公司负责设计和建造，如图 5.19 所示。

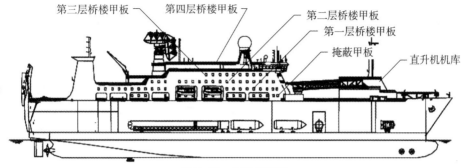

图 5.19 组装指挥船

3）海上发射平台

海上发射平台是挪威克韦尔纳公司由一个半潜式石油钻井平台改造而成的，如图 5.20 所示。

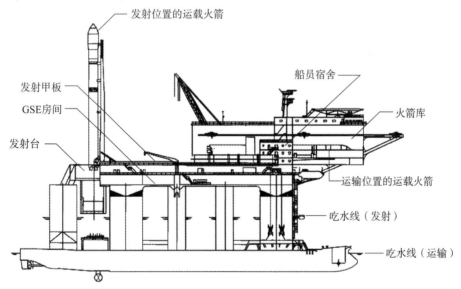

图 5.20 海上发射平台

改造后的平台加装了两条桩腿，以便支撑发射台。海上发射平台用来将总装好的运载火箭运送到发射地点，并提供火箭起竖、加注推进剂等勤务保障设备。海上发射平台上建有可容纳多枚运载火箭的空调厂房和吊装起竖设备，装有可够一次发射使用的煤油和液氧，并为 20 名工作人员提供食宿。发射前工作人员撤至距海上发射平台 5 km 远的地方。海上发射平台能自行开动，为了便于海上航行，配有两套动力装置，航速达 22 km/h，它被架在一对双体船型的浮筒上，只要处于发射位置，浮筒便下沉，并可保持稳定。

4）母港

供海上发射系统使用的母港位于美国加利福尼亚州，包括有效载荷处理厂房、有效载荷加注厂房、海上发射办公大楼、用户办公大楼以及一些贮存库房和一个码头。载荷处理厂房用于所有无危险的航天器操作，包括加注前的总装和测试。该厂房总面积约为 6 500 m²，高约 20 m。母港配套设施如图 5.21 所示。有效载荷加注厂房的总面积为 3 000 m²。在厂房内完成的工作包括：所有的推进剂输送、加压、火工品准备及有效载荷的封装操作。

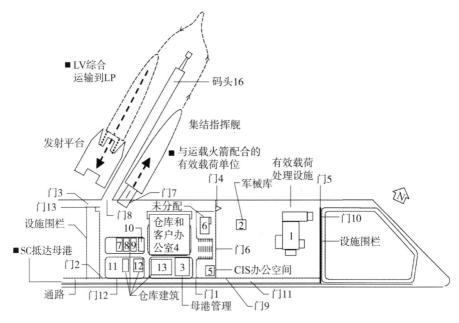

图 5.21　母港配套设施

码头长 335 m，宽 18 m，可为海基发射船只提供停泊、维修及补给。船只在港内停泊时，16 号码头能向船只提供电力、通信、用水及卫生服务，并提供加注推进剂、压缩气体及制冷剂用的设备。用于海基发射的测控设施有俄罗斯测控跟踪船、俄罗斯卫星系统和地面跟踪站以及莫斯科控制中心，这些设施将运载火箭的跟踪遥测数据提供给组装指挥船控制中心。

海上发射系统能够完成多种类型的任务，如极轨道运载能力 12 t、地球同步转移轨道能力 5.4 t、地球同步轨道能力 2.1 t。

5.4.3　发射流程

海基发射操作比较独特，并且自动化程度高。

1）处理操作

"天顶号"运载火箭的一级、二级和 DM 舱段上面级由商船从乌克兰和俄罗斯运到母港，并存放在岸上的贮存设施内。当要进行发射时，分别从库中取出，并通过船尾一个可收放的大型滚装板转运到组装指挥船上，以进行处理。将"天顶号"运载火箭的一、二级放在甲板下船体后部最大的一个舱内。舱长 67 m，宽 30 m，吊高 18 m。除对运载火箭一、二级进行处理外，在舱内还将进行全箭总装以及星、箭对接。它可以并排存放 3 枚完成总装的运载火箭，而且每枚运载火箭周围都有足够的操作空间。

DM 舱段上面级在船体前部一个较小的舱内进行垂直处理和燃料加注，处理工作的最后一个步骤是把该级从垂直状态转成水平状态。整个处理程序耗时较长，需 23 天时间。

卫星的处理工作与运载火箭的处理工作同时进行，地点在母港岸上的有效载荷处理设施内，任务包括测试、加注、与适配器对接、转至水平位置和封装到整流罩内。完成处理后，卫星将被运送到组装指挥船上，并与运载火箭对接在一起。星、箭对接工作要用 2.5 天。

2）运输操作

在起锚驶往赤道发射地点之前，完成总装和星、箭对接的运载火箭将从组装指挥船转载到海上发射平台，如图 5.22 所示。

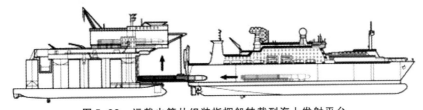

图 5.22　运载火箭从组装指挥船转载到海上发射平台

为了保证组装指挥船和海上发射平台能精确地对准在一条直线上，转移工作要在风浪较小的夜间进行。一般情况下，组装指挥船和海上发射平台分别停靠在码头的两侧，两个船体都要相对并固定在码头上，如图 5.22 中左上侧虚线所示。

准备就绪后，运载火箭被重新推到延伸出去的水平滚装板上，海上发射平台上火箭库底部的一道门被打开。此后，从海上发射平台上方放下来的两个吊钩挂在运载火箭一、二级的吊点上，运载火箭被吊离滑台，并倒退着进入火箭库，最后被放到运输起竖装置上。海上发射联合公司预计全箭及有效载荷向海上发射平台的转移工作用 2 天时间，但实际吊运过程只需几个小时就可以完成。

3）发射操作

总装好的运载火箭是装在海上发射平台主甲板上密封的库房中运往发射地点的。对于典型的地球同步转移轨道任务，发射地点位于西经 150° 的赤道上，大约需要航行 7 天。第一天，到达发射地点后，海上发射平台需用 12～15 h 向桩腿内泵水，从而下潜到发射压载深度，以提高稳定性。第二天，两个船体之间搭起一座便桥，运载火箭将在库内完成最后的处理工作。组装指挥船和海上发射平台都将启用动态定位系统。第三天，组装指挥船将撤离到距海上发射平台 4.8 km 左右的位置，只留下少数几个人在海上发射平台上负责把运载火箭推出并起竖到发射台上，此时将使用平衡系统使海上发射平台的摇动限制在 1° 以内。

运载火箭的飞行操作是全自动化的，起飞前约 5 h，运载火箭自动控制程序开始起动，1.5 h 以后剩余人员从海上发射平台撤离，再过 1 h 推进剂开始自动加注，到离点火还剩 17 min 时，运输起竖装置从运载火箭上撤下，并被运回火箭库。

以发射典型的地球同步转移轨道卫星为例，第一级飞行时间为 2.5 min，第二级分离时间在起飞后 8.75 min。DM 上面级将在起飞后 523 s 首次点火工作，把卫星送入停泊轨道。2 580 s 时，该上面级将再次点火，把卫星送入 36 536 km×720 km、倾角为 1.25° 的近地转移轨道。星、箭分离将在 3 721 s 时完成。

一级火箭、二级火箭的所有飞行情况都在组装指挥船及俄罗斯测控跟踪船的观测范围内。燃尽的各级火箭都掉入太平洋中，离南美洲的海岸及主要海岸的海运航线较近，如果飞行轨迹偏离预先编程的限度，箭上系统将自动关闭推进系统并结束任务。

发射完毕后，海上发射平台、组装指挥船都返回母港。按目前的计划，船只往返一次约需 21 天。组装指挥船也可驶抵夏威夷，用户在夏威夷乘飞机返回。进行 1 次海基发射至少需要 55 天时间，这样每年可进行 6 次海基发射。若安排得再周密一些，年发射次数可增至 8 次或更多。

5.4.4　"长征十一号"运载火箭海基发射的特点

2019 年 6 月 5 日，我国在黄海海域首次实施了运载火箭的海基发射，所发射的运载火箭是"长征十一号"，以"一箭七星"的方式，将 7 颗卫星送入预定轨道，填补了我国运载火箭海基发射的空白，如图 1.12（c）和图 5.23（b）所示。

"长征十一号"运载火箭与现役的大部分运载火箭存在两处不同：

（1）采用固体推进剂，这使它可以实现快速的测试发射，可在 24 h 内完成发射准备，其中在发射点的发射准备时间不大于 1 h；

（2）"长征十一号"运载火箭采用的发射方式是弹射，这使其可以具备全天候、无依托发射的能力。

所谓无依托发射，就是不需要专门的航天发射场，不需要勤务塔，不需要脐带塔，不需要导流槽，连发射台都不需要，只要有一片平地［图 5.23（a）］或海上发射平台［图 5.23（b）］就可以了。

（a）　　　　　　　　　　　　　（b）

图 5.23　"长征十一号"运载火箭的陆基发射和海基发射

（a）陆基发射；（b）海基发射

正因为具有如上两个特点，所以"长征十一号"运载火箭才能成为我国完成海基发射的首枚运载火箭。这些特点也使它可适应当下小卫星技术的蓬勃发展，并完成要求能够快速响应的航天任务，如应对突发自然灾害等的应急型发射任务。

截至 2019 年 9 月，"长征十一号"运载火箭已成功完成 8 次发射。

|5.5　空基发射|

空中发射系统实际上是从载机上发射导弹构想的进一步发展。早在 1974 年，美国空军就首次在"C-5"运输机上发射过"民兵"导弹，如图 5.24 所示。1990 年，美国轨道科学公司首次从大型运输机上发射了"飞马座"（空射型）运载火箭，将 450 kg 的有效载荷送入低地轨道，如图 5.25 所示。"飞马座"是 20 世纪 70 年代研制的一种 3 级固体推进剂，带整体复合式弹翼火箭，由普通运输机（或轰炸机）携入空中达到水平发射条件，即高度为 12.2 km，马赫数约为 0.8，从载机上释放，此后一级发动点火，沿着接近真空的最佳爬升轨迹进入轨道。先进的推进系统、箭体结构和航空电子技术以及空中发射、升力辅助轨迹，使"飞马座"运载火箭可以携带的有效载荷质量几乎为其他地面发射的小型运载火箭的两倍，而性能/价格比却可以同更大的运载火箭相提并论。截至 2016 年 12 月，"飞马座"运载火箭共完成了 43 次发射任务。

图 5.24　美国从"C-5"运输机上发射"民兵"导弹试验

图 5.25　"飞马座"运载火箭及其在"B-52"飞机上的发射

"飞马座"运载火箭的有效载荷性能由于以下综合因素而超过了同类地面发射的运载火箭：

（1）飞机提供的势能和动能；

（2）飞行轨迹区内的空气密度低，减小了阻力；

（3）较高的发动机膨胀比提高了推进效率；

（4）独特的"S"形飞行轨迹和弹翼产生的升力减小了重力的损失；

（5）减小了速度矢量偏移使推力方向的损失减小。

空基发射与发射台上发射相比的优点有：大大减少了航天发射场的安全问题；可以做到扩大轨道的倾角范围或者脱离轨道平面的飞行机动无须"变轨"，而且最终的设计将不依赖其他地面发射设施而构成单独的发射体系。后来俄罗斯、乌克兰和法国都对此项技术进行了研究。

俄罗斯空中发射宇航公司于 1998 年开始研制可发射 2.5 t 近地轨道卫星的空中发射系统，参加空中发射系统研制的科研机构有俄罗斯宇航科学院、能源火箭航天公司、乌克兰安东诺夫飞机设计局等，方案采用改装的"安 – 124型"远程运输机，携带长 30 m、重 100 t 的"飞行号"两级运载火箭飞至距地面 11 km 的高空。当运输机进入预定位置后，运输机尾部的舱门打开，形成一个"斜坡"，被安装在机舱中的"飞行号"运载火箭的尾部将暴露在舱口；此后，运输机逐渐竖起，当机身与水平线呈 76°夹角时，机舱中的大功率活塞将运载火箭推向舱口，使其顺"斜坡"滑出；与此同时，运输机作紧急跃升的特技飞行动作，使运载火箭与运输机快速分离；然后，运载火箭上的降落伞自动打开，稳定运载火箭的飞行姿态，待其稳定飞行 6 s 后，运载火箭点火；降落伞装置与运载火箭分离，一级发动机产生 190 t 的推力，将运载火箭加速至 3.8 km/s 的速度飞向预定太空轨道。空中发射系统使用的运输机像一个飞翔的发射场，可在北纬 60°至南纬 40°任一高空位置进行发射，可供选择的发射方位角为 0°~115°，采用空中发射系统每发射 1 kg 有效载荷只需 6 000 美元，比目前发射费用降低 6 000~12 000 美元。然而，受 2008 年金融危机的影响，该项目已被俄罗斯无限期停止。

运载火箭有效载荷限制了现有的空中发射系统的发展，而图 5.5（b）和图 5.26 所示的"平流层发射"系统旨在解决该问题，其载机已于 2019 年 4 月完成首飞，最大外载荷可达到 250 t，预计可发射"飞马座"运载火箭、中型运载火箭（基本型，可以满足近地轨道 3.4 t 的运载能力）、中型运载火箭（加强型，可实现近地轨道 6 t 的运载能力）和空天飞机（可重复使用型）4种载荷。然而，相关公司目前面临发展问题，正在出售，前途未卜。

从对世界卫星发射市场的评估来看，在 2000—2005 年，由于许多国家都在实施卫星通信、导航等项目，需要向太空发射 1 800~2 000 颗低轨道卫星，潜在发射市场达 100 亿~150 亿美元，而现有和正在研制中的传统地面发射系统常常无法在价格、服务质量和轨道倾角等方面满足用户的要求。空中发射系统从技术水平、运载能力、可操作性和经济性看都有潜在优越性，同时还具有

图 5.26 "平流层发射"系统的运输机

较高的自主性和机动性，可在世界大洋上空的任何地方进行发射，而且不必在发射场周围和火箭分离部分溅落区设安全区。另外，由于是机载发射，所以无须建造庞大的地面发射设施，也无须花巨额资金建设道路、电力等基础设施，从而大大降低了费用。

|5.6 天基发射|

随着航天技术的发展，人类在一步步向宇宙迈进的活动中逐步认识到，在大气层内和大气层外的环境状态与发射原理有着本质的区别，于是把大气层内的空间称为"空"，把大气层外的空间称为"天"，把在大气层内空间的发射活动称为空基发射，把在大气层外部空间的发射活动称为天基发射。其实"空"和"天"并没有鲜明的界线，通常是指迄今为止，人类航空技术所能达到的升限，仅在 100 km 左右。

5.6.1 航天飞机发射

航天飞机发射就是利用航天飞机将航天器施放到预定的近地轨道（图 5.27），或施放后再点燃航天器上的动力装置而进入高轨道。航天飞机的运载能力很大，且大部分可重复使用。用航天飞机发射低轨道卫星时，可由航天员直接操纵设置在航天飞机货舱中的机械手，将卫星施放到轨道上。在航天飞机上发射高轨道卫星时，如地球同步卫星，航天器上需要另带动力装置（称上面级火箭），完成从低轨道到高轨道的运送任务。这时，航天飞机在近地轨道（称为停泊轨道）上施放卫星和上面级火箭组合体，上面级火箭组合体加速，将卫星送入大椭圆轨道（称为过渡轨道），完成发射阶段的任务，然后由星上远地点发动机完成变轨，实现同步定点。

图 5.27　航天飞机货舱及释放卫星

5.6.2　空间站发射

从以外层空间为活动范围的空间站上发射航天器，称为空间站发射。

空间站是指具备一定试验或生产条件，可供航天员生活和工作的长期运行的航天器，又称为太空站、航天站或轨道站。

空间站分为单一式和组合式两种。单一式空间站由运载工具一次运送入轨；组合式空间站由多次运送入轨单元或组合件组装而成（图 5.28），组合式空间站有积木式和桁架挂舱式两种构型，两种组合式空间站均可构成大型空间站。

空间站的进一步发展是扩大自身的规模和配备为空间站服务的各种轨道机动和转移航天器，使其成为载人空间基地、空间工厂和空间试验中心，使许多原来只能在地面或者必须回到地面上做的事可以直接在轨道上的空间站上做，使地基航天技术发展成为天基航天技术。

未来的空间站不仅可用于修理有故障的卫星，为各种卫星补充燃料、能源，建设空间电站等，而且，空间站（平台）对"天"可用于发射高轨道卫星、月球卫星和行星际航天器的中转载体，对"地"可作为发射攻击地面（海、陆、空）目标和轨道航天器的空间基地。而未来新型的可重复使用的单级水平起降的航空航天飞机将成为支持空间站发射的最经济、最可靠的运输工具之一。

在空间站上组装成的星际航天飞行器，由于已获得了极大的势能和动能，需要耗费的推进系统动力大大减小，从而可避免研制一些特大型运载火箭，发射经济性和可靠性也将有所提高。

图 5.28　组合式空间站
（a）国际空间站；（b）"天宫"空间站；（c）"和平号"空间站

|5.7　航天器测试发射工艺流程|

　　测试发射工艺流程是用来规定航天器及其运载器等航天产品进入航天发射场参加发射的物流方向（或工艺路线）、关键技术状态、主要工作项目及场所、各系统之间及各项目之间的相互关系和先后次序、时间安排及质量安全控制关键节点、大系统之间的联合操作发射区的最后工作项目和发射程序，以及安全性、可靠性保证措施的技术方案。测试发射工艺流程也称为测试发射流程或测发工艺流程，或直接简称为测发流程。

　　测试发射工艺流程作为航天工程的顶层文件，是航天发射场系统进行规划设计、总体布局设计和设施设备研制建设的输入条件，也是工程各系统在航天发射场开展发射前各项准备工作的基本依据。

5.7.1　一般要求

　　对测试发射工艺流程的要求包括以下几个方面：

（1）物流顺畅。由于不同的测试条件和分解总装程序要求，航天产品的各部件需要在不同的设施内进行总装测试。流程设计时，要严格区分危险操作和非危险操作，分析分解总装的时机和配合关系，确保测试安全可靠，测试过程环环相扣，并尽量减少危险品转运和产品室外转运过程，确保物流顺畅，将危险操作减少到最低限度。

（2）覆盖性好。测试覆盖性是指测试工作覆盖被测试系统的程度，通常需要考虑的是针对产品功能、性能指标、接口关系、工作模式以及工作环境等特性指标所开展的测试项目的覆盖程度。测试覆盖性是流程设计的基本要求，也是流程优化时需要首先考虑的因素，在进行流程优化的同时必须确保被测试系统的覆盖性，即优化后流程仍能满足流程测试的覆盖性，不能单方面强调优化而降低对覆盖性的要求，使得在地面上的测试项目不能覆盖产品发射后在轨道的动作。同时，在进行测试覆盖性设计时应充分考虑系统间的相互影响，一些能够通过间接测试进行验证的功能，可适当考虑进行测试合并，尽可能减少不必要的重复测试。

（3）安全性好。在航天发射任务，尤其是载人航天发射中，必须保证航天员、工作人员不受伤害，设备和产品不受损失。在流程设计时，必须尽可能规避影响安全性的风险因素，使测试发射工艺流程具有较高的安全性。在考虑安全性的同时，还要综合考虑流程的周期、操作的效率和成本的投入，要达到各方面的最佳配合，即要考虑最佳的综合效果。

（4）流程周期短。测试发射周期是反映发射能力和发射效率的特征指标，测试发射周期越长，年发射频率就越低，发射能力越弱，将难以适应高密度发射的需求。一般来讲，随着火箭型号的日益成熟、产品可靠性和批量生产能力的提高、总装测试发射工艺流程的逐步优化，减少在航天发射场的总装、测试等工作后可大大缩短发射周期，减少人力投入和物资消耗，降低发射费用。例如俄罗斯的"联盟号"运载火箭，其年发射能力可达到惊人的 24 次。

（5）发射工位占位时间短。发射工位占位时间是体现发射能力的重要指标，从目前国际上的发展趋势看，一般发射工位占位时间为 3～15 天。发射工位占位时间越短，应对各种复杂条件的能力越强。如我国的文昌发射场，仅从气象因素分析，若发射区工作时间超过 3 天，则因为天气条件（热带气旋等）导致发射中止的风险就会增大，由此可能给整个工程的任务计划带来影响，发射窗口也难以保证。载人航天、月球探测、轨道对接等发射任务对发射时机和发射窗口的要求较为苛刻，必须在流程设计时留有裕量，尽力缩短发射工位占位时间。

5.7.2　测试发射模式的选择

航天产品进入发射场后，其工作内容一般分为技术准备、发射准备和发射3个阶段。

技术准备一般在保障条件较好的技术区进行，工作内容包括卸车、转载、总装、测试等，之后进行航天器加注、航天器扣罩、航天器与运载火箭对接等工作，并可安排对接后的联合测试。

发射准备一般在发射区进行，包括产品转运至发射区、转运后的总装、状态准备、功能检查、匹配检查、全系统总检查、推进剂加注、发射状态设置等工作。

发射是根据任务协同指挥程序的要求，各系统完成状态普查和放行测试，如果是载人发射，则包括航天员进舱，各系统满足最低发射条件要求时，火箭执行点火、起飞、分离等飞行程序，将航天器送入初始轨道。

测试发射模式就是航天产品在技术准备（总装、测试）、转运等具体工作中，各种标准样式的组合。根据相关学者的研究，到目前为止，世界各国的航天发射场先后出现和采用过3种测试发射模式：

（1）水平测试分级运输模式：水平分段组装、水平分段测试、水平分段运输。

（2）水平整体运输模式：整体水平组装、整体水平测试、整体水平运输。

（3）垂直整体运输模式：垂直组装、垂直测试、垂直整体转运。

测试发射工艺流程的选择往往和一个国家的习惯操作方式、运载火箭和航天器的设计、发射频率要求等密切相关。随着商业卫星发射任务的增多，竞争的加剧，可靠性、安全性要求的提高等，测试发射工艺流程的设计理念不断变革更新，如加强技术区，简化发射区，把发射区功能单一化，发射区仅完成必不可少的加注推进剂和发射工作等。因此，总的趋势是向垂直（或水平）整体运输和远距离测试发射的方向发展。1988年建设的法国"阿里安5"的ELA-3发射场、1997年改建的日本种子岛吉信发射区"H-2A"发射工位、1999年重建的美国卡纳维拉尔角41号发射场等，都是采用简易发射台基座，取消固定式脐带塔，在发射倒计时开始时才将运载火箭垂直整体运往发射区。测试发射工艺流程和主要功能比较见表5.2。

表 5.2　测试发射工艺流程与主要功能比较

测试发射工艺流程 主 要 功 能	水平测试 分级运输	水平整 体运输	垂直整 体运输
测试发射周期（有效工作日数）/天	45 ~ 50	35 ~ 40	35 ~ 40
发射工位占位时间/天	12 ~ 15	3 ~ 7	0.5 ~ 3
年发射次数/次	3 ~ 4	8 ~ 10	8 ~ 10
事故后重新组织发射时间/年	1.5 ~ 2	采用备份 发射工位	0.5
操作环境可靠性	较差	较好	好
适应性（型号兼容性）	较好	差	较差
可维护性	较差	较好	好
安全性	较差	较好	好
发射成本（运行费用）	较高	低	低
航天发射场建设投资	小	较大	大

5.7.3　测试发射模式和流程实例

3 种测发模式的特点还可以参考本书 5.2 节的相关内容，本小节将给出几个实例。

1. 俄罗斯"质子号"运载火箭

俄罗斯的航天发射场大都采用水平组装、水平测试和水平整体运输发射方式。以下简要介绍"质子号"运载火箭的测试发射工艺流程。

拜科努尔发射场"质子号"运载火箭技术区的主要设施有水平总装测试厂房，厂房内有装配时采用的专用装配支架和装配对接车。首先把芯一级水平固定在装配支架上，装配支架能带着运载火箭绕轴线旋转。进行捆绑作业时，装配车载着助推器开到芯一级的底下，将助推器固定在芯一级的下面。然后，移开装配车，装配支架带着芯一级按所需要的角度旋转，装配车再把另一个助推器送到芯一级的下面进行固定。依此类推，重复进行 6 次，完成有 6 个助推器的第一级全部组装。最后用桥式起重机将组装后的第一级从装配支架上移到起竖车上固定，在起竖车上依次完成二子级和三子级的对接。运载火箭在起竖车上完成水平综合测试。在厂房内，大约用 21 天时间，完成 3 枚"质子号"运载火箭的组装。

　　航天器和上面级在卫星厂房内完成组装和测试，在加注间内加注推进剂，装配整流，然后水平运往"质子号"运载火箭总装厂房与测试好的运载火箭对接。

　　"质子号"星箭组合体用轨道牵引车水平整体运往发射区，由起竖车起竖呈垂直状态，并固定在发射台上，在发射台上起竖和安装大约需要 4 h。由于运载火箭的分离插头集中在一级的尾部，故发射区没有脐带塔，相关准备工作由活动勤务塔来完成，活动勤务塔协助完成箭上各种管线的连接、测试、检查，并加注推进剂，3～5 天后发射。整个工作流程如图 5.29 所示。

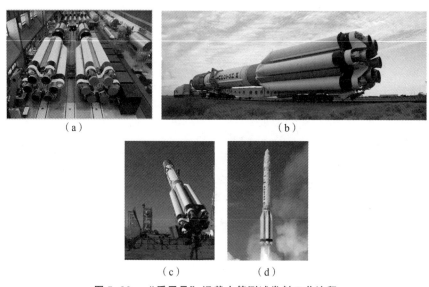

图 5.29　"质子号"运载火箭测试发射工艺流程
（a）水平整体组装；（b）水平整体运输；（c）水平整体起竖；（d）垂直发射

2. 美国肯尼迪航天中心 39 号发射场

　　美国肯尼迪航天中心的 39 号发射场曾经用于"土星五号"运载火箭和航天飞机的发射，是迄今世界上最大、最具特色的航天发射场，它改变了过去传统的固定发射方式，采用了活动发射方式，即取消了水平测试，把整个航天器垂直总装、测试和发射前的准备工作集中在一个巨型厂房内进行。仅于发射前两周，甚至更短的时间才将发射台－脐带塔（保持测试连接状态）一起运往航天发射场。在航天发射场只进行推进剂加注和必要的射前检测，从而在较短的时间内实施发射。

　　各级火箭被送至 39 号发射场的码头或机场，然后送往飞行器总装厂房，在厂房的低跨间完成单级测试，之后通过运输轨道送往高跨间，并在活动发射平台上进行对接、总装、综合测试等工作，此后运输车将活动发射平台和测试好的运载火箭和航天器一并送往发射场区。在活动发射平台停放好后，运输车回到勤务塔停放场，将活动勤务塔送至活动发射平台，进行发射前的测试、推进剂加注，并安装火工品。临近发射前将活动勤务塔撤回停放场，发射后再用运输车将活动发射平台送回飞行器总装厂房。其具体流程如图 5.30 所示。

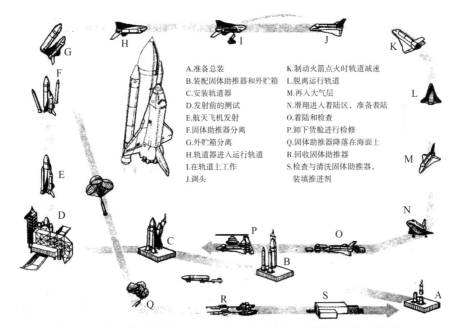

A.准备总装
B.装配固体助推器和外贮箱
C.安装轨道器
D.发射前的测试
E.航天飞机发射
F.固体助推器分离
G.外贮箱分离
H.轨道器进入运行轨道
I.在轨道上工作
J.调头

K.制动火箭点火时轨道减速
L.脱离运行轨道
M.再入大气层
N.滑翔进入着陆区，准备着陆
O.着陆和检查
P.卸下货舱进行检修
Q.固体助推器降落在海面上
R.回收固体助推器
S.检查与清洗固体助推器，装填推进剂

图 5.30　美国肯尼迪航天中心 39 号发射场航天飞机测试发射工艺流程

这一模式改变了在发射区起竖的习惯，在技术区内就将运载火箭和航天器起竖对接成垂直状态，竖立在活动发射平台上，利用厂房内的良好保障条件进行垂直状态下的整体测试等准备工作。之后，将完成技术准备的运载火箭和航天器垂直整体转运到发射工位。

由于运载火箭、航天器及其与活动发射平台之间的相对连接关系不变，测试检查状态也就不变，因而避免了状态变化可能带来的故障以及不必要的重复检查，在发射工位上的测试检查时间可大大缩短，同时可以简化发射工位的设施，提高发射的可靠性和安全性。但这种模式需要建造高大的垂直总装测试厂房和结构复杂的活动发射平台，以及巨型履带式公路运输车等，对技术区、转运道路和车辆等有较高的要求。

3. 欧洲航天局"阿里安 5"运载火箭

欧洲航天局的"阿里安 5"运载火箭在航天发射场的测试发射工艺流程称

为"垂直整体运输测试发射模式"。"阿里安 5"运载火箭由上、下两大部分组成。下面部分是下面级（H140），由液氧、液氢芯级和 2 个固体助推火箭组成，适用于任何发射任务；上面部分（上面级）与任务直接相关，可以是可储存双组元推进系统（L5），也可以是低温上面级（H10）。上面级之上安装仪器舱、有效载荷和整流罩。

在建造"阿里安 5"运载火箭发射场时，欧洲航天局提出的总目标是以最少的设备条件，实现每年发射 10 枚"阿里安 5"运载火箭，将投资降到最低，同时降低操作和维护费用。因此，该发射场要求具有以下特点：

（1）发射场可同时进行垂直火箭的组装、机械和电气测试与固体助推器的准备工作，极大地节省了"阿里安 5"运载火箭装配组合的时间。

（2）在运载火箭运到之前就装配好有效载荷，并将其连接到地面系统上。联合操作只限于有效载荷与运载火箭的连接安装、电气试验、可贮存推进剂的加注、计时和发射。

（3）由于采用了固定在活动发射平台上的脐带塔，因此不必将各种管线接头断开和重接，从操作开始到操作结束，各种管线一直与运载火箭保持连接。之所以能够进行这种改变，是因为"阿里安 5"运载火箭的上部比"阿里安 4"运载火箭简单，大部分管线的连接可以直接在活动发射平台和运载火箭的下部进行。

（4）由于发射区功能单一化，一个简易发射台只用来加注低温推进剂及实施发射，即所需的投资和维护费用较少。设计简易发射台所冒的风险最小，因此大大降低了事故发生的可能性，即便发生事故，恢复使用的时间也最短。在第二发射场采用的可为操作人员在不同高度上靠近运载火箭提供通道、保护其不受天气影响的勤务塔，在第三发射场中已被位于发射台基座安全距离以外的固定总装测试厂房取代。在最后发射倒计时（约发射前 8 h）时，才把安装在活动发射平台上的火箭从总装测试厂房拉出，运至发射位置。

（5）远距离监控地面供电、空调、火灾报警等系统的计算机工程管理检测系统，与负责遥控运载火箭加注、增压、箭上电气系统及发射前倒计时程序的发射操作测试系统分开设置，提高了系统操作控制的安全性。

"阿里安"第三发射场（ELA - 3）由准备区和发射区组成。准备区主要包括助推器组装厂房、运载火箭组装厂房、有效载荷厂房和发射控制中心等。发射区在准备区以北大约 1 800 m 处。

"阿里安 5"运载火箭在"阿里安"第三发射场的测试发射工艺流程如图 5.31 所示，其主要特点如下：

（1）在助推器组装厂房内进行固体助推器的准备和检测工作。固体助推

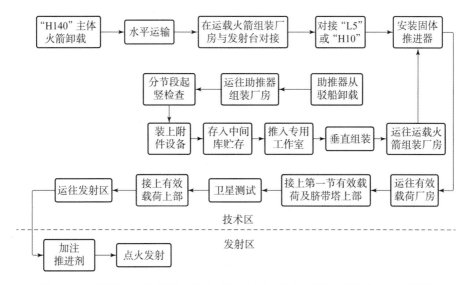

图 5.31　"阿里安 5" 运载火箭在 "阿里安" 第三发射场的测试发射工艺流程

器被分成 60～80 t 的节段来运输。这些节段用专门建造的水陆两用驳船从欧洲运来，在 "阿里安" 第三发射场的卸载厅内卸下。进入助推器组装厂房后，将各节段进行起竖、检查，并装上附件。使用时，放入中间库等待组装成完整的固体助推器，也设有长期存放这些固体助推器节段的设施。固体助推器各节段的全部准备检查工作都在专用的工作室内进行。各节段的垂直组装是在专用大厅的活动架上进行的。固体助推器完全组装好以后就可以运到运载火箭组装厂房，以便组合到装有 "H140" 的发射台上。

（2）在运载火箭组装厂房内完成运载火箭芯级和上面级的组装和测试。芯级火箭（"H140"＋"L5"＋运载火箭仪器舱，或 "H140"＋"H10"＋运载火箭仪器舱）的准备及测试工作在专门的运载火箭组装厂房内进行。运载火箭组装厂房剖面示意如图 5.32 所示。

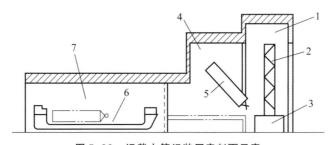

图 5.32　运载火箭组装厂房剖面示意

1—装配检查区；2—脐带塔下部；3—活动发射平台；4—起竖区；
5—运载火箭；6—运输设备；7—卸载区

（3）芯级通过测试后，捆绑上两个组装测试完成的固体助推器。

（4）运载火箭由运载火箭组装厂房运至有效载荷厂房（图5.33），操作需8天时间，具体操作包括：安装有下部组合体（呈发射状态）的活动发射台自运载火箭组装厂房进入有效载荷厂房，把有效载荷安装到封闭区有效载荷支架上，装配整流罩，把有效载荷下面部分和运载火箭的上面部分对接；进行有效载荷、上面级、固体助推器和芯级测试，上面级加注。

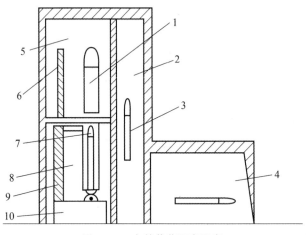

图5.33　有效载荷厂房示意

1—卫星；2—垂直气闸；3—半罩；4—储存洁净室；5—有效载荷厂房上部洁净室；
6—脐带塔上部；7—运载火箭；8—有效载荷厂房下部；9—脐带塔下部；10—活动发射平台

（5）射前8 h将活动发射平台、脐带塔与航天器保持测试连接状态，一起运往发射区。

（6）运载火箭在发射区加注与点火发射。

有效载荷厂房与"阿里安"第二发射场的流程相比，其主要变化是代替了活动塔及其对运载火箭和有效载荷的对接进行最后测试的功能。总装和测试好后，将安装在活动发射平台上、与脐带塔保持连接状态的运载火箭，通过双轨铁路呈整体垂直状态运往发射区。

在"阿里安"第三发射场的测试发射工艺流程中，整个飞行器的垂直总装、测试等射前准备工作集中在一个专门的大型厂房里进行，测试工作一次完成，避免重复。发射前8 h将活动发射平台、脐带塔与飞行器保持测试连接状态，一起运往发射区，从而大大缩短了运载火箭及有效载荷在发射区停留的时间。这样不仅可以简化发射区的设施，缩短在发射区的占位时间，同时因为在有效载荷厂房内的总装测试、防雷、空调、净化等各种条件都比发射区好，从而可以减少各种灾害事故的影响，保证发射的安全可靠。

"阿里安"第三发射场的垂直总装程度比较高,它在准备区把运载火箭、助推火箭、航天器垂直装配在带有脐带塔的活动发射平台上。在发射区只有一个固定塔架,没有其他大型设施。但它的垂直总装厂房规模较小,功能单一,有助推器组装厂房、运载火箭组装厂房、有效载荷厂房 3 个垂直装配厂房,依次完成 3 部分的垂直装配,因此比起美国肯尼迪航天中心的垂直总装测试厂房要简单得多。

|5.8　航天发射场的安全|

5.8.1　航天发射场的安全分类和要求

航天发射场的安全一般分为运载火箭发射前的场区安全和运载火箭起飞后的航区安全。运载火箭发射前的场区安全主要包括:在发射准备过程中运载火箭和航天器本身的安全及待发段航天员的安全,技术区和发射区的安全,爆炸火工品库房的配置,推进剂贮存与管理,对有毒燃料、电磁辐射、高压设备和发动机噪声造成的危害所采取的安全措施等。运载火箭起飞后的航区安全主要包括:运载火箭起飞后出现故障而采取的安全措施,如地面安控、箭上安控、航天员逃逸救生、对运载火箭在主动段自毁和助推器分离后对区域内城镇居民及重要的交通干线造成的危害所采取的安全措施等。

航天发射活动是一项高危险性作业,在航天发射场的建设和操作使用中必须严格遵守有关的安全要求和规定,主要包括:

(1) 充分保证在危险场所工作的人员和航天员的安全;

(2) 确保运载火箭和航天器的安全,或将风险降到可以接受的程度;

(3) 充分考虑各种危险因素(推进剂、高压系统、火工品、辐射和低温等)所诱发的各类其他事故;

(4) 一旦发生意外事故,应使周围的固定设施的破坏减到最小;

(5) 符合国家和部门颁发的安全规范,并力求与国际上相关的规定接轨。

5.8.2　航天发射场的主要安全措施

1) 建立安全责任制度和安全组织体系

建立由航天发射场主管行政领导负责的测试发射安全责任制度,负责和落实各项安全措施。

航天发射场的安全组织体系在主管行政首长的领导下，由安全部负责实施，安全部下设3个分部：技术安全部负责运载火箭、航天器的供电、接地、防雷电、防无线辐射等技术安全和危险品贮存、推进剂加注等操作安全；测试安全部负责运载火箭从点火到星（船）、箭分离过程中的飞行安全控制；场区安全部负责发射日的人员疏散应急抢险、场区警戒和医疗救护等。

航天发射场的安全组织机构如图5.34所示。

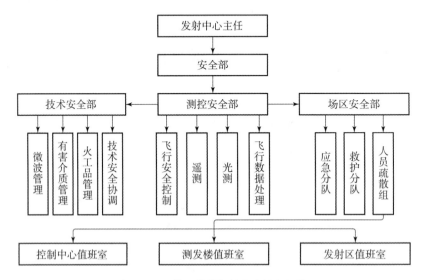

图5.34 航天发射场的安全组织机构

2）安全监视制度

在发射前进行危险作业的过程中，只允许必不可少的有限人员留在危险区进行操作，严密监视无关人员进入危险区。及时向航区内的城镇居民通告有关运载火箭飞行安全的信息。

3）设置安全检测报警系统

在推进剂库、脐带塔、飞船加注间、固体发动机装配厂房、X射线探伤工房、火工品库、γ源检测间等危险作业场所设置易燃易爆气体浓度检测系统、辐射剂量侦检系统、火灾报警系统、闭路电视监视系统和人员出入划卡设备等。

4）人员紧急疏散措施

在脐带塔、垂直总装测试厂房等高层建筑物和危险作业场所必须按规定设置人员紧急疏散通道和逃逸门，通道拐弯处和逃逸门上方应设明显的路径指示标志。

5）划分安全区域

根据运载火箭推进剂 TNT 当量计算杀伤破坏半径，以发射平台（或推进剂贮存库）为中心，按照爆炸冲击波、热辐射、火球半径、噪声、碎片散布和有毒气体污染等作用范围，将发射场区划分为破坏区、危险区、有危险区、安全区。确定发射前人员的安全边界和建筑物的设防等级。

5.8.3　液体推进剂的爆炸威力

航天发射场布局涉及的主要危险源为推进剂，主要危险事件包括着火、爆炸和毒害。其他设施设备涉及的一般危险源这里不再论述。

推进剂的潜在危险来源于推进剂操作各个环节中的错误行为，如泄漏、非受控排放、与人体直接接触、对土壤和大气的污染等，其危害性来源于推进剂本身的毒性、腐蚀、易燃、易爆等特性。

常规推进剂中，肼为弱有机碱，与红烟硝酸、四氧化二氮等强氧化剂接触时可立即发生自燃，泄漏到含有氧化剂的木头或干草上时会着火。偏二甲肼易挥发，属于三级中等毒性物质，自身及其中间产物有致癌、致畸、致突变的毒性，中毒的途径主要是吸入和皮肤接触。

四氧化二氮是强氧化剂，具有较强的腐蚀作用，属于三级中等毒性物质，中毒的途径主要是吸入二氧化氮气体和皮肤接触。常温下四氧化二氮液体挥发产生的二氧化氮气体对人的皮肤和呼吸道危害严重。四氧化二氮与肼类推进剂接触会产生燃烧或爆炸，与多种有机溶剂，特别是卤化溶剂（如二氯甲烷、过氯乙烯、四氯化碳等）混合，当受热或受冲击时，会发生猛烈爆炸。

低温推进剂中，首先要防范推进剂低温可能对人体造成的伤害，当皮肤接触液氢，液氧或无保温层的加注管路、容器时，会导致严重冻伤。液氢及其挥发的氢气本身无毒，但氢气浓度过高会导致人产生呼吸困难等症状。泄漏的氢气遇火极易发生爆轰或爆炸，具有较宽的可燃极限和爆炸极限。液氧和气氧是强氧化剂，能够强烈地助燃，与脂肪、凡士林、酒精、润滑油等接触时，会发生激烈的氧化作用。

烃类推进剂中，航天煤油是可燃液体，其蒸气与空气混合能形成爆炸混合物，遇明火或电火花会发生着火或爆炸；它与液氧、硝基类推进剂等接触不会自燃，只有在外界激发能的作用下才会发生着火，甚至爆炸。对人体的危害来自芳香烃和含铅添加剂，中毒途径是吸入煤油蒸汽及皮肤接触。

1. 液体推进剂的爆炸特征

液体推进剂在爆炸过程中所释放能量的计算是确定爆炸所造成的危险的先

决条件，而且液体推进剂的爆炸与一般的凝聚性炸药的爆炸有很大的区别，所以必须对其爆炸特征和爆炸威力的计算作专门的研究。

液体推进剂的爆炸的一个重要特征是它的潜在爆炸威力非常大，其爆热远高于 TNT 炸药的爆热，但在爆炸过程中实际释放出的能量却很低，这是因为在推进剂着火之前，燃料和氧化剂绝不可能按恰当的比例在爆炸瞬间混合起来。另外，氧化剂和燃料的受限度也严重影响液体推进剂的实际爆炸威力，例如，等量的液体推进剂在密封容器里爆炸和溢出地面后爆炸所释放的能量有很大差别。有关液体推进剂爆炸的测试报告表明液体推进剂的爆炸有如下几个特征：

（1）爆炸威力和推进剂的类型有很大关系；

（2）爆炸威力和运载火箭的失效模式有关，爆炸威力的最大值出现在推进剂着火时，氧化剂和燃料已充分混合的情况下；

（3）大容量液体推进剂常发生自动点火，导致很小的爆炸威力，自动点火现象是大型液体推进剂爆炸威力的重大限制因素；

（4）对于低温推进剂，如果忽略发生自动点火的可能性，其爆炸威力则与点火时间有关；

（5）随着总推进剂的量的增加，单位质量的推进剂的爆炸威力减小；

（6）相对于普通凝聚性炸药来说，液体推进剂的爆炸有较多可变因素。

2. 爆炸威力的工程计算

液体推进剂的爆炸威力与推进剂的种类、质量以及运载火箭的失效模式等多种因素有关，目前尚无准确的计算公式，只有工程算法，它是结合实际的液体推进剂在地面上非密封情况下混合时的爆炸当量提出的。工程上计算爆炸威力的经验公式为

$$W_T = KQ \qquad\qquad (5.8.1)$$

式中，W_T 为等效的 TNT 炸药的质量（kg）；K 为 TNT 当量系数；Q 为推进剂质量（kg）。

TNT 当量系数 K 是指以 TNT 炸药能量为 100，其他爆炸物释放的能量与它的比值的百分数，K 值的大小与爆炸模式（运载火箭失效模式）、推进剂的总质量等因素有关，几种液体推进剂的 K 值上限见表 5.3。自燃推进剂的 K 值与运载火箭失效模式的关系见表 5.4。

表 5.3 提供的 K 值均为上限值，在实际爆炸过程中的 K 值与其有很大的差别。

表 5.3　几种液体推进剂的 TNT 当量系数 K

国家	飞行器名称	推进剂	TNT 当量系数 K（上限）	
			发射平台	空中
美国	"宇宙神"	液氧 + 煤油	0.20	0.10
	"大力神 I"	液氧 + 煤油	0.20	0.10
	"大力神 II"	四氧化二氮/混肼 A50	0.10	0.05
	"土星五号"	液氢 + 液氧	0.60	0.60
苏联	"SS – 4"	红烟硝酸 + 煤油	0.10	0.10
	"SS – 5"	红烟硝酸 + 混肼 A50	0.10	0.10
	"SS – 6"	液氧 + 煤油	0.20	0.10
	"SS – 11" "SS – 17" "SS – 18" "SS – 19"	四氧化二氮/混肼 A50	0.10	0.05
	"联盟号"	液氧 + 煤油	0.20	0.10

表 5.4　自燃推进剂 TNT 当量系数 K 和运载火箭失效模式的关系

运载火箭失效模式	TNT 当量系数 K	TNT 当量系数 K（上限）
共底破裂	0.000 1 ~ 0.008	0.015
溢出在底面	0.000 3 ~ 0.003	0.005
小型爆炸源	0.008 ~ 0.012	0.02
大型爆炸源	0.034 ~ 0.37	0.05
指令自毁	0.003 ~ 0.003 5	0.005
95 m 高度回落	0.015	0.03
航天飞机 1 km 高爆炸	$LO_x/LH_2 0.041$ [*]	0.09
航天飞机 10 km 高回落爆炸	$LO_x/LH_2 0.023$ [*]	0.05

注："＊"表示非自然推进剂

　　本节仅给出用来估算 K 值得两个表格，更准确的估算方法可查阅《推进剂储箱和气瓶爆炸压力波和碎片效应预测手册》。

5.8.4　液体推进剂爆炸冲击波的危害

　　液体推进剂爆炸冲击波的计算可参见本书 3.1.7 小节的有关论述。

　　冲击波压强对建筑物的破坏情况见表 5.5。

表 5.5　冲击波压强对建筑物的破坏情况

超压/MPa	对建筑物的破坏情况
0.001 5 ~ 0.002 04	玻璃窗全部破碎
0.003 57 ~ 0.007 14	玻璃窗全部破碎，拌灰脱落，有时窗框破坏
0.008 15 ~ 0.012 2	满装的液体燃料贮藏池轻度破坏，窗门框及隔墙破坏，木骨架房层中等程度破坏
0.014 3	工作烟囱、无线电塔架和电线杆轻度破坏
0.017 3	厂房中等损坏，木架房层严重破坏
0.022 4	运输汽车轻度损坏，矿渣砖墙破坏
0.028 5	厂房和砖房中等破坏，木架屋破坏，通信线路和电力网损坏（故障）
0.038 7	办公楼和钢筋混凝土建筑中等损坏，房屋严重破坏
0.054 0	钢和钢架混凝土建筑厂房严重损坏，370 mm 厚砖墙毁坏
0.071 4	整体墙建筑、汽车运输网、液体燃料贮藏池中等损坏
0.101 9	一切建筑物严重破坏

冲击波对人员的危害见表 5.6。

表 5.6　冲击波对人员的危害

超压/MPa	对人员的危害
0.021	站着的人被吹倒或吹跑
0.035	耳膜破裂
0.06 ~ 0.10	内脏严重损伤，可能死亡
>0.1	大部死亡

在航天发射场的建设中，对冲击波的防护安全距离根据运载火箭爆炸威力并参考当地最大风载荷确定，一般冲击波设防超压线位于该建筑物的最大抗风载荷能力范围内。这样，建筑物不会因防意外爆炸而提高建筑物的设防等级，从而使建设成本增加。

5.8.5　火球和热辐射

运载火箭推进剂在地面爆炸时，最初都是少量推进剂沿液相接触面发生反应，形成高温高压燃气，未能参与反应的推进剂在高温高压燃气的作用下四处飞溅，在三维空间形成更大的气、液混合反应区，瞬间发生猛烈的化学反应形成火球，并辐射大量的热能，使周围气体膨胀形成冲击波。爆燃后的高温燃气在空气的浮力作用下迅速上升，继续形成火球。由于火球上升，周围的冷空气又迅速地填补火球上升后留下的空间，这样形成对周围空气的卷吸，卷吸时，又将地面未燃尽的推进剂蒸汽带进火球，使之继续燃烧，火球继续扩大，在空气的浮力作用下，火球从球形演变成蘑菇状，直至无可燃烧物补充时停止膨胀，火球迅速消散。

在工程计算中，通过爆炸试验得出火球最大直径与推进剂总量的关系为

$$D_{hmax} = 3.924 Q_0^{0.334} \tag{5.8.2}$$

式中，D_{hmax} 为火球最大直径（m）；Q_0 为推进剂总质量（kg）。

火球离地高度 h 的计算公式为

$$h = \frac{g}{3} t_D^2 \tag{5.8.3}$$

式中，t_D 为火球持续时间（s），$t_D = 0.61 Q_0^{0.26}$。

热辐射直径 D_R 的计算公式为

$$D_R = (1.5 \sim 2.5) D_{hmax} \tag{5.8.4}$$

在火球和热辐射作用范围内，地面上的易燃物品将会燃烧，一般不宜布置易燃品储存库等设施。

液体火箭发生爆炸事故时，推进剂毒气危害安全距离是航天发射场技术安全十分重要的问题之一，请参阅《液体火箭推进剂毒气逸散理论与实验研究》一文提出的有关方法进行分析计算，此处不再赘述。

5.8.6　发射噪声的危害

发射噪声危害在本书 3.2.5 小节已讲述过，地下井发射关键解决井内的发射环境，主要以消噪为主，即在内井筒壁上安装吸声材料，以吸收导弹发动机产生的大部分噪声能量，减小噪声对井内飞行的导弹的结构及仪器的危害程度，保证导弹飞行的安全。航天发射都是在地面进行的，发射噪声除造成近距离设施的破坏外，主要是对人的活动环境的危害。

发射噪声对人的危害程度与发射噪声的强度、持续时间、噪声频率及受害者的身体条件等有关。但发射噪声作用的时间很短，一般只有数十秒，短时间内人对发射噪声容许声压级峰值可以适当提高。如美国在发射"土星五号"运载火箭时，规定以 120 dB 为安全界线，超过 120 dB 时，工作人员需要带耳塞防护。

发射噪声的传播取决于航天发射场的地层结构、地面表面特征、周围地

形、发射时的气象条件及运载火箭推进系统本身的尺寸大小和性能。发射噪声在大气中的传播所导致的衰减大约与频率平方成正比，所以，发射噪声的高频部分衰减得快，低频部分传播得比较远。在平坦的空旷场区，发射噪声随距离的变化可以按下面的关系式近似地确定：

$$SPL = 178 - 37.41 \lg \frac{d}{40} \tag{5.8.5}$$

式中，SPL 为发射噪声强度（dB）；d 为发射噪声计算点与发射噪声源的距离（m）。

解决发射噪声危害的主要方法：一是抑制；二是隔离。

所谓抑制，就是降低发射噪声水平，即抑制排放源本身，如改变排气流方向或其几何形状，降低发射噪声效率。由于发射噪声功率的主要来源是发动机射流的动能，只要能减小射流的速度，就可以有效地降低发射噪声水平，其办法之一就是用水注入导流槽，但这个方法只在运载火箭在发射平台上时才有用，运载火箭一旦离开发射平台，向排焰道注水即失去作用。

对航天发射来说，唯一的方法是在场地建设时留出足够的距离，使远处居民免受干扰，尤其是相邻两个发射平台要保持足够的距离。

5.8.7　爆炸碎片散布范围

在运载火箭发射安全问题中，爆炸碎片也是威胁场区，特别是舱区内人员和设施安全的重要因素之一。发射前需要疏散发射区周围的工作人员，对航区内的城镇居民、过往船只和飞机发出有关安全信息。爆炸时产生不同形状和尺寸的爆炸碎片，以爆心为中心，以不同的速度和姿态向周围飞散，爆炸碎片的特性取决于运载火箭失效模式。爆炸碎片的散布范围取决于爆炸碎片的初始速度、尺寸、质量、阻力、攻角和气象情况，具有很大的随机性。国外有关航天发射场危险分析的研究较早，美国国家航空航天局、空军火箭推进试验室同佛罗里达大学一起进行了一系列液体火箭推进剂试验，并以此试验结果为主要依据在 1971—1989 年间编制了关于液体推进剂爆炸危害的计算和分析手册（*Workbook for Predicting Pressure Wave and Fragment Effects of Exploding Tanks and Gas Storage Vessels*）。

我国在航天发射场的建设中，对某型运载火箭初始段爆炸碎片的散布进行了研究，建立了爆炸碎片散布范围的数学模型。

对于一块以某一方位角飞散的爆炸碎片，将其爆炸初速度同其牵连速度，即爆炸时刻运载火箭的速度进行矢量叠加，就可确定它的初始速度。这样，只要知道了它的飞行弹道，就能确定它的落点。分别求出以不同方位角飞散的爆炸碎片落点，就可以确定爆炸碎片的散布范围。因此，数学模型包括两部分：计算爆炸碎片初速度的能量模型和爆炸碎片弹道模型。

假定运载火箭在预定轨道的某一点发生爆炸，爆炸时运载火箭的飞行速度为预定值，不考虑爆轰产物沿运载火箭的轴向飞散，运载火箭壳体为等壁厚。根据能量守恒定律，液体推进剂爆炸时，爆炸释放的总能量应与爆炸碎片的动能、壳体材料破坏能、爆轰产物的动能和内能以及壳体传给周围空气的能量之和相等，由此建立计算爆炸碎片初速度的能量模型。

假定爆炸碎片在飞行过程中只受重力和空气阻力的作用，且考虑了空气流场对爆炸碎片的飞行速度的影响，从运动学和几何学两方面列出爆炸碎片的运动微分方程，即爆炸碎片弹道方程，联立方程式进行求解，分别求出具有不同初始状态的爆炸碎片落点，这些落点的包络区域就是爆炸碎片的散布范围。

5.8.8　安全区域的划分

航天发射场安全区域主要是根据运载火箭和航天器的特性（推进剂总质量和化学、物理性能，发动机参数），在人员没有防护措施和发射设施不设防的情况下，距离危险点必须满足的安全界限。

安全区域的划分除考虑安全因素外，还需要根据建筑物的功能、工作危险程度、运载火箭和各种有效载荷发射前准备的工作顺序等进行总体规划，一般采用分区布局。各区之间的间隔距离，主要以运载火箭发射时的发射噪声和在发射平台上或飞行初始段发生爆炸时产生的超压不危及工作人员和建筑设施的安全为准。美国肯尼迪航天中心曾按上述原则将 39 号发射场分成 4 个不同的区域，如图 5.35 所示。

（1）发射区：位于爆炸所形成 0.002 8 MPa 超压线和发射噪声级 135 dB 地区。该区内可设发射平台、推进剂加注系统、遥控光测和电测设施等。

（2）技术保障区（技术区）：发射噪声 135 dB 和 120 dB 两条声压线之间的地区，距离发射区约 500 m。该区内可设垂直总装厂房和发射指挥控制中心、易爆物库及直接保障发射的有人建筑物。

（3）一般保障区：发射噪声 120 dB 声压线延伸地区。该区建筑物内允许配备人员。

（4）工业区：在一般保障区内，设有行政、办公、科研、试验机构。工业区距技术保障区 8 000 m。

表 5.7 所示为我国航天发射场中运载火箭在发射平台上或其附近意外爆炸时各杀伤因素与炸点距离的关系。

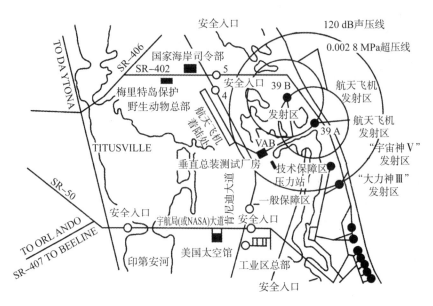

图 5.35　美国肯尼迪航天中心 39 号发射场安全分区示意

表 5.7　我国航天发射场中运载火箭在发射平台上或其附近意外爆炸时
各杀伤因素与炸点距离的关系

杀伤因素	距离/m							
	120	150	200	250	300	550	1 000	1 500
	特征							
超压[1]/MPa	0.1	0.068	0.04	0.028	0.02	0.009	0.004	0.002 8
	死亡	死亡	重伤	中伤	轻伤	轻伤	轻伤	无伤
爆炸碎片	主碎片	主碎片	主碎片	中等	中等	轻碎片	无	无
污染[2]/(mg·m^{-3})	>300	>200	>100	>50	>50	>20	>5	<5
	死亡	死亡	重伤	重伤	重伤	轻伤	轻伤	安全
火球、热辐射	球内死亡	球外	球外	球外	球外	球外	球外	球外
	区外死亡	区内伤	区内伤	区内伤	区内伤	区外	区外	区外
噪声/dB	160	156	152	148	145	135	126	119
注：①超压是按在混凝土场坪上爆炸计算的，数值相当于空爆当量增加一倍；②污染是在无风状态下的估算值。								

根据表 5.7，将发射区划分为 4 个区域：

（1）破坏区（0~150 m）：大部分杀伤因素（冲击波、火球、爆炸碎片、有毒气体污染）可使人致死，该区域内人员必须撤离或进入地下防护掩体，不宜设置推进剂加注库。

（2）危险区（150~300 m）：大部分杀伤因素（爆炸碎片、冲击波、热辐射污染）可使人致重伤，甚至死亡，该区域内人员必须撤离或进入地下防护掩体，不宜设置推进剂加注库。

（3）有危险区（300~1 500 m）：部分杀伤因素（爆炸碎片、污染、冲击波）可使人受轻度伤害，爆炸碎片危险仍存在，该区域内人员在发射前必须撤离。

（4）安全区（1 500 m 以外）：除污染受风向影响对人可能造成轻度伤害外，其他杀伤因素对人和设备无危害。

参 考 文 献

[1] 张泽明. 发射技术（上）［M］. 北京：国防工业出版社，2004.
[2] 万全，王东锋，刘占卿，张桂洪. 航天发射场总体设计［M］. 北京：北京理工大学出版社，2015.

标准大气简表

H/km	T/K	$P/10^4\text{Pa}$	$a/(\text{m}\cdot\text{s}^{-1})$	$\rho/(\text{kg}\cdot\text{m}^{-2})$	$\mu/(10^{-5}\text{kg}\cdot\text{m}^{-1}\cdot\text{s}^{-1})$
0	288.15	10.132 52	340.29	1.225 00	1.789 4
1	281.65	8.987 50	336.43	1.111 68	1.757 8
2	275.15	7.949 56	332.53	1.006 46	1.726 0
3	263.65	7.010 87	328.58	0.909 13	1.693 7
4	262.15	6.164 07	324.58	0.819 13	1.611 1
5	255.65	5.401 99	320.53	0.736 12	1.628 1
6	249.15	4.718 08	316.43	0.659 69	1.594 8
7	242.65	4.106 04	312.27	0.589 50	1.560 9
8	236.15	3.560 01	308.06	0.525 17	1.526 8
9	229.16	3.074 29	303.79	0.466 35	1.492 2
10	223.15	2.643 58	299.46	0.412 70	1.457 1
11	216.65	2.263 18	295.07	0.363 91	1.421 6
12	216.65	1.933 09	295.07	0.310 83	1.421 6
13	216.65	1.651 05	295.07	0.265 49	1.421 6
14	216.65	1.410 20	295.07	0.226 75	1.421 6
15	216.65	1.264 45	295.07	0.193 67	1.421 6
16	216.65	1.028 72	295.07	0.165 42	1.421 6
17	216.65	0.878 67	295.07	0.141 28	1.421 6
18	216.65	0.750 48	295.07	0.120 68	1.421 6
19	216.65	0.641 00	295.07	0.103 07	1.421 6
20	216.65	0.547 49	295.07	0.088 03	1.421 6
22	218.65	0.399 97	296.43	0.063 73	1.432 6
24	220.65	0.293 05	297.78	0.046 27	1.443 5
26	222.65	0.215 31	299.13	0.033 69	1.454 4
28	224.65	0.158 63	300.47	0.024 60	1.465 2
30	226.65	0.117 19	301.80	0.018 01	1.476 0
32	228.65	0.086 80	303.13	0.013 23	1.486 6